HTML+CSS+JavaScript网页制作 第4版 从入门到精通

宋丽娜　史笑颜　刘西杰　晁代远 著

人民邮电出版社
北京

图书在版编目（CIP）数据

HTML+CSS+JavaScript网页制作从入门到精通 / 宋丽娜等著. -- 4版. -- 北京 : 人民邮电出版社, 2021.9（2024.7重印）
ISBN 978-7-115-56523-5

Ⅰ. ①H… Ⅱ. ①宋… Ⅲ. ①超文本标记语言－程序设计②网页制作工具③JAVA语言－程序设计 Ⅳ. ①TP312.8②TP393.092.2

中国版本图书馆CIP数据核字(2021)第088845号

◆ 著　　宋丽娜　史笑颜　刘西杰　晁代远
责任编辑　赵　轩
责任印制　王　郁　陈　犇

◆ 人民邮电出版社出版发行　北京市丰台区成寿寺路 11 号
邮编　100164　电子邮件　315@ptpress.com.cn
网址　https://www.ptpress.com.cn
固安县铭成印刷有限公司印刷

◆ 开本：800×1000　1/16
印张：20.25　　2021 年 9 月第 4 版
字数：549 千字　　2024 年 7 月河北第 9 次印刷

定价：69.90 元

读者服务热线：(010)81055410　印装质量热线：(010)81055316
反盗版热线：(010)81055315
广告经营许可证：京东市监广登字 20170147 号

前言

PREFACE

10多年前，互联网在国内开始流行。其中，网页作为互联网的主要媒介受到广泛的关注。由于当时网速的限制，网页主要承载文本、图像等简单数据信息，使用Dreamweaver或Frontpage软件，即可轻松制作网页。而今天，互联网领域已经改变了太多，在软件上点几下、拖几下即可制作完成整个网站的方法已经完全不适用了。现在的网页制作领域综合了多种技术，网页制作三大工具—— HTML、CSS、JavaScript成为网站开发者必学的基础语言。本书2012年改版后，首印上市一周就销售一空，4年来重印20多次，当当网络书店评论超过8000条。2016年第三次改版，4年中重印多次。在此期间，HTML和CSS不断地在进行更新换代，书中的一些内容已不能符合当前的环境。本次改版，删掉了书中滞后的知识点，增加了HTML5与CSS3的最新内容；应广大读者朋友的要求和反馈，本书增加了当前最流行的flex布局以及移动端网页的案例；为了增加案例代码的可读性，本次改版将难度较大的案例进行了拆分讲解，使读者更易理解书中的重点和难点。

本书从网页制作的实际角度出发，将所有HTML、CSS和JavaScript元素进行归类；每个标记的语法、属性和参数都有完整详细的说明；内容信息量大，知识结构完善；大量实用示例的全部语法都采用真实案例进行分析讲解，每一个知识点均相应配以一个实例。通过本书，读者可以边分析代码，边查看结果，以一种可视化的方式来学习语言，避免了单纯学习语法的枯燥与乏味。

本书读者对象

- 网页设计与开发人员
- 大中专院校相关专业师生
- 前端课程培训班学员
- 个人网站爱好者与自学读者

联系作者

本书是集体努力的结晶，许多从事网页教学工作的教师和具有大型商业网站建设经验的网页设计师为本书提供了许多实用的见解。由于时间所限，书中疏漏之处在所难免，恳请广大读者朋友批评指正。欢迎读者发送邮件至18811132138@163.com与我们联系，帮助我们改正提高。

技术交流

技术只有多交流才能更快进步。本书为读者创建了一个高质量的学习交流平台。如果大家有任何问题，可以加QQ群（群号：544028317）提问和交流。QQ群将提供案例源代码、课件PPT、视频讲解等资料，辅助读者达成更好的学习效果。

资源下载

本书配套的所有资源，包括案例源代码、课件PPT、视频讲解等，可以到QQ群（群号：544028317）进行下载。

目录

CONTENTS

第01章 创建一个HTML网页

1.1 认识HTML 2
1.2 HTML标签 2
1.3 HTML文件的基本结构 3
1.4 Chrome的开发者工具 3
1.5 在记事本中编写HTML文件 5
1.6 使用编辑器创建HTML文档 6
  1.6.1 下载 Hbuilder X 6
  1.6.2 使用Hbuilder X 8
1.7 编写第一个HTML网页 9
1.8 练习题 11
1.9 章节任务 11

第02章 HTML基本标签

2.1 HTML文档头部<head> 13
2.2 网页标题<title> 13
2.3 元信息<meta> 13
  2.3.1 设置网页关键字 14
  2.3.2 设置网页说明 14
  2.3.3 添加作者信息 15
  2.3.4 规定字符编码 15
  2.3.5 设置网页的定时跳转 15
2.4 HTML注释<!-- --> 16
2.5 HTML标题<h1>~<h6> 17
2.6 HTML段落<p> 18
2.7 换行
 19
2.8 水平线<hr> 20
2.9 文本格式化 20
2.10 HTML字符实体 22
  2.10.1 不间断的空格 22
  2.10.2 插入特殊符号 23
2.11 练习题 23
2.12 章节任务 24

第03章 建立超链接

3.1 超链接的基础知识 26
  3.1.1 绝对路径 26
  3.1.2 相对路径 27
  3.1.3 超链接 27
3.2 在新窗口打开链接 28
3.3 创建锚点链接 29
  3.3.1 锚点链接 29
  3.3.2 链接同一网页中的锚点 30
  3.3.3 链接到其他网页中的锚点 31
3.4 外部链接 33
  3.4.1 链接到外部网站 33
  3.4.2 链接到E-mail 34
  3.4.3 链接到FTP 34
  3.4.4 链接到Telnet 35
  3.4.5 下载文件 35
3.5 练习题 35
3.6 章节任务 36

第04章 使用图像

4.1 图像的格式 38
  4.1.1 GIF格式 38

4.1.2 JPEG格式 38
4.1.3 PNG格式 38
4.2 <img>标签基础语法 38
4.3 图像的路径src 39
4.4 图像的提示文字alt 39
4.5 图像的宽度（width）和高度（height） 40
4.6 图像的超链接 40
4.6.1 图像的超链接 41
4.6.2 图像热区链接 41
4.7 练习题 43
4.8 章节任务 43

第05章 使用列表

5.1 有序列表 45
5.1.1 <ol>标签 45
5.1.2 有序列表的序号类型type 46
5.1.3 有序列表的起始数值start 47
5.2 无序列表 48
5.3 定义列表<dl> 49
5.4 列表的嵌套 49
5.5 练习题 50
5.6 章节任务 50

第06章 使用表格

6.1 创建表格 52
6.1.1 表格的基本构成<table>、<tr>、<td> 52
6.1.2 设置表格的标题<caption> 53
6.1.3 表头<th> 53
6.2 表格基本属性 54
6.2.1 表格宽度width 55
6.2.2 表格的边框border 56
6.2.3 单元格间距cellspacing 57
6.2.4 表格内文字与边框间距cellpadding 57
6.3 表格的行属性 58
6.3.1 行内文字的水平对齐方式align 58
6.3.2 行内文字的垂直对齐方式valign 59
6.4 单元格属性 59
6.4.1 单元格跨列colspan 60
6.4.2 单元格跨行rowspan 61
6.5 表格结构 61
6.6 练习题 62

第07章 使用表单

7.1 form元素创建表单 65
7.1.1 提交表单action 65
7.1.2 表单名称name 65
7.1.3 传送方法method 66
7.2 插入input元素 66
7.2.1 文本框text 68
7.2.2 密码框password 69
7.2.3 单选按钮radio 69
7.2.4 复选框checkbox 70
7.2.5 普通按钮button 70
7.2.6 提交按钮submit 70
7.2.7 重置按钮reset 71
7.2.8 图像域image 72
7.3 HTML5新增输入类型 72
7.3.1 数值number 72
7.3.2 时间选择器DatePicker 73
7.4 下拉菜单 74
7.5 文本域textarea 75
7.6 创建表单案例 75
7.7 练习题 78
7.8 章节任务 78

第08章 使用CSS样式表

8.1 CSS基础语法 80
8.1.1 认识CSS 80
8.1.2 CSS语法结构 80

8.1.3 CSS选择器 81

8.2 添加CSS的方法 82

8.2.1 链接外部样式表 82

8.2.2 内部样式表 82

8.2.3 导入外部样式表 83

8.2.4 内嵌样式 83

8.3 字体属性 83

8.3.1 字体font-family 83

8.3.2 字号font-size 84

8.3.3 字体样式font-style 85

8.3.4 加粗字体font-weight 86

8.3.5 小写字母转为大写字母 font-variant 87

8.3.6 字体复合属性 88

8.4 颜色属性color 89

8.5 背景属性 90

8.5.1 背景颜色background-color 90

8.5.2 背景图像background-image 91

8.5.3 背景大小background-size 92

8.5.4 背景重复background-repeat 93

8.5.5 背景位置background-position 94

8.5.6 背景附件background-attachment 96

8.5.7 背景复合属性background 97

8.6 段落属性 98

8.6.1 单词间隔word-spacing 98

8.6.2 字符间隔letter-spacing 99

8.6.3 文字修饰text-decoration 100

8.6.4 水平对齐方式text-align 101

8.6.5 垂直对齐方式vertical-align 102

8.6.6 文本转换text-transform 103

8.6.7 文本缩进text-indent 104

8.6.8 文本行高line-height 105

8.6.9 处理空白white-space 106

8.7 练习题 107

8.8 章节任务 107

第09章 盒模型布局

9.1 认识盒模型 109

9.1.1 盒模型的构成 109

9.1.2 查看元素的盒模型 109

9.2 内容区content 110

9.3 边框border 112

9.3.1 边框样式border-style 112

9.3.2 边框宽度border-width 113

9.3.3 边框颜色border-color 114

9.4 内边距padding 114

9.4.1 分别设置4个方向的内边距 115

9.4.2 内边距的复合属性padding 116

9.5 外边距margin 119

9.5.1 分别设置4个方向的外边距 119

9.5.2 外边距复合属性margin 121

9.6 盒模型的大小 123

9.7 块元素和内联元素 124

9.7.1 块元素和内联元素的特点 124

9.7.2 display属性规定元素的类型 126

9.8 初始化页面样式 127

9.9 练习题 128

9.10 章节任务 128

第10章 浮动与定位

10.1 文档流 131

10.2 浮动属性float 131

10.3 图文环绕 134

10.4 清除浮动clear 135

10.5 定位方式position 139

10.6 元素位置top、right、bottom、left 139

10.7 相对定位 140

10.8 绝对定位 142

10.9 固定定位 143

10.10 层叠顺序z-index 144
10.11 练习题 146
10.12 章节任务 147

第11章 Web标准与CSS网页布局实例

11.1 Web标准 149
11.2 DIV+CSS布局网页基础 149
11.2.1 认识 DIV.............................149
11.2.2 一列固定宽度 149
11.2.3 一列自适应 152
11.2.4 两列固定宽度 153
11.2.5 两列宽度自适应...................155
11.2.6 两列布局右列宽度自适应......156
11.3 使用CSS设计网站导航栏 157
11.3.1 有鼠标指针移入效果的导航栏 157
11.3.2 横向导航 159
11.4 使用CSS设计表单样式 161
11.4.1 改变按钮的背景颜色和文字颜色 161
11.4.2 设计文本框的样式 162
11.4.3 设计文本框中的提示文字......163
11.5 使用CSS设计表格样式 164
11.5.1 折叠边框...........................165
11.5.2 设计表格的字体样式 166
11.6 使用CSS设置链接样式 167
11.6.1 去掉超链接的下画线............167
11.6.2 改变鼠标指针的类型 167
11.6.3 设置超链接不同状态的样式 168
11.7 练习题......................................169
11.8 章节任务 170

第12章 HTML5新增元素

12.1 认识HTML5 172
12.2 HTML5与HTML4的区别 173
12.2.1 HTML5的文件特征 173
12.2.2 HTML5的SEO..................173
12.3 HTML5废除的元素和属性 174
12.3.1 废除的元素 174
12.3.2 废除的属性........................175
12.4 HTML5新增的结构元素 176
12.5 HTML5新增的多媒体元素 178
12.5.1 视频元素video 178
12.5.2 链接不同的视频文件 179
12.5.3 音频元素audio 181
12.6 HTML5新增的画布元素canvas 181
12.6.1 创建canvas元素................181
12.6.2 绘制矩形 183
12.6.3 绘制路径 184
12.6.4 颜色渐变 185
12.7 练习题 187
12.8 章节任务...................................187

第13章 CSS3新增属性

13.1 边框...189
13.1.1 圆角边框border-radius.......189
13.1.2 边框图像border-image 191
13.1.3 边框阴影box-shadow 192
13.2 背景 194
13.2.1 背景图像尺寸 background-size.............194
13.2.2 背景图像定位区域 background-origin 195
13.2.3 背景绘制区域 background-clip...............198
13.3 文本 201
13.3.1 文本阴影text-shadow...........201
13.3.2 强制换行word-wrap 202
13.3.3 文本溢出text-overflow...... 203
13.4 多列 204
13.4.1 创建多列column-count 205
13.4.2 列的宽度column-width 206
13.4.3 列的间隔column-gap........ 206

13.4.4 列的规则column-rule........ 207
13.5 2D转换 208
13.5.1 移动translate().................. 208
13.5.2 旋转rotate()...................... 209
13.5.3 缩放scale()........................210
13.6 过渡 212
13.7 动画 213
13.7.1 @keyframes规则声明动画 213
13.7.2 animation动画 214
13.8 用户界面...................................215
13.8.1 box-sizing 216
13.8.2 resize 218
13.9 实例应用...................................219
13.9.1 使用移动方法实现完全居中 219
13.9.2 照片墙效果........................221
13.10 练习题.................................. 223
13.11 章节任务 223

第14章 移动端网页

14.1 flex布局 225
14.1.1 flex相关概念 225
14.1.2 flex布局 225
14.2 移动端基本概念 231
14.2.1 两种像素 231
14.2.2 移动端的3个视口 231
14.2.3 设备像素比....................... 233
14.3 移动端开发.............................. 234
14.3.1 移动端单位——vw适配 234
14.3.2 开发一个移动端网页........... 238
14.4 媒体查询................................. 247
14.5 练习题 250
14.6 章节任务...................................251

第15章 JavaScript脚本基础

15.1 JavaScript简介 253
15.2 JavaScript基本语法 254
15.2.1 常量和变量 254
15.2.2 数据类型 255
15.2.3 表达式和运算符 256
15.2.4 基本语句 257
15.2.5 JavaScript注释................. 263
15.2.6 JavaScript代码调试 263
15.3 JavaScript事件....................... 264
15.3.1 onclick事件...................... 264
15.3.2 onchange事件.................. 265
15.3.3 onfocus事件.................... 266
15.3.4 onblur事件....................... 267
15.3.5 onmouseover事件........... 268
15.3.6 onmouseout事件............. 269
15.3.7 ondblclick事件 270
15.3.8 其他常用事件.....................271
15.4 HTML DOM对象 272
15.4.1 DOM元素对象获取页面中的元素 272
15.4.2 DOM属性对象修改元素的属性 274
15.5 浏览器的其他内部对象................ 275
15.5.1 navigator对象 276
15.5.2 windows对象................... 276
15.5.3 location对象 278
15.5.4 history对象...................... 279
15.6 练习题 280
15.7 章节任务..................................281

第16章 JavaScript 网页特效

16.1 时间特效................................. 283
16.1.1 显示当前时间 283
16.1.2 显示当前日期.................... 285
16.1.3 制作倒计时特效................. 287
16.2 图像特效................................. 289
16.2.1 图像闪烁效果 289
16.2.2 图像轮播 290

16.3 窗口特效.................................291
16.3.1 打开新窗口.........................291
16.3.2 定时关闭窗口.....................293
16.4 鼠标指针特效...........................294
16.4.1 返回鼠标指针的位置信息.....294
16.4.2 跟随鼠标指针移动的图像.......................................295
16.5 练习题...................................296
16.6 章节任务.................................297

第17章 PC端实战——制作购物网页

17.1 项目结构.................................299
17.2 制作网页前的准备.......................301
17.2.1 分辨率...............................301
17.2.2 内容居中...........................301
17.3 项目布局.................................302
17.4 <header>部分难点讲解............304
17.4.1 <header>布局.................304
17.4.2 图文对齐...........................305
17.5 <main>部分难点讲解.................308
17.5.1 <main>布局......................308
17.5.2 复杂网页的选择器使用.........310
17.6 实现图像的 JavaScript 动效........311
17.6.1 图像的切换.........................311
17.6.2 收藏和取消.........................312
17.7 总结.......................................313

第 01 章

创建一个HTML网页

在当今社会中，网络已成为人们生活的一部分，网页设计技术是学习计算机的重要内容之一。在计算机上看到的所有网页、用的微信小程序，以及一部分 App 的页面部分都是使用 HTML+CSS+JavaScript 完成的。其中，HTML 语言用来搭建网页的结构以及内容，是网页效果实现的第一步。本章将带领读者准备网页编写的环境，介绍 HTML 的基本概念和编写方法，使读者对 HTML 有个初步的了解，从而为后面的学习打下基础。

学习目标

- 了解HTML的基本概念
- 准备HTML编写的基本环境
- 掌握HTML文件的编写方法
- 掌握使用浏览器浏览HTML文件的方法

1.1　认识HTML

HTML 的英文全称是 Hyper Text Markup Language，即超文本标记语言，也是全球广域网上描述网页内容和外观的标准。HTML 从 1.0 到 5.0 经历了巨大的变化，从单一的文本显示功能到多功能互动，经过多年的完善，已经成为一款非常成熟的标记语言。本书提到的 HTML5 指的就是 HTML 的第五个版本。

HTML 作为一种标记语言，本身不能显示在浏览器中，经过浏览器的解释和编译，才能正确地反映 HTML 标记语言的内容。网页文件本身是一种文本文件，网页制作人员通过在文本文件中添加标记符，告诉浏览器如何显示其中的内容，如文字的大小、字体、颜色，图像的显示方式等。浏览器按顺序阅读网页文件，然后根据标记符解释和显示其标记的内容。

对于出错的标记浏览器不能指出其错误，编程人员只能通过显示效果来分析出错原因和出错部位。但需要注意的是，对于不同的浏览器，对同一标记符可能会有不同的解释，因而可能会有不同的显示效果。

1.2　HTML标签

HTML 标签是由尖括号包围的关键词，如 h1 是一个表明标题的关键词，给 h1 加上尖括号，就成为 <h1> 标签。HTML 标签经常成对出现，如 <h1> 和 </h1>，第一个标签是开始标签，第二个标签是结束标签。

一个 html 元素通常是由一个开始标签、内容和一个结束标签组成的。结束标签中要用斜杠“/”表示元素结束，如图 1-1 所示。

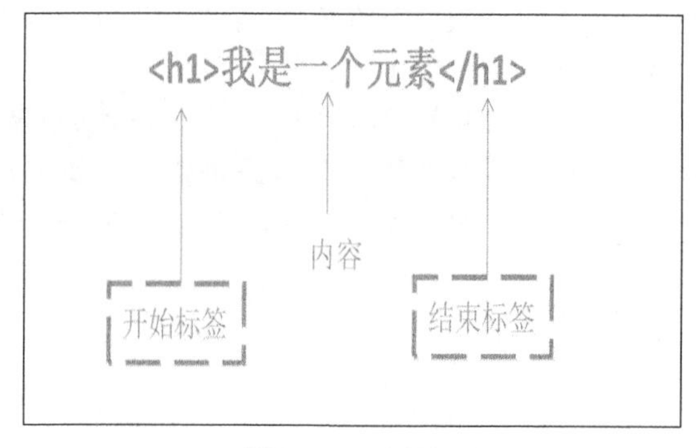

图1-1　元素结构

HTML 标签可以设置属性，属性一般设置在开始标签中。属性的作用是给元素添加附加信息，它总是以属性名 =" 属性值 " 的形式出现，一个元素可以有多个属性，语法如下。

< 元素名 属性名 1=" 值 1" 属性名 2=" 值 2"></ 元素名 >

【例 1-1】

创建一个 h1 元素，为其设置 id 属性，属性值为 title。

```
<h1 id="title"> 我是标题元素 </h1>
```

提示

在使用中，“标签”和“元素”之间并不做严格区分。在本书中，<p> 标签等同于 p 元素。

1.3 HTML文件的基本结构

HTML 文档是由 HTML 标签定义的，它必须具备正确的结构才能够在浏览器上显示出来。

语法：

```
<!DOCTYPE html>
<html>
    <head>
        <meta charset="UTF-8">
        <title></title>
    </head>
    <body>
    </body>
</html>
```

说明：

<!DOCTYPE html> 声明位于 HTML 文档的第一行，用于告知浏览器文档所使用的 HTML 规范。

<html> 标签是所有的 HTML 文档都应该有的标签，<html> 标签可以包含 <head> 和 <body> 两部分。

<head> 标签内包含整个网页的信息。

<title> 标签用于定义文档的名字，通常出现在浏览器窗口的标题栏或状态栏中。

<meta> 标签通常用于指定网页的描述及其他元数据。<meta> 标签的 charset 属性告知浏览器此网页的字符编码格式，如 charset="UTF-8" 表示此网页遵循万国码 (unicode) 的编码标准。

<body> 标签用来指明文档的主体区域，网页所要显示的内容都放在这个标记内，其结束标记 </body> 标签指明主体区域的结束。

1.4 Chrome的开发者工具

网页是在浏览器上呈现的。作为网页的载体，目前较受欢迎的浏览器有 Chrome、Mozilla Firefox、Microsoft Edge、Opera、Safari 等。本书选择 Chrome 浏览器进行讲解。Chrome 的界面简洁，渲染速度快，并且已经有了很完善的开发者工具，是开发者常用的浏览器。在 Chrome 官方下载地址可以免费下载 Chrome 的安装程序，如图 1-2 所示。

图1-2 下载Chrome浏览器

作为开发者，必须掌握如何从开发者的角度来使用浏览器。开发者工具可以帮助开发者查看网页代码、快速进行调试和查找错误。HTML 和 CSS 出现错误的时候，并不会报错，开发者工具是代码调试最好的方法，开发者应该了解和掌握这个强大的功能。

在想要查看的页面上单击鼠标右键，选择【检查】(或直接按快捷键 F12)，会弹出一个窗口，开发者可以在这里查看页面元素，如图 1-3 所示。

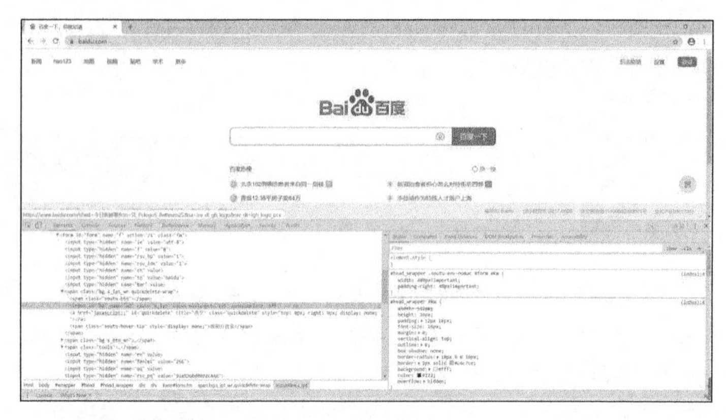

图1-3　查看页面元素

有两种查看页面元素的方法：一种是通过源代码查看，另一种是选择页面中某一位置查看。

1. 通过源代码查看元素的CSS样式以及元素在浏览器中的位置

在弹出窗口的左侧选择【Elements】即可查看页面的源代码，单击想要查看的元素，右侧【Styles】界面就会显示该元素使用的 CSS 样式，如图 1-4 所示。

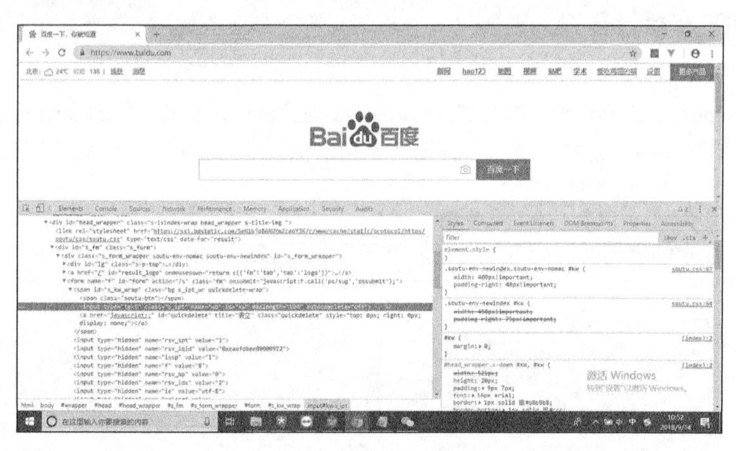

图1-4　【Styles】界面

在【Styles】界面中可以查看该元素的CSS样式，还可以查到该元素的某个CSS样式来自哪个CSS文件，使编码调试时修改代码变得非常方便。

> **提示**
>
> 这里提到的 CSS 样式的概念，将在后续的章节中详细讲解。

【Styles】界面旁边是【Computed】界面，如图 1-5 所示。【Computed】展示该元素的盒模型以及经过计算之后浏览器使用的 CSS 样式。CSS 样式的计算由浏览器根据规则自动进行，这是浏览器渲染页面时必不可少的过程。

图1-5　【Computed】界面

2. 选择页面的某一部分查看对应的元素

打开开发者工具，如图 1-6 所示，单击左上角的箭头图标（或按快捷键 Ctrl+Shift+C）进入选择元素模式，在页面中单击需要查看的位置，此时【Elements】界面中对应的元素就会被标识出来。

图1-6　【Elements】界面

1.5　在记事本中编写HTML文件

HTML 是一款以文字为基础的语言，并不需要什么特殊的开发环境，直接在 Windows 操作系统自带的记事本中编写就可以了。HTML 文件以 .html 为扩展名，将 HTML 源代码输入记事本并保存后，可以在浏览器中打开文件以查看其效果。

使用记事本编写 HTML 文件的具体操作步骤如下。

在桌面上单击鼠标右键，在弹出的快捷菜单中选择【新建】，选择类型为【文本文档】(见图 1-7)，得到一个默认为 .txt 格式的文本文档，如图 1-8 所示。

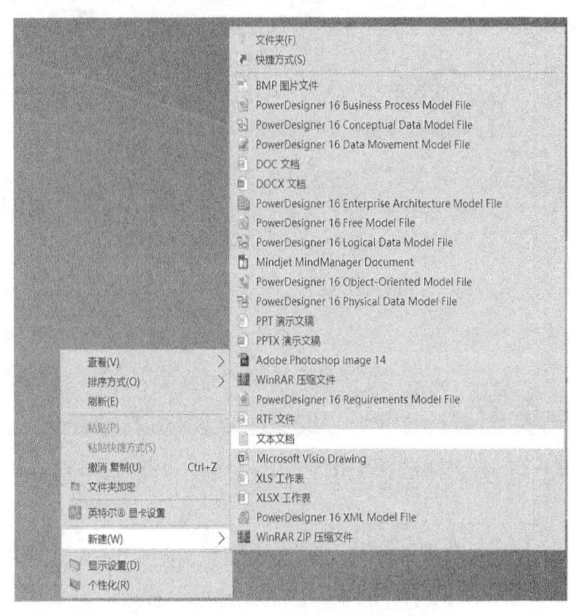

图1-7　新建【文本文档】

新建文本文档.txt

图1-8　创建结果

修改文件名为“第一个页面”，并更改文件扩展名为 .html，如图 1-9 所示。在弹窗中选择【是】，确认修改，如图 1-10 所示。修改后的文件出现浏览器图标，表示修改成功，如图 1-11 所示。

图1-9　修改文件名和扩展名

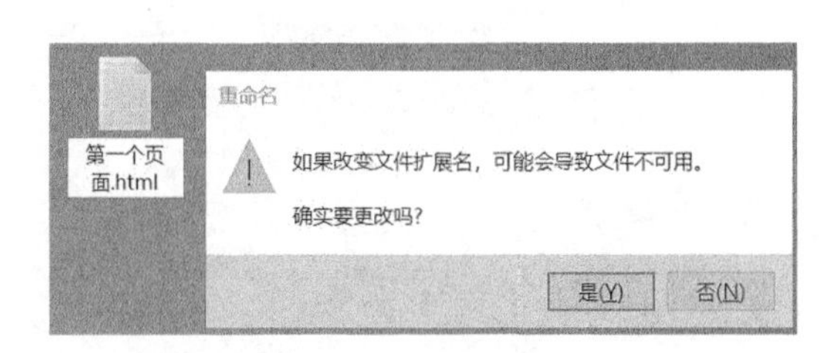

图1-10　确认更改扩展名

图1-11　.html文件

1.6　使用编辑器创建HTML文档

虽然使用计算机自带的记事本即可完成 HTML 文档的创建和编辑，但是为了提高编程效率、优化编程体验，建议读者直接使用编辑器编程。本节将阐述编辑器的下载和使用方法。

1.6.1　下载 Hbuilder X

目前，市面上比较流行的编辑器有 Atom、Sublime、Brackets、Hbuilder X、VSCode 等。其中，最适合初学者使用的莫过于 Hbuilder X。它的优点是界面简洁，操作简单并且支持中文，能够有效地降低学习成本，为不熟悉编程的初学者提供良好的开发支持。Hbuilder X 没有烦琐的安装步骤，下载即可运行。在 Hbuilder X 官方网站可以免费下载 Hbuilder X 安装程序，如图 1-12 所示。

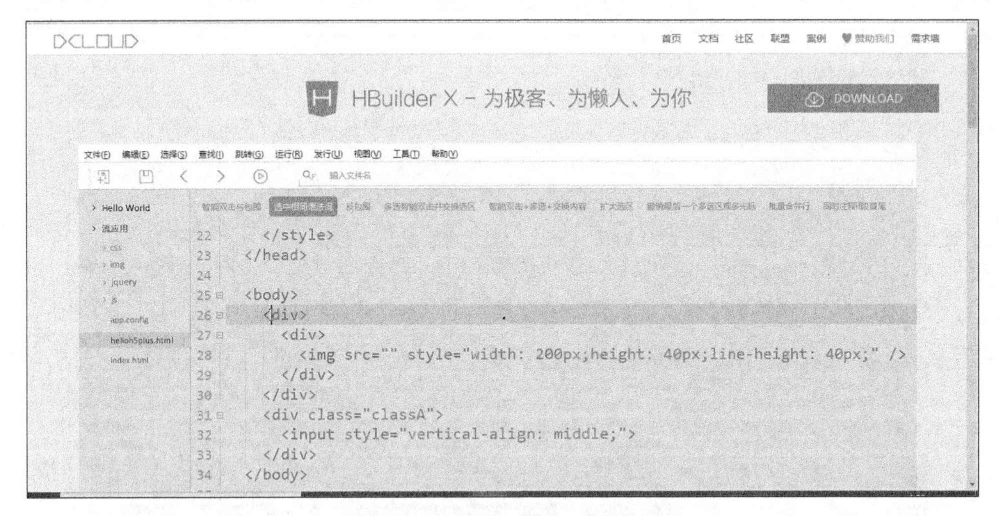

图1-12 下载Hbuilder X安装程序

在图 1-13 所示的下载弹窗中，根据操作系统的不同，需要在【正式版】下选择相应的 Hbuilder X 版本。

图1-13 选择Hbuilder X的版本

下载完成后，解压压缩包，双击 Hbuilder.exe 即可打开编辑器。

提示

如果文件不显示扩展名，请在资源管理器中的【查看】目录下勾选【文件扩展名】。

1.6.2　使用Hbuilder X

使用 Hbuilder X 创建一个 HTML5 的项目，单击【文件】→【新建】→【项目】，如图 1-14 所示。

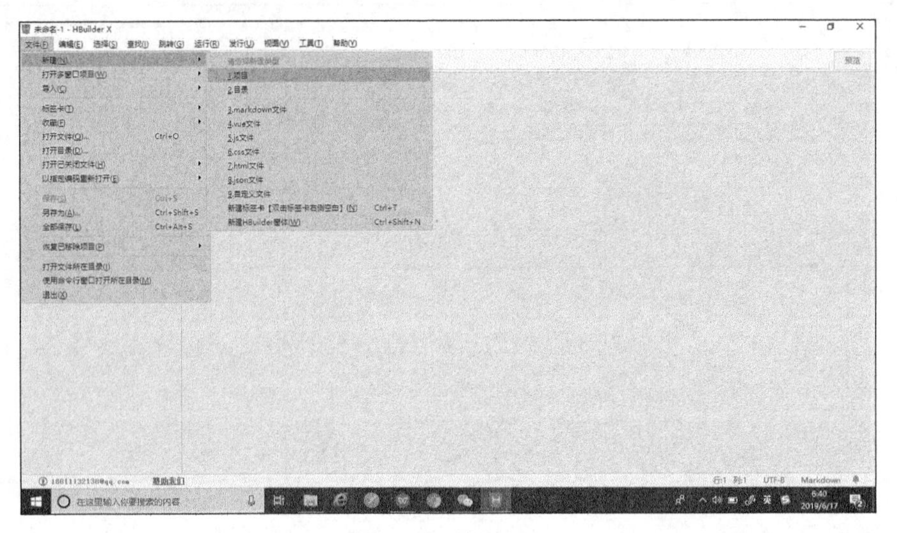

图1-14　创建项目

在弹出的【新建项目】中，填写项目名称，在【位置】中单击【浏览】可以选择项目存放的位置，勾选【基本 HTML 项目】，如图 1-15 所示。

图1-15　设置项目

创建好的项目中包含 css 文件夹、img 文件夹，它们分别用来存储 .css 文件和项目中的图像，index.html 表示项目的首页，如图 1-16 所示。

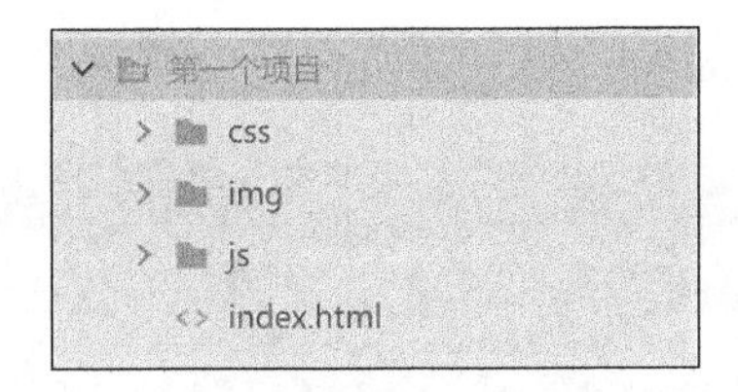

图1-16　项目结构

在文件或文件夹上单击右键，选择【删除】即可删除不需要的文件；选择【打开文件所在目录】可以在文件夹中所在的位置打开文件。

1.7　编写第一个HTML网页

双击 index.html 打开页面，项目中已经默认生成了 HTML5 页面所需要的结构，代码如下。另外，在空的 .html 文档中输入英文状态下的叹号“!”，按 Tab 键，也能快速生成 HTML5 页面的基础结构。

```
<!DOCTYPE html>
<html>
    <head>
        <meta charset="UTF-8">
        <title></title>
    </head>
    <body>
    </body>
</html>
```

第一行代码 <!DOCTYPE html> 是一个声明，告诉 Web 浏览器当前页面应该使用哪个 HTML 版本进行解析。

<html> 标签是整个页面的最外层围墙，用它来“包裹”页面的所有内容。<head> 标签相当于页面的身份证，包括了页面的所有重要信息，这一部分内容不会呈现在页面上，浏览者不能直接看到。<body> 部分是页面的主体部分，它相当于一个房间，里面包含了所有在浏览器上要呈现的内容信息，也就是浏览者可以看到的内容。

在 <body></body> 标签之间加入标题和内容，标题使用 <h1> 标签，内容使用 <p> 标签。不同的标签将在浏览器中呈现不同的样式。

```
<!DOCTYPE html>
<html>
    <head>
        <meta charset="UTF-8">
        <title> 第一个页面 </title>
    </head>
    <body>
        <h1> 我们的第一个 HTML 页面 </h1>
        <p> 开始 HTML 学习的旅程！ </p>
    </body>
</html>
```

此时，网页的结构已经完成了，按快捷键 Ctrl+S 保存文件，单击【运行】，选择要使用的浏览器，如

图 1-17 所示，即可使用浏览器打开网页，运行结果如图 1-18 所示。

```
<meta charset="utf-8">
<title>第一个页面</title>
</head>
<body>
<h1>我们的第一个HTML页面</h1>
<p>开始HTML学习的旅程！</p>
</body>
</html>
```

图1-17　在浏览器中打开网页

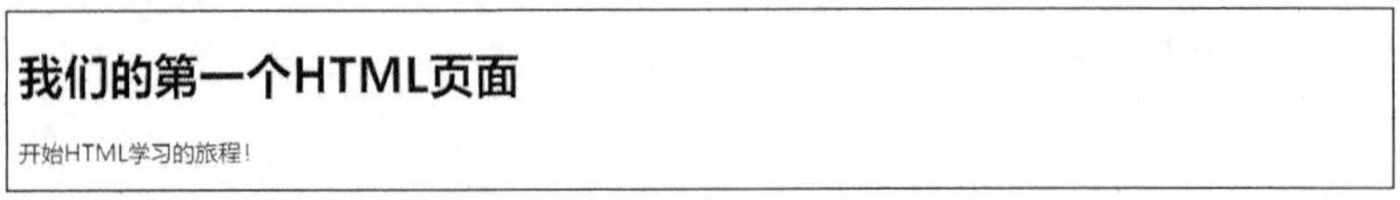

我们的第一个HTML页面

开始HTML学习的旅程！

图1-18　浏览器显示效果

当然，使用记事本同样可以编写 HTML 网页，步骤如下。

在 .html 文件上单击鼠标右键，在弹出的快捷菜单中选择【打开方式】，选择类型为【记事本】。此时，使用记事本打开了 .html 文件。

在记事本的界面中输入 HTML 代码，按快捷键 Ctrl+S 保存，如图 1-19 所示。此时，双击 .html 文件即可在浏览器中打开页面，如图 1-20 所示。

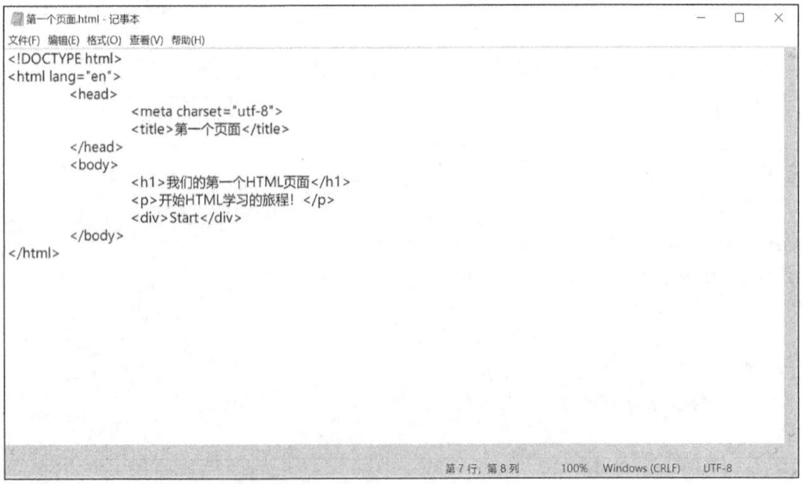

第一个页面.html - 记事本

文件(F)　编辑(E)　格式(O)　查看(V)　帮助(H)

```
<!DOCTYPE html>
<html lang="en">
        <head>
                <meta charset="utf-8">
                <title>第一个页面</title>
        </head>
        <body>
                <h1>我们的第一个HTML页面</h1>
                <p>开始HTML学习的旅程！</p>
                <div>Start</div>
        </body>
</html>
```

第 7 行，第 8 列　100%　Windows (CRLF)　UTF-8

图1-19　在记事本中输入HTML代码

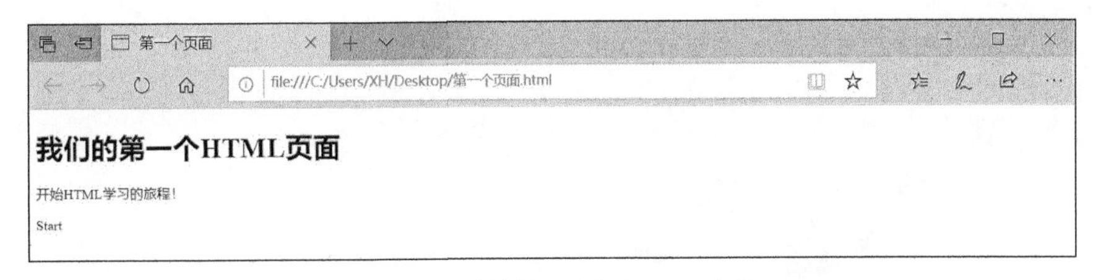

图1-20 在浏览器中打开.html文件

不同浏览器显示的 HTML 网页效果可能会略有差异，这个问题后期可使用 CSS 来解决。在 .html 文件上单击鼠标右键，在弹出的快捷菜单中选择【打开方式】，选择想要使用的浏览器，这样就可以在不同浏览器中打开 .html 文件了。

1.8 练习题

填空题

（1）标签通常都是成对使用，有一个________和一个________。结束标签只是在开头标签的前面加一个________。当浏览器收到 HTML 文件后，就会解释里面的标签，然后把标签相对应的功能表达出来。

（2）HTML 是超文本标记语言，主要通过各种标签来标示和排列各对象，通常由尖括号________、________以及其中所包含的内容组成。

（3）HTML 文件的编写方法有两种：一种是利用________编写，另一种是在________中编写 HTML 代码。

参考答案：

（1）开始标签、结束标签、/

（2）<、>

（3）记事本、编辑器

1.9 章节任务

（1）用 Chrome 浏览器打开网络上的任意一个网页，按快捷键 F12，用开发者工具查看网页中元素所对应的代码。

（2）分别利用记事本和 Hbuilder X 创建一个简单的 HTML 网页，在浏览器中打开它并使用开发者工具进行查看。

任务素材及源代码可在 QQ 群中获取，群号：544028317。

第 02 章

HTML基本标签

一个完整的 HTML 文档必须包含 3 个部分：第一部分是由 <!DOCTYPE html> 标签定义的文档版本信息，第二部分是由 <head> 标签定义的各项声明的文档头部；第三部分是由 <body> 标签定义的文档主体部分。在开始学习 HTML 的时候，应该先掌握正确的结构书写方式。除了文档结构，本章还会讲解 HTML 中一些最基础的文本标签，如标题、段落、横线、注释。

学习目标

- 掌握HTML基本结构
- 掌握标题、段落等基本文本标签
- 掌握HTML注释的使用方法
- 掌握在页面中添加横线、换行的方法
- 认识常见的字符实体

2.1 HTML文档头部<head>

<head> 标签用于定义文档的头部，它是所有头部标签的容器。<head> 标签中可以引用脚本、指示浏览器在哪里找到样式表、提供元信息等。

文档的头部描述了文档的各种属性和信息，包括文档的标题、在 Web 中的位置以及和其他文档的关系等。绝大多数文档头部包含的数据都不会真正作为内容显示给读者。

2.2 网页标题<title>

<title> 标签用于显示文档的名字，通常出现在浏览器窗口的标题栏或状态栏中。<title> 标签是 <head> 标签中唯一要求包含的东西。

将一个网页的标题设为“诗词网站”时，浏览器窗口中将展示网页的标题，如图 2-1 所示。

```
<!DOCTYPE html>
<html>
    <head>
        <meta charset="UTF-8">
        <title> 诗词网站 </title>
    </head>
    <body>

    </body>
</html>
```

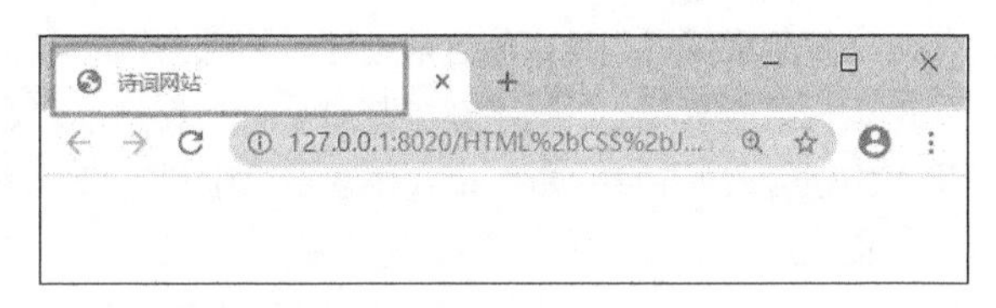

图2-1　网页的标题为“诗词网站”

2.3 元信息<meta>

<meta> 标签提供的信息不显示在网页中，一般用来定义网页信息的说明、关键字、刷新频率等。在 HTML 中，<meta> 标签不需要设置结束标签，在一个尖括号内就是一个 meta 内容。在一个 HTML 网页中可以有多个 <meta> 标签。<meta> 标签的相关属性如表 2-1 和表 2-2 所示。

表 2-1　<meta> 标签的必要属性

属性	值	描述
content	some_text	定义与 http-equiv 或 name 属性相关的元信息

表 2-2　<meta> 标签的可选属性

属性	值	描述
charset	character_set	HTML5 新属性：定义文档的字符编码
http-equiv	content-type expires refresh set-cookie	把 content 属性关联到 HTTP 头部

续表

属性	值	描述
name	author description keywords generator revised others	把 content 属性关联到一个名称
scheme	some_text	（HTML5 不支持）定义用于翻译 content 属性值的格式

下面介绍 <meta> 标签的几种常见用法。

2.3.1　设置网页关键字

在搜索引擎中，检索信息都是通过输入关键字来实现的。设置关键字是最基本也是最重要的一步，是进行网页优化的基础。关键字在浏览时是看不到的，它是针对搜索引擎的信息。当用关键字搜索网站时，如果网页中包含该关键字，就可以在搜索结果中列出来。

语法：

```
<meta name="keywords" content=" 输入具体的关键字 ">
```

说明：

在该语法中，name 为属性名称，这里是 keywords，也就是设置网页的关键字属性，而在 content 中则定义具体的关键字。

当网站的网页关键字为“诗词”时，代码如下。

```
<meta name="keyword" content=" 诗词 ">
```

提示

选择关键字的技巧与原则

- 要选择与网站或网页主题相关的文字作为关键字。
- 选择具体的词语，避免使用过于行业或笼统的词语。
- 揣摩用户会用什么作为搜索词，把这些词放在网页上或直接作为关键字。
- 关键字可以不止一个，最好根据不同的网页，设置不同的关键字组合，这样网页被搜索到的概率将大大增加。

2.3.2　设置网页说明

设置网页说明也是为了便于搜索引擎的查找，它用来详细说明网页的内容，网页说明不在网页中显示出来。

语法：

```
<meta name="description" content=" 设置网页说明 ">
```

说明：

在该语法中，name 为属性名称，这里设置为 description，也就是将元信息属性设置为网页说明，在 content 中定义具体的描述语言。

当网站的网页说明为“这是一个内容为诗词的网页”时，代码如下。

```
<meta name="description" content=" 这是一个内容为诗词的网页 ">
```

2.3.3 添加作者信息

在 <meta> 中还可以添加网页制作者的姓名。

语法：

```
<meta  name="author" content=" 作者的姓名 ">
```

说明：

在该语法中，name 为属性名称，这里设置为 author，也就是设置作者信息，在 content 中定义具体的信息。

当网站的作者是李白时，代码如下。

```
<meta name="author" content=" 李白 ">
```

2.3.4 规定字符编码

charset 属性规定 HTML 文档的字符编码，它是 HTML5 中的新属性，且替换了 <meta http-equiv="Content-Type" content="text/html; charset=UTF-8">。

语法：

```
<meta charset="HTML 文档的字符编码 ">
```

说明：

从理论上讲，可以使用任何字符编码，但并不是所有的浏览器都能理解它们。使用的字符编码越广泛，浏览器理解它的可能性就越大。当网站的编码方式为“UTF-8”时，其可以支持多种语言，代码如下。

```
<meta charset="UTF-8">
```

2.3.5 设置网页的定时跳转

使用 <meta> 标签可以使网页在经过一定时间后自动刷新，这可以通过将 http-equiv 属性值设置为 refresh 来实现。content 属性值可以设置为更新时间。

在浏览网页时经常会看到一些欢迎信息的页面，在经过一段时间后，这些页面会自动转到其他页面，这就是网页的跳转。

语法：

```
<meta http-equiv="refresh" content=" 跳转的时间;url= 跳转到的地址 ">
```

说明：

在该语法中，refresh 表示网页的刷新，在 content 中设置刷新的时间和刷新后的链接地址，时间和链接地址之间用分号相隔。默认情况下，跳转时间以秒（s）为单位。

【例 2-1】

在进入网页后首先显示欢迎界面，5s 后自动跳转到网页的内容区，如图 2-2 和图 2-3 所示。

```
<!DOCTYPE html>
<html>
    <head>
        <meta charset="UTF-8">
        <meta http-equiv="refresh" content="5;url=target/index.html">
        <title> 网页的定时跳转 </title>
    </head>
    <body>
```

```
        <h1> 欢迎来到这个页面，5s 后将自动跳转到其他页面 </h1>
    </body>
</html>
```

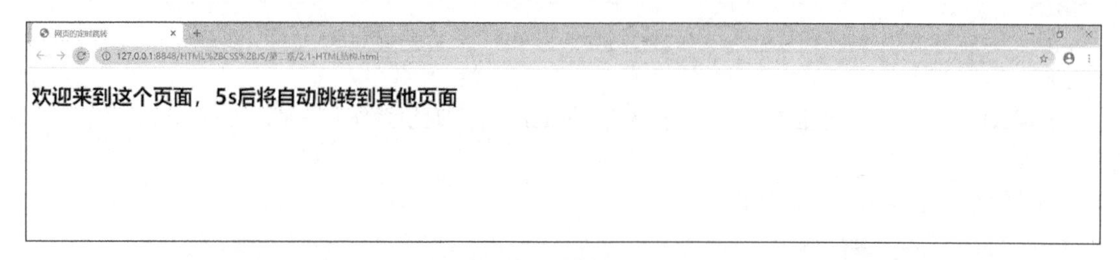

图2-2　欢迎界面

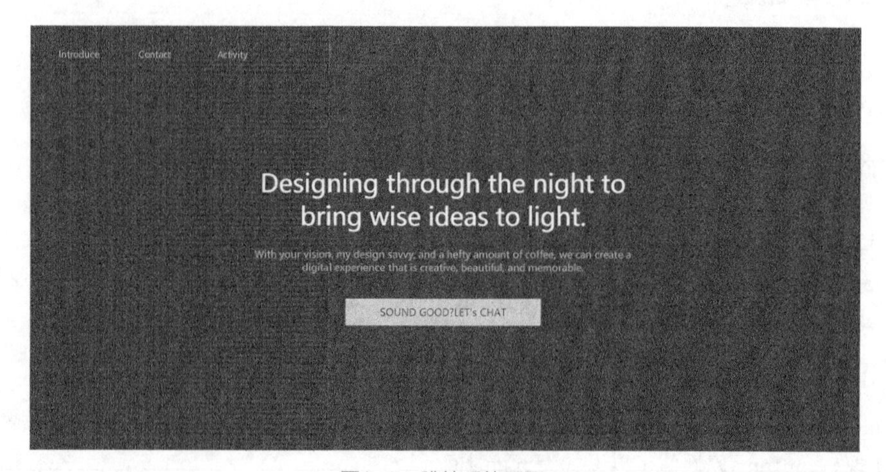

图2-3　跳转后的页面

2.4　HTML注释<!--　-->

HTML 注释是在 HTML 代码中插入的描述性文本，用来解释该代码或提示其他信息。HTML 注释只出现在代码中，在浏览器的页面中并不显示。

在 HTML 代码中适当地插入注释语句是一种非常好的习惯，对于编程人员日后的代码修改、维护工作很有好处。另外，如果将代码交给其他人进行维护，其他人也能很快读懂前者所编写的内容。

语法：

```
<!-- 注释的内容  -->
```

【例 2-2】

在页面中插入注释，注释内容并不显示在网页上，如图 2-4 所示。

```
<!DOCTYPE html>
<html>
    <head>
        <!-- 在 meta 标签中设置网页的自动跳转 -->
        <meta http-equiv="refresh" content="10;url=page1.html">
        <title> 网页的定时跳转 </title>
```

```
    </head>
    <body>
        <h1> 欢迎来到这个页面，10s 后将自动跳转到其他页面 </h1>
    </body>
</html>
```

图2-4 注释内容不显示在网页中

2.5 HTML标题<h1>~<h6>

HTML 文档中包含有各种级别的标题，由 <h1> ~ <h6> 标签来定义。<h1> ~ <h6> 标签中的字母 h 是英文 headline 的简称。作为标题，它们的重要性是有区别的，其中 <h1> 标题的重要性最高，<h6> 的最低。

语法：

```
<h1>1 级标题 </h1>
<h2>2 级标题 </h2>
<h3>3 级标题 </h3>
<h4>4 级标题 </h4>
<h5>5 级标题 </h5>
<h6>6 级标题 </h6>
```

说明：

在该语法中，有 6 个级别的标题，<h1> 是 1 级标题，使用最大的字号表示，<h6> 是 6 级标题，使用最小的字号表示。

【例 2-3】

在网页中依次使用 <h1>~<h6> 标题标签，在浏览器中的显示效果如图 2-5 所示。

```
<!DOCTYPE html>
<html lang="zh">
    <head>
        <meta charset="UTF-8">
        <title> 标题 </title>
    </head>
    <body>
        <h1>1 级标题 </h1>
        <h2>2 级标题 </h2>
        <h3>3 级标题 </h3>
        <h4>4 级标题 </h4>
        <h5>5 级标题 </h5>
```

```
        <h6>6 级标题 </h6>
    </body>
</html>
```

1级标题

2级标题

3级标题

4级标题

5级标题

6级标题

图2-5　不同层级的标题

2.6　HTML段落<p>

在网页中如果要把文字有条理地显示出来，离不开段落标签的使用。在 HTML 中可以通过标签实现段落的效果。<p> 是 HTML 文档中最常见的标签，用来标记一个段落的开始。

语法：

```
<p> 段落文字 </p>
```

说明：

<p> 标签显示在浏览器中时，会自动在生成的元素前后创建一些空白，浏览器会自动添加这些空白。

【例 2-4】

在网页中创建一个段落，在浏览器中的显示效果如图 2-6 所示。

```
<!DOCTYPE html>
<html lang="zh">
    <head>
        <meta charset="UTF-8">
        <title> 段落 </title>
    </head>
    <body>
        <p> 建筑艺术是一种立体艺术形式，是通过建筑群体组织、建筑物的形体、平面布置、立面形式、内外空间组织、结构造型（即建筑的构图、比例、尺度、色彩、质感和空间感）以及建筑的装饰、绘画、雕刻、花纹、庭园、家具陈设等多方面的考虑和处理所形成的一种综合性艺术。</p>
        <p> 建筑是技术和艺术相结合的产物。意大利现代著名建筑师奈维认为，建筑是一个技术与艺术的综合体。美国现代著名建筑师赖特认为，建筑是用结构来表达思想的科学性的艺术。优秀的建筑不仅要建筑师去设计，还要由能工巧匠将它建造出来。</p>
    </body>
</html>
```

建筑艺术是一种立体艺术形式，是通过建筑群体组织、建筑物的形体、平面布置、立面形式、内外空间组织、结构造型（即建筑的构图、比例、尺度、色彩、质感和空间感）以及建筑的装饰、绘画、雕刻、花纹、庭园、家具陈设等多方面的考虑和处理所形成的一种综合性艺术。

建筑是技术和艺术相结合的产物。意大利现代著名建筑师奈维认为，建筑是一个技术与艺术的综合体。美国现代著名建筑师赖特认为，建筑是用结构来表达思想的科学性的艺术。优秀的建筑不仅要建筑师去设计，还要由能工巧匠将它建造出来。

图2-6　段落的显示效果

2.7　换行

换行标签
 的作用是在不另起一段的情况下将当前文本强制换行。

语法：

```
<br>
```

说明：

一个
 标签代表一个换行，连续的多个标签可以实现多次换行。

【例 2-5】

在标签的内部使用换行符实现换行效果，如图 2-7 所示。

```
<!DOCTYPE html>
<html lang="zh">
    <head>
        <meta charset="UTF-8">
        <title> 静夜思 </title>
    </head>
    <body>
        <h2> 静夜思 </h2>
        <p> 李白 </p>
        <p> 床前明月光，<br> 疑是地上霜。<br> 举头望明月，<br> 低头思故乡。</p>
    </body>
</html>
```

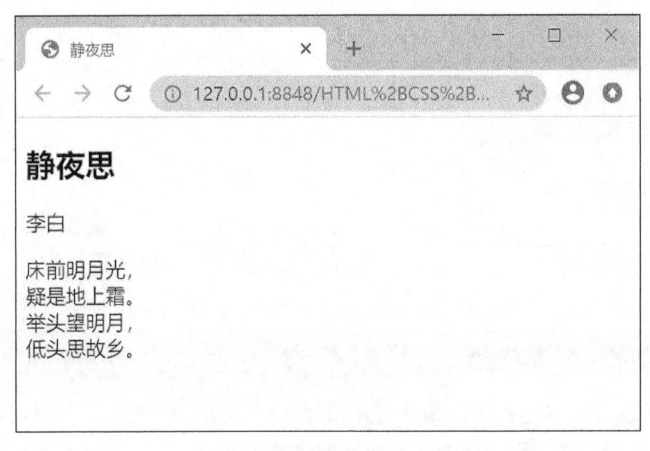

图2-7　段落中换行的显示效果

2.8　水平线<hr>

在网页中常常看到一些水平线将段落与段落之间隔开，这些水平线可以通过插入图像实现，也可以更简单地通过标签来完成。

<hr> 标签可以在 HTML 页面中创建一条水平线，在视觉上将文档分隔成各个部分。

语法：

```
<hr>
```

【例 2-6】

在古诗的题目下方通过 <hr> 标签插入一条水平线，使题目和内容区分开来，在浏览器中的显示效果如图 2-8 所示。

```
<!DOCTYPE html>
<html lang="zh">
    <head>
        <meta charset="UTF-8">
        <title> 静夜思 </title>
    </head>
    <body>
        <h2> 静夜思 </h2>
        <hr>
        <p> 李白 </p>
        <p> 床前明月光，<br> 疑是地上霜。<br> 举头望明月，<br> 低头思故乡。</p>
    </body>
</html>
```

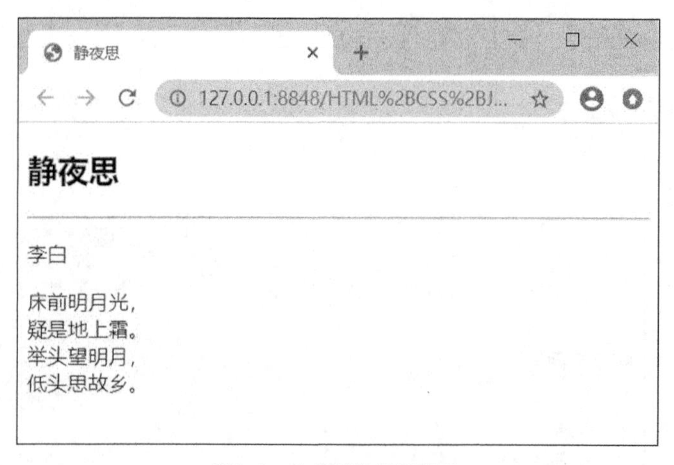

图2-8　水平线的显示效果

2.9　文本格式化

HTML 中包含许多定义文本格式的标签，比如粗体和斜体字。格式化文本的效果现在已经被 CSS 样式所取代，只要简单了解即可。文本格式化的相关标签如表 2-3 所示。

表 2-3 文本格式化的相关标签

标签	描述
<b>	定义粗体文本
<big>	定义大号字
<em>	定义着重文字
<i>	定义斜体字
<small>	定义小号字
<strong>	定义加重语气
<sub>	定义下标字
<sup>	定义上标字
<ins>	定义插入字
<del>	定义删除字

说明：

部分标签已经被淘汰了，不赞成使用，故表 2-3 中不展示此类标签。

【例 2-7】

文本格式化标签在浏览器中的显示效果如图 2-9 所示。

```
<!DOCTYPE html>
<html>
    <head>
      <meta charset="UTF-8">
      <title>Document</title>
    </head>
    <body>
        <b>This text is bold</b>
        <br>
        <strong>This text is strong</strong>
        <br>
        <big>This text is big</big>
        <br>
        <em>This text is emphasized</em>
        <br>
        <i>This text is italic</i>
        <br>
        <small>This text is small</small>
        <br>
        文本
        <sub> 下标 </sub>
        <br>
        文本
        <sup> 上标 </sup>
    </body>
</html>
```

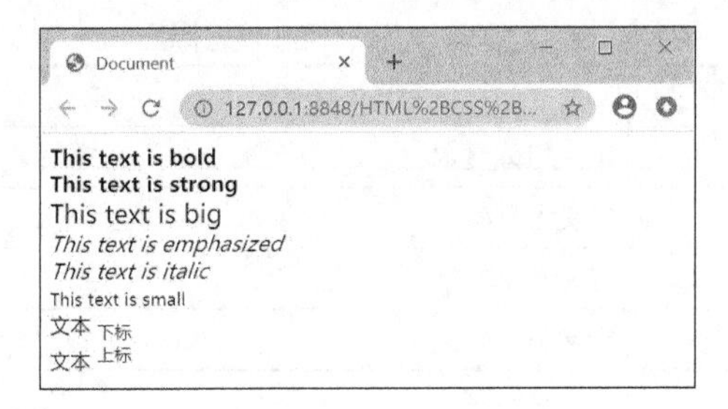

图2-9　文本格式化

2.10　HTML字符实体

在 HTML 中，一些字符是预留的，比如说小于号“<”和大于号“>”在网页中被识别为 HTML 标签。想要正确地显示预留字符，就需要使用该字符对应的字符实体。

2.10.1　不间断的空格

不管在 HTML 文档中输入多少空格，浏览器只会显示一个空格。当网页需要连续空格的时候，需要在文档中连续地插入空格对应的字符实体。

语法：

```
 
```

说明：

在网页中可以有多个空格， 代表一个半角空格，多个空格则可以多次使用这一符号。

【例 2-8】

在《静夜思》的最后一句前面插入 4 个 ，在浏览器中的显示效果如图 2-10 所示。

```
<!DOCTYPE html>
<html lang="zh">
    <head>
        <meta charset="UTF-8">
        <title> 静夜思 </title>
    </head>
    <body>
        <h2> 静夜思 </h2>
        <p> 床前明月光，疑似地上霜。</p>
        <p> 举头望明月，     低头思故乡。</p>
    </body>
</html>
```

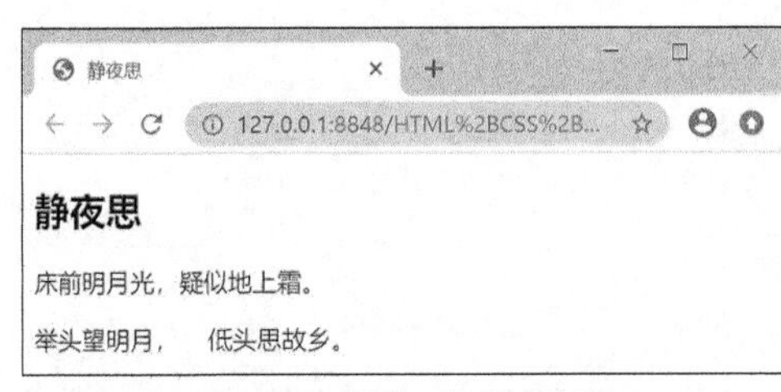

图2-10　输入4个空格效果

2.10.2 插入特殊符号

除了空格以外，在网页的创作过程中，还有一些特殊的符号也需要使用字符实体进行代替。一般情况下，特殊符号的代码由前缀（&）、字符名称和扩展名（;）组成，使用方法与空格符号类似，内容如表 2-4 所示。

表 2-4　　常见字符实体

显示结果	描述	实体名称
	空格	
<	小于号	<
>	大于号	>
&	和号	&
"	引号	"
'	单引号	' (IE 不支持)
¢	分（cent）	¢
£	镑（pound）	£
¥	元（yen）	¥
€	欧元（euro）	€
§	小节	§
©	版权（copyright）	©
®	注册商标	®
™	商标	™
×	乘号	×
÷	除号	÷

2.11 练习题

1. 填空题

（1）一个完整的 HTML 文档必须包含 3 个部分：第一部分是由________标签定义的文档版本信息，第二部分是由________标签定义的各项声明的文档头部，第三部分是由________标签定义的文档主体部分。

（2）使用 <meta> 标签可以使网页在经过一定时间后自动刷新。自动刷新可以通过将 http-equiv 属性值设置为________来实现。

（3）
 标签在 HTML 中的含义是________，HTML 文档中用来插入水平线的标签是________。

（4）当网页需要连续空格的时候，需要在文档中连续地插入空格对应的字符实体________。

参考答案：

（1）<!DOCTYPE html>、<head>、<body>

（2）refresh

（3）换行、<hr>

（4）

2. 简答题

请写出 HTML 文档的基本结构。

参考答案：

```
<!DOCTYPE html>
<html>
    <head>
        <meta charset="UTF-8">
        <title></title>
    </head>
    <body>
    </body>
</html>
```

2.12　章节任务

请实现图 2-11 所示的网页。

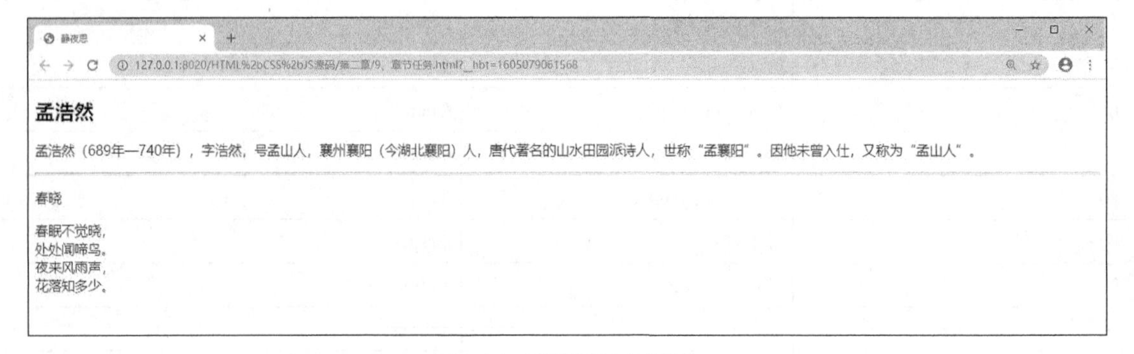

图2-11　章节任务显示效果

任务素材及源代码可在 QQ 群中获取，群号：544028317。

第03章

建立超链接

超链接可以是一个字、一个词或一组词，也可以是一幅图像，单击这些内容可跳转到新的网页或当前网页的某个部分。超链接作用的范围很广，HTML 文档中的任何文字及任意位置的图像都可以被设置为超链接。超链接分为外部链接、电子邮件链接、锚点链接、空链接、脚本链接等。

学习目标

- 了解超链接的基本知识
- 掌握内部链接
- 掌握在同一网页与不同网页建立锚点的方法
- 掌握外部链接

3.1　超链接的基础知识

要正确地创建链接，就必须了解链接与被链接文档之间的路径。每个网页都有唯一的地址，称为统一资源定位符（url），也就是网页的绝对路径。然而，当在网页中创建内部链接时，一般不会指定链接文档的完整 url，而是指定一个相对当前文档或站点根文件夹的相对路径。

3.1.1　绝对路径

绝对路径是包括服务器规范在内的完全路径。绝对路径不管源文件在什么位置都可以非常精确地找到，除非是目标文档的位置发生变化，否则链接不会失败。

优点：它同链接的源端点无关。只要被链接网站的地址不变，无论文档在站点中如何移动，使用绝对路径都可以正常实现跳转而不会发生错误。

缺点：包含了从根目录到目标文件的所有路径，在目标文件层次较深的情况下，链接字符串会很长。另外，绝对路径不利于网页的迁移，一旦网页的位置发生移动，就需要修改所有的相关路径。

如何查看文件的绝对路径？

在文件上单击鼠标右键，在弹出的快捷菜单中选择【属性】，如图 3-1 所示。选择后得到图 3-2 所示的弹窗，弹窗中的“位置”信息表示这个文件的绝对路径。

图3-1　选择【属性】

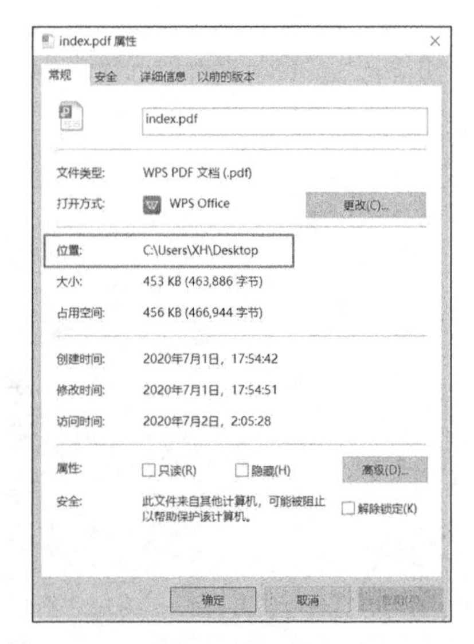

图3-2　位置信息

3.1.2 相对路径

相对路径可以表述源端点同目标端点之间的相对位置，它同源端点的位置密切相关。

如果链接中源端点和目标端点位于同一个目录下，则在链接路径中只需要指明目标端点的文档名称就可以了。为了避免绝对路径的缺陷，对于在同一站点之中的链接来说，使用相对路径是一个很好的方法。

优点：路径简洁明了，不随运行环境的变化而变化，只与文件相对位置有关，便于项目的移植。

缺点：每次写路径的时候都要计算相对路径，容易出错。

【例 3-1】

文件 1 的绝对路径是 C:\Users\XH\Desktop\1.html，文件 2 的绝对路径是 C:\Users\XH\Desktop\2.html。此时，在文件 2 中，文件 1 的相对路径为 ./1.html 或直接写为 1.html。

提示

URL 的写法

- 上级目录：../ 表示源文件所在目录的上一级目录，../../ 表示源文件所在目录的上两级目录，以此类推。
- 下级目录：引用下级目录的文件，直接写下级目录文件的路径即可。
- 同级目录：./ 表示文件当前所在的目录。在书写路径的时候，开头的 ./ 可以省略掉。

注意

绝对路径的斜线“\”和相对路径的斜线“/”方向不同，书写的时候应该特别注意。

3.1.3 超链接

语法：

```
<a href="url">Link text</a>
```

<a> 标签的常用属性如表 3-1 所示。此属性表中不包含 HTML5 不支持的属性。

表 3-1 罗列了 <a> 标签的常用属性。

表 3-1 <a> 标签的常用属性

属性	值	描述
href	url	规定链接指向的网址，可以是任何有效文档的相对或绝对路径
rel	text	规定当前文档与被链接文档之间的关系
target	_blank _parent _self _top framename	规定在何处打开链接文档
type	MIME type	规定被链接文档的 MIME 类型

续表

属性	值	描述
download	filename	规定被下载的超链接目标
hreflang	language_code	规定被链接文档的语言
media	media_query	规定被链接文档是为何种媒介 / 设备优化的

3.2　在新窗口打开链接

在创建网页的过程中，默认情况下超链接在原来的浏览器窗口中打开，可以使用 target 属性来控制打开的目标窗口。表 3-2 罗列了 target 的属性值。

表 3-2　　target 的属性值

值	描述
_blank	在新窗口中打开被链接文档
_self	默认值。在当前窗口中打开被链接文档
_parent	在父框架集中打开被链接文档
_top	在整个窗口中打开被链接文档
framename	在指定的框架中打开被链接文档

语法：

```
<a href=" 链接目标 " target=" 目标窗口的打开方式 ">
```

【例 3-2】

将超链接的 target 属性设为 _blank 时，网页将在新的窗口中打开，效果如图 3-3 和图 3-4 所示。

```
<body>
    <h1> 我们的第一个 HTML 页面 </h1>
    <p> 开始 HTML 学习的旅程！ </p>
    <div>Start</div>
    <a href="http://www.w3school.com.cn" target="_blank">W3School</a>
</body>
```

我们的第一个HTML页面

开始HTML学习的旅程！

Start
W3School

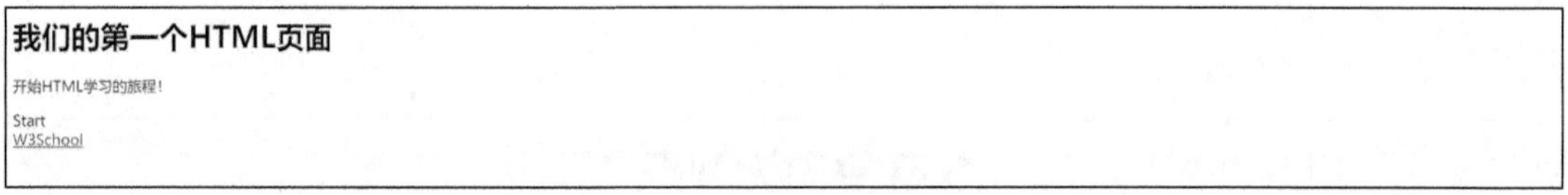

图3-3　设置链接目标窗口

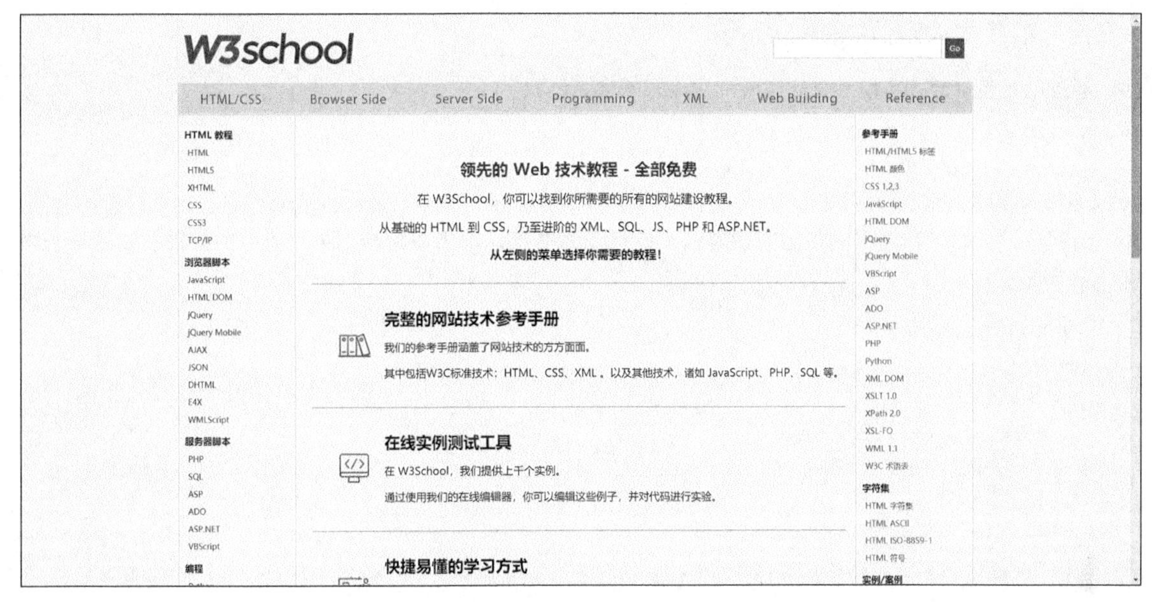

图3-4 打开的目标窗口

3.3 创建锚点链接

网站中经常会有一些文档网页由于文本或图像内容过多而过长，访问者需要不停地拖动浏览器上的滚动条来查看文档中的内容。为了方便用户查看文档中的内容，可在文档中创建锚点链接。

3.3.1 锚点链接

在创建锚点链接前首先要建立锚点。

语法：

```
<a name="锚点的名称"></a>
```

说明：

利用锚点名称可以链接到相应的位置。这个名称可以是数字或英文，或两者的混合，最好要区分大小写。同一个网页中可以有无数个锚点，但是不能有相同名称的两个锚点。

> **提示**
>
> 用 id 属性来代替 name 属性建立锚点，同样有效。

在同一个网页中创建指向该锚点的链接。

语法：

```
<a href="#锚点的名称">有用的提示</a>
```

在其他网页中创建指向该锚点的链接。

语法：

```
<a href="锚点所在网页的路径#锚点的名称">有用的提示</a>
```

3.3.2　链接同一网页中的锚点

通过创建锚点链接实现跳转到当前网页设置的锚点位置。

语法：

```
<a href="# 锚点的名称 "> 有用的提示 </a>
```

【例 3-3】

当网页过长时，在网页的最上方设置锚点链接作为书签，单击可跳转到第六小节的位置，如图 3-5 和图 3-6 所示。

```
<!DOCTYPE html>
<html>
    <head>
       <meta charset="UTF-8">
       <title></title>
    </head>
    <body>
       <a href="#p6"> 书签：第六小节 </a>
       <h3> 第一小节 </h3>
       <br><br><br><br><br><br>
       <h3> 第二小节 </h3>
       <br><br><br><br><br><br>
       <h3> 第三小节 </h3>
       <br><br><br><br><br><br>
       <h3> 第四小节 </h3>
       <br><br><br><br><br><br>
       <h3> 第五小节 </h3>
       <br><br><br><br><br><br>
       <h3><a href="" name ="p6"> 第六小节 </a></h3>
      <p> 所谓超链接，是指从一个网页指向一个目标的链接关系。这个目标可以是另一个网页，也可以是相同网
页上的不同位置，还可以是一个图片、一个电子邮件地址、一个文件，甚至是一个应用程序。
       </p>
       <h3> 第七小节 </h3>
       <br><br><br><br><br><br>
       <h3> 第八小节 </h3>
       <br><br><br><br><br><br>
       <h3> 第九小节 </h3>
       <br><br><br><br><br><br>
       <h3> 第十小节 </h3>
       <br><br><br><br><br><br>
       <h3> 第十一小节 </h3>
       <br><br><br><br><br><br>
    </body>
</html>
```

图3-5　页面较长

图3-6　单击书签，跳转到相应位置

提示

如果链接的锚点在屏幕上已经可见，那么浏览器可能不会再跳到那个锚点。如果链接的锚点正好在屏幕的底部，那么根据屏幕的大小，浏览器也不能跳到该锚点。这是因为如果浏览器窗口已经到达了网页的底部，它将不能再继续往下走，所以也就只能尽可能地接近该锚点了。

3.3.3　链接到其他网页中的锚点

锚点链接不但可以链接到同一网页中的锚点，还能链接到不同网页的锚点。

语法：

```
<a href=" 锚点所在网页的路径 # 锚点的名称 "> 有用的提示 </a>
```

说明：

在该语法中，与同一网页内的锚点链接不同的是需要在锚点名称前增加文件所在的位置，以设置一个单独的链接网页，使其链接到前面定义的锚点网页。

【例 3-4】

新建一个网页，命名为“锚点链接 2.html”，在网页中创建锚点链接，如图 3-7 所示。

```
<body>
    <a href=" 锚点链接 .html#p6"> 跳转到其他网页的第六小节 </a>
</body>
```

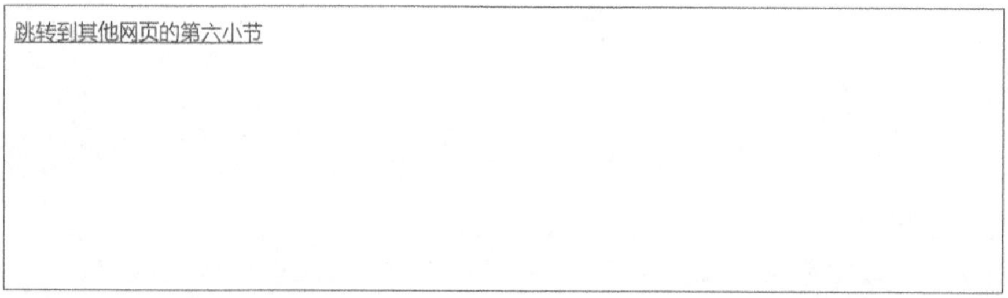

图3-7 创建链接其他网页的锚点链接

单击锚点链接，跳转到“锚点链接 .html”网页中的第六小节，如图 3-8 所示。

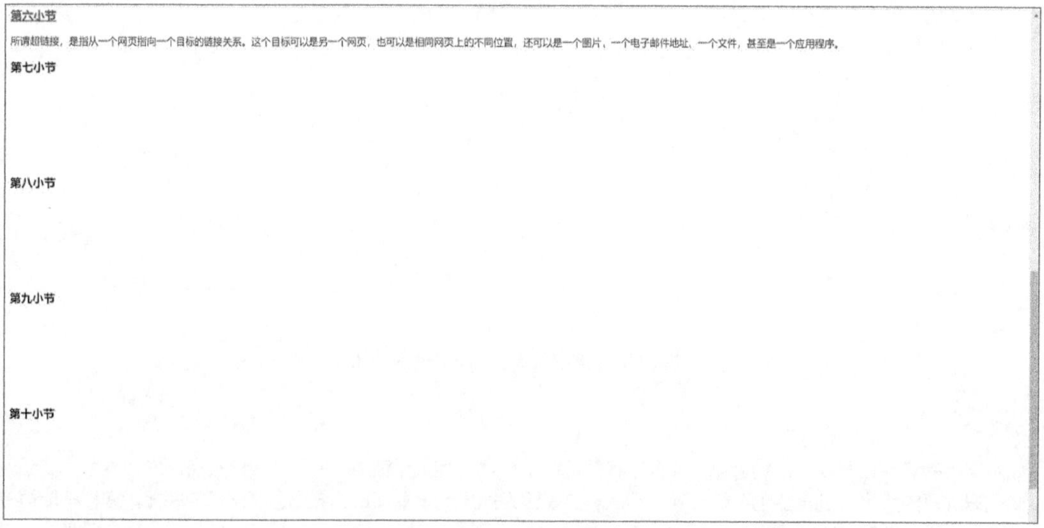

图3-8 链接到其他网页

锚点链接常常用于那些内容庞大烦琐的网页。通过单击锚点链接，能够快速重定向网页特定的位置，如快速到页首、页尾或网页中的某个位置，便于浏览者查看网页内容。在百度百科中，因为搜索结果内容很长，所以常常用锚点链接做成目录的形式，方便查阅对应位置，如图 3-9 所示。

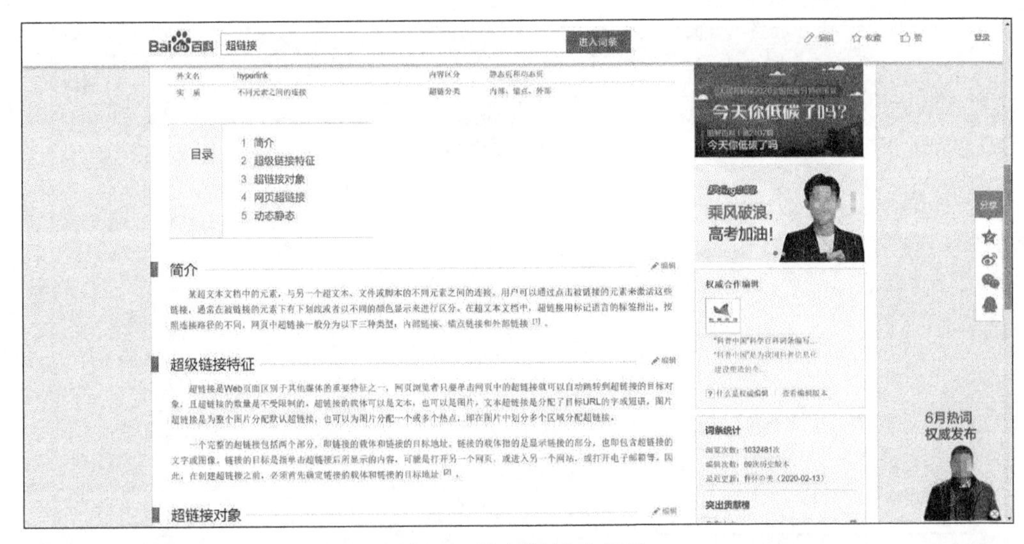

图3-9 锚点链接作为目录

3.4 外部链接

尽管创建的大多数链接都是在网页之间或网页内进行链接，但有时候也需要进行外部链接，外部链接是指跳转到当前网站之外的资源中。

3.4.1 链接到外部网站

很多网站会在自己的网页上设置友情链接，友情链接的对象一般为内容与当前网页互补或类似的其他网页。在设置友情链接时，经常需要利用 HTTP 进行外部链接。

语法：

```
<a href="http://...">...... </a>
```

说明：

在该语法中，http://... 表明这是关于 HTTP 的外部链接，在其后输入网站的网址即可。

【例 3-5】

在网页中创建超链接，分别接到百度、搜狐、新浪这 3 个网站，在浏览器中的显示效果如图 3-10 所示。单击超链接可跳转到对应的外部网站，如图 3-11 所示。

```
<p> 友情链接：</p>
<p><a href="http://www.baidu.com"> 百度 </a></p>
<p><a href="http://www.sohu.com"> 搜狐 </a></p>
<p><a href="http://www.sina.com"> 新浪 </a></p>
```

友情链接：

百度

搜狐

新浪

图3-10 外部网站链接

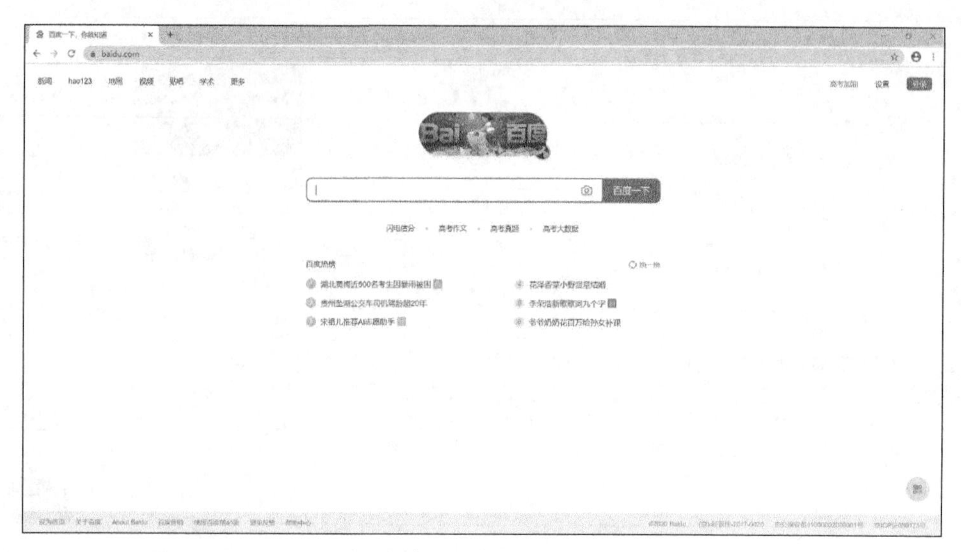

图3-11　单击链接中的“百度”，跳转到百度网站

3.4.2　链接到E-mail

在网页上创建 E-mail 链接，可以使浏览者快速反馈自己的意见。当浏览者单击 E-mail 链接时，可以立即打开浏览器默认的 E-mail 处理程序，收件人的邮件地址由 E-mail 超链接中指定的地址自动更新，不需要浏览者输入。

语法：

```
<a href="mailto: 邮件地址 " target="_top">发送邮件</a>
```

说明：

在该语法中的 mailto: 后面输入电子邮件的地址。

【例 3-6】

在网页中创建一个链接到 E-mail 的超链接，在浏览器中的显示效果如图 3-12 所示。

```
<body>
    <p>这是一个电子邮件链接:</p>
    <a href="mailto:someone@example.com?Subject=Hello%20again"target="_top">发送邮件
</a>
</body>
```

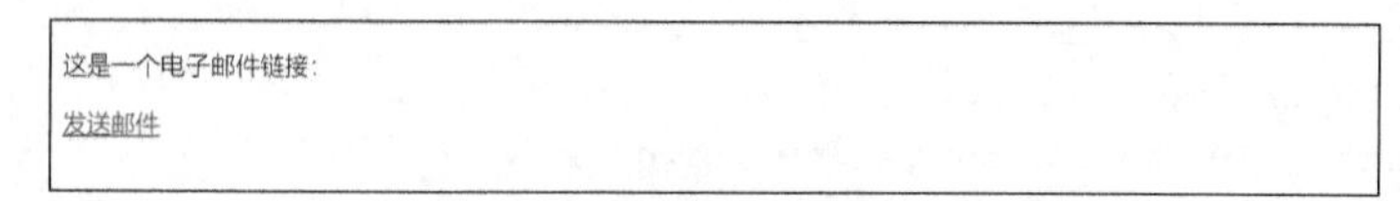

图3-12　链接到E-mail的超链接

3.4.3　链接到FTP

FTP 中文译为文件传输协议，一个 FTP 站点通常包含一些上传和下载文件的文件目录。FTP 服务器链接和网页链接的区别在于所用协议不同。FTP 需要从服务器管理员处获得登录的权限。不过部分 FTP 服务

器可以匿名访问，从而能获得一些公开的文件。

语法：

```
<a href = "ftp:// 服务器 IP 地址或域名 "> 链接的文字 </a>
```

提示

在 FTP 网站的链接内如果包含用户名和密码，这些信息对任何浏览源代码的人都是公开的。

3.4.4 链接到Telnet

Telnet 常常用来登录一些 BBS 网站，也是一种远程登录方式。Telnet 协议应用非常少，使用 HTTP 居多。

语法：

```
<a href = "telnet:// 服务器 IP 地址或域名 "> 链接的文字 </a>
```

说明：

这种链接方式与其他两种类似，不同的就是它登录的是 Telnet 站点。

3.4.5 下载文件

如果要在网站中提供下载资料，就需要为文件提供下载链接，在某些网站中只需要单击一个链接就可以自动下载文件。download 属性规定被下载的超链接目标。

语法：

```
<a href=" 文件地址 " download=" 文件名称 "> 链接的文本 </a>
```

说明：

在文件所在地址部分设置文件的路径，可以是相对地址，也可以是绝对地址。

【例 3-7】

在网页中创建一个指向图片的超链接，设置 download 属性，值为下载的文件名称，在浏览器中的显示效果如图 3-13 所示。单击超链接，浏览器将自动下载这幅图像。

```
<a href="img/kitty.jpg" download="kitty"> 下载图片 </a>
```

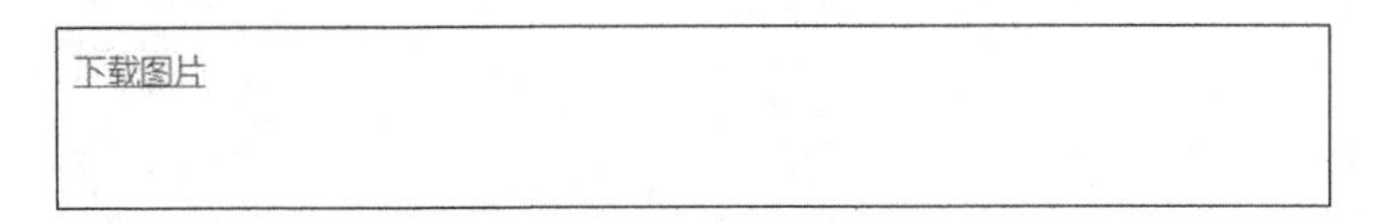

图3-13 单击超链接，下载图像

3.5 练习题

填空题

（1）________是包括服务器规范在内的完全路径。________不管源文件在什么位置都可以非常精确地找到，除非是目标文档的位置发生变化，否则链接不会失败。

（2）在创建网页的过程中，默认情况下超链接在原来的浏览器窗口中打开，可以使用________属性来控制打开的目标窗口。

（3）锚点常常用于那些内容庞大烦琐的网页。通过________属性可以创建锚点链接，能够快速重定向网页特定的位置，如快速到页首、页尾或网页中的某个位置，便于浏览者查看网页内容。

参考答案：

（1）绝对路径、绝对路径

（2）target

（3）name

3.6　章节任务

（1）制作锚点链接，指向其他网页中的锚点，参考【例 3-4】。

（2）制作两个网页，使用超链接实现它们的互相跳转，如图 3-14 和图 3-15 所示。

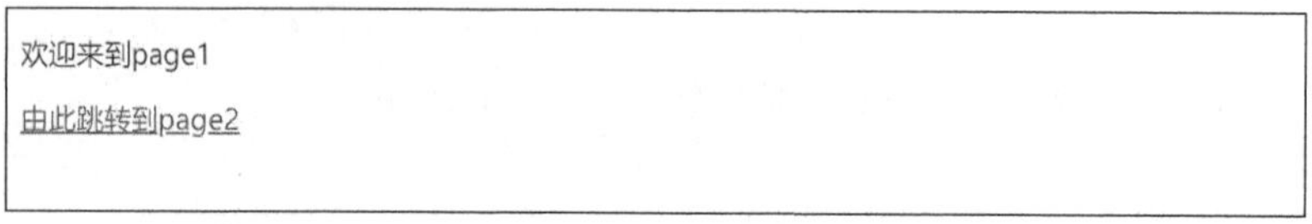

欢迎来到page1

由此跳转到page2

图3-14　单击超链接，跳转到page2

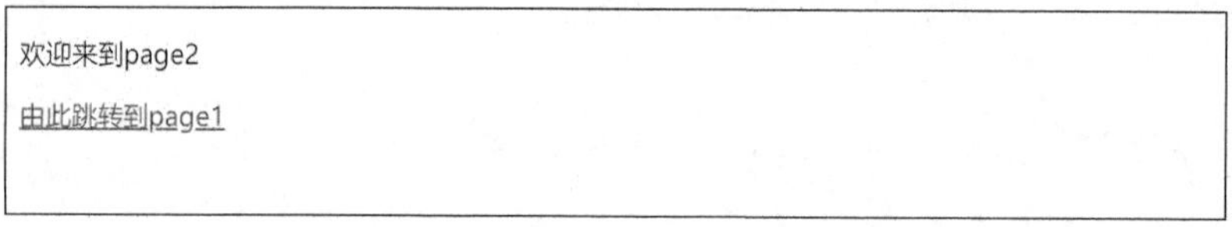

欢迎来到page2

由此跳转到page1

图3-15　单击超链接，可跳转到page1

任务素材及源代码可在 QQ 群中获取，群号：544028317。

第 04 章

使用图像

图像是网页中不可缺少的元素，巧妙地在网页中使用图像可以为网页增色不少。网页美化最简单、最直接的方法就是在网页上添加图像，图像不但使网页更加美观、形象和生动，还使网页中的内容更加丰富多彩。利用图像创建精美网页，能够给网页增加生机，从而吸引更多的浏览者。

学习目标

➔ 掌握图像标签的用法

➔ 掌握插入图像的方法

➔ 掌握图像的超链接

4.1　图像的格式

网页中图像的格式通常有 3 种，即 GIF、JPEG 和 PNG，它们分别具有不同的展示特点。在网页的制作中，需要根据图像的类型去选择使用不同的图像格式。

4.1.1　GIF格式

GIF 是英文 Graphic Interchange Format 的缩写，即图像交换格式。GIF 文件最多可使用 256 种颜色，最适合显示色调不连续或具有大面积单一颜色的图像，例如导航条、按钮、图标、徽标或其他具有统一色彩和色调的图像。

GIF 格式的最大优点就是可制作动态图像，可以将数个静态文件作为动画帧串联起来，转换成一个动画文件。

GIF 格式的另一优点就是可以将图像以交错的方式在网页中呈现。所谓交错显示，就是当图像尚未下载完成时，浏览器会先以马赛克的形式将图像慢慢显示，让浏览者可以大概猜出所下载图像的雏形。

4.1.2　JPEG格式

JPEG 是英文 Joint Photographic Experts Group 的缩写，它是一种图像压缩格式。此文件格式是用于摄影或连续色调图像的高级格式，这是因为 JPEG 文件可以包含数百万种颜色。随着 JPEG 文件品质的提高，文件的大小和加载时间也会增加。通常我们可以通过压缩 JPEG 文件的方法在图像品质和文件大小之间实现良好的平衡。

JPEG 格式是一种可以将图像压缩得非常紧凑的格式，专门用于不含大色块的图像。JPEG 格式的图像有一定的失真度，但是在正常的损失下肉眼分辨不出 JPEG 和 GIF 图像的区别，而 JPEG 文件大小只有 GIF 文件的 1/4。JPEG 对图标之类的含大色块的图像不是很有效，不支持透明图和动态图，但它能够保留全真的调色板格式。如果图像需要全彩模式才能表现效果的话，JPEG 就是最佳的选择。

4.1.3　PNG格式

PNG（Portable Network Graphics）格式是一种非破坏性的网页图像文件格式，它提供了将图像文件以最小的方式压缩却又不造成图像失真的技术。它不仅具备了 GIF 图像格式的大部分优点，而且还支持 48 位的色彩，可以更快地交错显示，实现跨平台的图像亮度控制和更多层的透明度设置。

4.2　<img>标签基础语法

图像是网页构成中最重要的元素之一，美观的图像会为网站增添生命力，同时也可加深用户对网站风格的印象。<img> 标签的相关属性如表 4-1 和表 4-2 所示。

表 4-1　<img> 标签的必需属性

属性	值	描述
alt	text	规定图像的替代文本
src	URL	规定显示图像的 URL

表 4-2　　<img> 标签的可选属性

属性	值	描述
height	pixels %	定义图像的高度
ismap	URL	将图像定义为服务器端图像映射
longdesc	URL	指向包含长的图像描述文档的 URL
usemap	URL	将图像定义为客户器端图像映射
width	pixels %	设置图像的宽度

4.3　图像的路径src

src 属性用于指定图像源文件所在的路径，它是图像必不可少的属性。

语法：

```
<img src=" 图像文件的地址 ">
```

说明：

在该语法中，src 参数用来设置图像文件所在的路径，这一路径可以是相对路径，也可以是绝对路径。

【例 4-1】

创建一个 <img> 标签，src 属性值为外部图像文件的路径，在浏览器上显示这幅图像，如图 4-1 所示。

```
<img src="img/kitty.jpg" alt="">
```

图4-1　插入图像文件效果

提示

- 可以使用文件和 http:// 关键字作为图像的地址，用于在网页上加载图像。
- HTML 文件中无法直接插入多媒体文件，需要从外部引入。

4.4　图像的提示文字alt

alt 属性是 <img> 标签的必要属性，它规定了图像无法正常显示时的替代文本。

语法：

```
<img src=" 图像文件的地址 " alt=" 替代文本 ">
```

说明：

（1）在该语法中，提示文字的内容可以是中文，也可以是英文。

（2）图像无法正常显示的原因可以有以下几种。

- 网速太慢。
- src 属性值错误。
- 浏览器禁用图像。
- 用户使用的是屏幕阅读器。

【例 4-2】

给 <img> 标签增加 alt 属性，属性值为这张图像的替代文本。当图像的地址填写有误的时候，显示替代文本，浏览者依然可以看到丢失图像的信息。在浏览器中的显示效果如图 4-2 所示。

这是一张小猫咪的照片

图4-2　添加提示文字效果

```
<img src="img/kitty1.jpg" alt=" 这是一张小猫咪的照片 ">
```

4.5　图像的宽度（width）和高度（height）

width 和 height 属性分别用来定义图像的宽度和高度，如果 <img> 标签不定义宽度和高度，图像就会按照它的原始尺寸显示。

语法：

```
<img src=" 图像文件的地址 " alt=" 替代文本 " width=" 图像的宽度 " height=" 图像的高度 ">
```

说明：

（1）在该语法中，图像的宽度和高度的单位是像素或百分比。当只规定其中的一个值时，另一个值会等比进行缩放。

（2）无论在 width 和 height 属性中指定什么值，整个图像都会被加载；即使 width 和 height 属性值设置得很小，图像也不会加载得更快。

【例 4-3】

在【例 4-1】和【例 4-2】的基础上，使用 width 属性规定图像的宽度，高度会等比进行缩放，图像的长宽比不变，在浏览器中的显示效果如图 4-3 所示。

```
<img src="img/kitty.jpg" alt= “这是一张小猫咪的照片” width="500px">
```

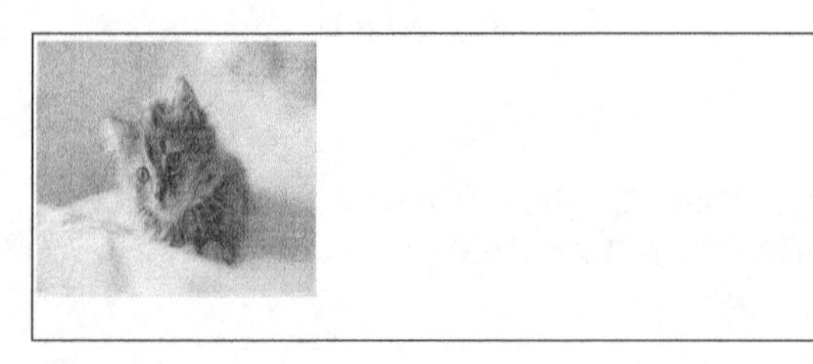

图4-3　调整图像的宽度和高度

4.6　图像的超链接

除了文字可以添加超链接之外，图像也可以设置超链接属性。同一张图像的不同部分也可以链接到不同的文档，这就是热区链接。

4.6.1 图像的超链接

图像的链接和文字的链接方法是一样的，都是用 <a> 标签来完成，只要将 <img> 标签放在 <a> 和 </a> 之间就可以了。

语法：

```
<a href=" 链接地址 ">
     <img src=" 图像文件的地址 " alt="">
</a>
```

说明：

在该语法中，href 参数用来设置图像的链接地址。

【例 4-4】

在超链接中嵌入一个图像元素，在浏览器中预览，当鼠标指针放置在链接的图像上时，鼠标指针会显示为超链接特有的“小手”样式，如图 4-4 所示。单击图像时，网页将跳转到超链接指向的 W3school 官网，如图 4-5 所示。

图4-4　图像超链接效果

```
<a href="https://www.w3school.com.cn/index.html">
    <img src="img/cat.jpg" alt=" 喵喵 " width="500px">
</a>
```

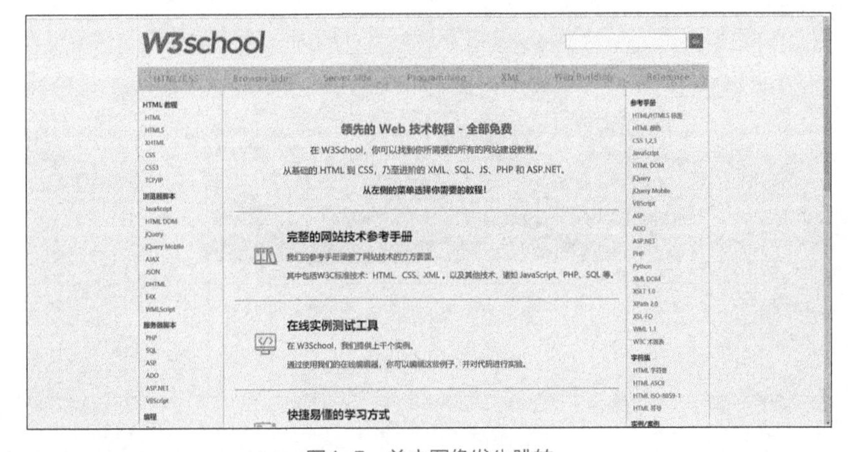

图4-5　单击图像发生跳转

4.6.2 图像热区链接

在 HTML 中可以把图像划分成多个热点区域（简称热区），每一个热区链接到不同的网页。这种效果的实质是把一张图像划分成不同的热区，再让不同的区域进行超链接，这就是映射地图。图像映射用到了 3 种标签 :<img>、<map>、<area>。

语法：

```
<img src=" 图像地址 " alt=" usemap =" 映射图像名称 ">
<map name=" 映射图像名称 ">
    <area shape=" 热区形状 " coords=" 热区坐标 " href=" 链接地址 ">
</map>
```

说明：

在该语法中要先定义映射图像的名称，然后再引用这个映射图像。在 <area> 标签中定义了热区的位置和链接，其中 shape 参数用来定义热区形状，coords 参数则用来设置区域坐标，对于不同形状来说，coords 设置的方式也不同。

【例 4-5】

图 4-6 是一幅天空和大海的图像，为它设置图像热区链接后，单击天空的部分，跳转到新页面“天空.html”，如图 4-7 所示；单击大海的部分，跳转到新页面“大海.html”，如图 4-8 所示。

```
<img src="img/ 大海和天空 .jpg" alt=" 大海和天空 "usemap="#map" width="800px" height="600px">
<map name="#map">
    <area shape="react" coords="0,0,800,300" href=" 天空 .html">
    <area shape="react" coords="0,300,800,600" href=" 大海 .html">
</map>
```

图4-6　热区链接的网页

图4-7　单击图像上半部分跳转到“天空.html”

图4-8　单击图像下半部分跳转到“大海.html”

4.7 练习题

填空题

（1）网页中图像的格式通常有 3 种，即________、________和________。

（2）图像是网页构成中最重要的元素之一，美观的图像会为网站增添生命力，同时也可加深用户对网站风格的印象。在网页中插入图像可以起到美化的作用，插入图像的标签只有一个，那就是________标签。

（3）提示文字的作用是，如果图像没有被正确加载，在图像的位置上就会显示提示文字。图像的提示文字是用________标签来实现的。

（4）实现图像映射用到了 3 种标签，即________、________、________。

参考答案：

（1）GIF、JPEG、PNG

（2）<img>

（3）<alt>

（4）<img>、<map>、<area>

4.8 章节任务

设置图像的超链接，图像的宽度为 800px，高度保持比例自动缩放，如图 4-9 所示。要求单击图像的时候，跳转到百度首页。

图4-9 图像超链接

任务素材及源代码可在 QQ 群中获取，群号：544028317。

第 05 章

使用列表

列表是一种非常有用的数据排列工具，它以清晰直观的形式来显示数据。HTML 中共有 3 种列表，分别是有序列表、无序列表和定义列表。有序列表的列表项目是有先后顺序之分的。无序列表的所有列表项目之间没有先后顺序之分。定义列表是一组带有特殊含义的列表，一个列表项目里包含条件和说明两部分。

学习目标

- 了解列表标签
- 掌握有序列表
- 掌握无序列表
- 掌握定义列表

5.1 有序列表

有序列表在列表中将每个列表项按数字或字母顺序标号。使用 <ol> 标签可以创建一个有序列表，使用 <li> 标签创建列表中的每一个列表项。

5.1.1 <ol>标签

有序列表中各个列表项使用编号排列，列表中的项目有先后顺序，一般采用数字或字母作为序号。<ol> 标签的相关属性如表 5-1 所示。

表 5-1　<ol> 标签的属性

属性	值	描述
compact	compact	HTML5 中不支持，HTML 4.01 中不赞成使用 规定列表呈现的效果比正常情况更小巧
reversed	reversed	规定列表顺序为降序 (9,8,7,...)
start	number	规定有序列表的起始值
type	1 A a I i	规定在列表中使用的标签类型

语法：

```
<ol>
    <li> 有序列表项 </li>
    <li> 有序列表项 </li>
    <li> 有序列表项 </li>
    <li> 有序列表项 </li>
    <li> 有序列表项 </li>
    ...
</ol>
```

说明：

在该语法中，<ol> 和 </ol> 标签标志着有序列表的开始和结束，而 <li> 和 </li> 标签表示这是一个列表项。

【例 5-1】

创建一个有序列表，内容为星期一到星期天，在浏览器中的显示效果如图 5-1 所示。

```
<!DOCTYPE html>
<html>
    <head>
        <meta charset="UTF-8">
```

```
        <title></title>
    </head>
    <body>
        <ol>
            <li> 星期一 </li>
            <li> 星期二 </li>
            <li> 星期三 </li>
            <li> 星期四 </li>
            <li> 星期五 </li>
            <li> 星期六 </li>
            <li> 星期天 </li>
        </ol>
    </body>
</html>
```

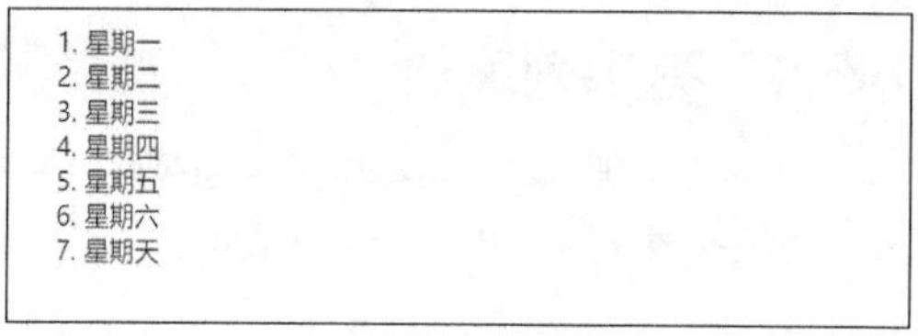

1. 星期一
2. 星期二
3. 星期三
4. 星期四
5. 星期五
6. 星期六
7. 星期天

图5-1　有序列表效果

5.1.2　有序列表的序号类型type

默认情况下，有序列表的序号以数字表示，但通过 type 属性可以改变序号的类型，包括大小写字母、阿拉伯数字和大小写罗马数字。

语法：

```
<ol type=" 序号类型 ">
    <li> 有序列表项 </li>
    <li> 有序列表项 </li>
    <li> 有序列表项 </li>
    <li> 有序列表项 </li>
    ...
</ol>
```

说明：

在该语法中，有序列表的序号类型有 5 种，type 的属性值如表 5-2 所示。

表 5-2　　type 的属性值

值	描述
1	默认值。数字有序列表（1、2、3、4）
a	按字母顺序排列的有序列表，小写（a、b、c、d）
A	按字母顺序排列的有序列表，大写（A、B、C、D）
i	罗马字母，小写（i, ii, iii, iv）
I	罗马字母，大写（I, II, III, IV）

【例 5-2】

使用 type 属性设置有序列表的类型为“A”，在浏览器中预览，可以看到将序号类型显示为“A”的效果，如图 5-2 所示。

```
<ol type="A">
    <li> 星期一 </li>
    <li> 星期二 </li>
    <li> 星期三 </li>
    <li> 星期四 </li>
    <li> 星期五 </li>
    <li> 星期六 </li>
    <li> 星期天 </li>
</ol>
```

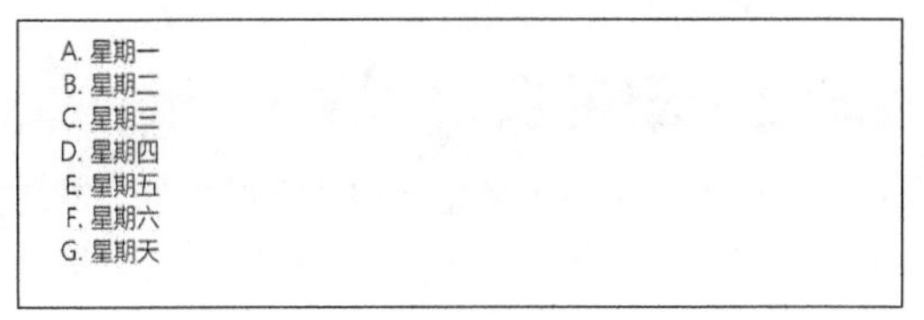

图5-2 设置type为“A”

提示

type 属性仅仅适合于有序和无序列表，并不适用于定义列表。

5.1.3 有序列表的起始数值start

默认情况下，有序列表的编号是从 1 开始的，通过 start 属性可以调整编号的起始值。

语法：

```
<ol start=" 起始数值 ">
    <li> 有序列表项 </li>
    <li> 有序列表项 </li>
    <li> 有序列表项 </li>
    <li> 有序列表项 </li>
    ...
</ol>
```

说明：

在该语法中，起始数值只能是数字，但是同样可以对字母和罗马数字起作用。start 的属性值如表 5-3 所示。

表 5-3 start 的属性值

值	描述
number	数字，有序列表的开始点

【例 5-3】

使用 start 属性，设置有序列表起始数值为 3，在浏览器中预览可以看到起始编码为“C”，并且依次排序，效果如图 5-3 所示。

```
<ol type="A" start="3">
    <li> 星期一 </li>
    <li> 星期二 </li>
    <li> 星期三 </li>
    <li> 星期四 </li>
    <li> 星期五 </li>
    <li> 星期六 </li>
    <li> 星期天 </li>
</ol>
```

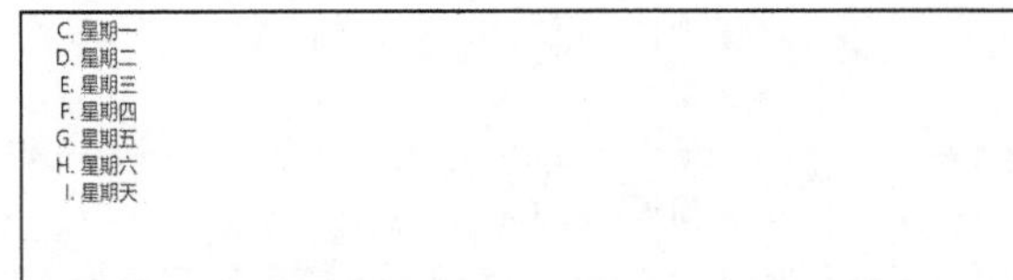

图5-3 有序列表的起始数值

5.2 无序列表

无序列表除了不使用数字或字母以外，其他方面和有序列表类似。无序列表并不依赖顺序来表示重要的程度。无序列表的项目排列没有顺序，只以符号作为分项标识。<ul> 标签的相关属性如表 5-4 所示。

表 5-4 <ul> 标签的属性

属性	值	描述
compact	compact	不赞成使用，请使用样式取代它 规定列表呈现的效果比正常情况更小巧
type	disc square circle	不赞成使用，请使用样式取代它 规定列表的项目符号的类型

语法：

```
<ul>
    <li> 列表项 </li>
    <li> 列表项 </li>
    <li> 列表项 </li>
    <li> 列表项 </li>
    <li> 列表项 </li>
    ...
</ul>
```

说明：

在该语法中，使用 <ul></ul> 标签表示这个无序列表的开始和结束，<li> 则表示一个列表项的开始。在一个无序列表中可以包含多个列表项。

【例 5-4】

创建无序列表，内容为星期一到星期天，在浏览器中的效果如图 5-4 所示。

```
<ul>
    <li> 星期一 </li>
    <li> 星期二 </li>
    <li> 星期三 </li>
    <li> 星期四 </li>
    <li> 星期五 </li>
    <li> 星期六 </li>
    <li> 星期天 </li>
</ul>
```

- 星期一
- 星期二
- 星期三
- 星期四
- 星期五
- 星期六
- 星期天

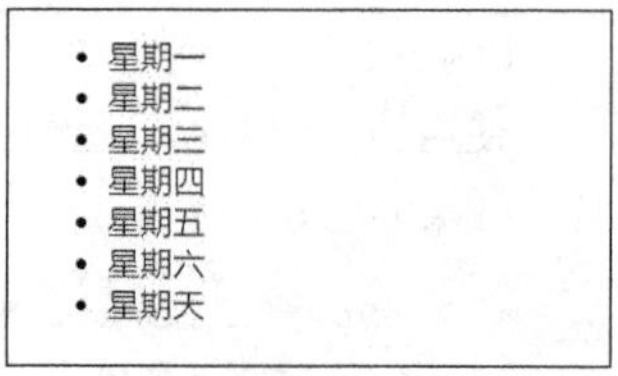

图5-4 无序列表效果

提示

有序列表和无序列表可以互相嵌套。

5.3 定义列表<dl>

定义列表由两部分组成：定义条件和定义描述。使用 <dl> 标签来表示定义列表，定义列表的英文全称是 definition list；<dt> 用来定义需要解释的名词，英文全称为 definition term；<dd> 定义具体的解释，英文全称为 definition description。

语法：

```
<dl>
      <dt> 定义条件 </dt>
      <dd> 定义描述 </dd>
      <dt> 定义条件 </dt>
      <dd> 定义描述 </dd>
      ...
</dl>
```

【例 5-5】

创建定义列表，内容为“计算器”“鼠标”以及对它们的解释，在浏览器中的显示效果如图 5-5 所示。

```
<dl>
   <dt> 计算器 </dt>
   <dd> 用来进行计算的仪器 </dd>
   <dt> 鼠标 </dt>
   <dd> 计算机的一种外接设备 </dd>
</dl>
```

```
计算器
    用来进行计算的仪器
鼠标
    计算机的一种外接设备
```

图5-5 定义列表效果

5.4 列表的嵌套

不同类型的列表之间可以相互嵌套。

【例 5-6】

使用有序列表和无序列表完成一个饮料菜单，在浏览器中的显示效果如图 5-6 所示。

```
<ol>
    <li> 鲜榨果汁
         <ul>
             <li> 橙汁 </li>
             <li> 西瓜汁 </li>
             <li> 杧果汁 </li>
             <li> 椰汁 </li>
         </ul>
    </li>
```

```
    <li> 牛奶 </li>
    <li> 咖啡 </li>
    <li> 汽水 </li>
    <li> 奶茶 </li>
</ol>
```

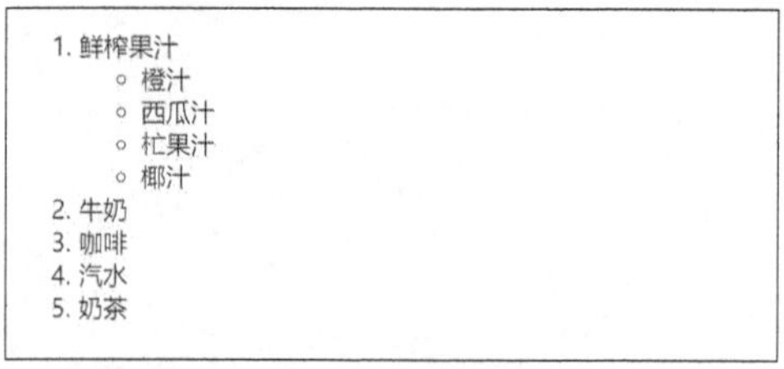

1. 鲜榨果汁
    - 橙汁
    - 西瓜汁
    - 杧果汁
    - 椰汁
2. 牛奶
3. 咖啡
4. 汽水
5. 奶茶

图5-6　列表嵌套

5.5　练习题

填空题

（1）HTML 中共有 3 种列表，分别是________、________、________。________的所有列表项目之间没有先后顺序之分。________的列表项目是有先后顺序之分的。________是一组带有特殊含义的列表，一个列表项目里包含条件和说明两部分。

（2）有序列表中各个列表项使用编号排列，列表中的项目有先后顺序，一般采用数字或字母作为顺序号。使________，可以使用小写英文作为顺序号。

（3）默认情况下，有序列表的编号是从 1 开始的，通过________属性可以调整编号的起始值。

参考答案：

（1）<ol>、<ul>、<dl>、<ul>、<ol>、<dl>

（2）type="a"

（3）start

5.6　章节任务

使用列表嵌套制作一个餐厅饮品单，如图 5-7 所示。

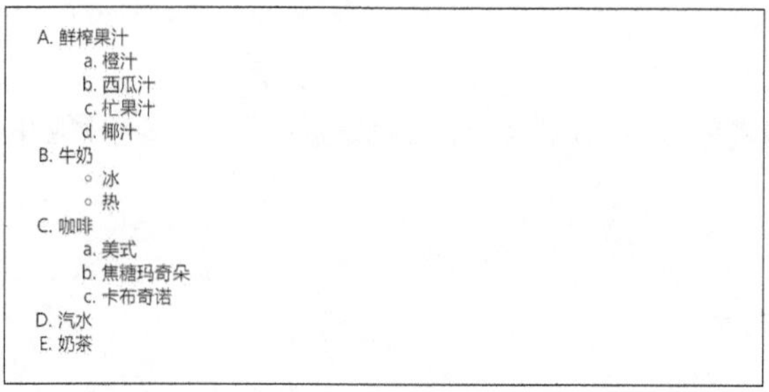

A. 鲜榨果汁
    a. 橙汁
    b. 西瓜汁
    c. 杧果汁
    d. 椰汁
B. 牛奶
    - 冰
    - 热
C. 咖啡
    a. 美式
    b. 焦糖玛奇朵
    c. 卡布奇诺
D. 汽水
E. 奶茶

图5-7　饮品单

任务素材及源代码可在 QQ 群中获取，群号：544028317。

第 06 章

使用表格

在制作网页时，使用表格可以更清晰地排列数据。在 HTML 中，使用 <table> 标签定义表格。表格曾经作为最主要的布局方式被大量使用，后被 DIV+CSS 所取代，但表格并没有被淘汰，在数据展示方面仍然发挥着重要的作用。

学习目标

- 掌握创建表格的方法
- 掌握设置表格基本属性的方法
- 掌握设置表格边框的方法
- 掌握设置表格行属性的方法
- 掌握调整单元格属性的方法

6.1　创建表格

表格是一种整理数据的手段，同时也是一种可视化的交流模式。简单的 HTML 表格由 <table> 标签以及一个或多个 <tr>、<th> 或 <td> 标签组成。本节讲解怎样使用这些标签制作一个结构完整的表格。

6.1.1　表格的基本构成<table>、<tr>、<td>

表格由行、列和单元格组成，一般通过表格标签 <table>、行标签 <tr> 和单元格标签 <td> 来表示。表格的各种属性都要在表格的开始标签 <table> 和结束标签 </table> 之间才有效。表格的基础标签如表 6-1 所示。

表 6-1　　表格的基础标签

标签	描述
<table>	定义表格
<caption>	定义表格标题
<th>	定义表格的表头
<tr>	定义表格的行
<td>	定义表格单元

语法：

```
<table>
    <tr>
        <td> 单元格内的文字 </td>
        <td> 单元格内的文字 </td>
    </tr>
    <tr>
        <td> 单元格内的文字 </td>
        <td> 单元格内的文字 </td>
    </tr>
</table>
```

【例 6-1】

使用 <table> 标签创建表格，在 <table> 标签中使用 <tr> 标签为表格增加行，使用 <td> 标签表示行的每一个单元格。在浏览器中预览，可以看到在网页中添加了一个 2 行 2 列的表格，如图 6-1 所示。

```
<table border="1">
    <tr>
        <td> 第 1 行第 1 列单元格 </td>
        <td> 第 1 行第 2 列单元格 </td>
    </tr>
    <tr>
        <td> 第 2 行第 1 列单元格 </td>
        <td> 第 2 行第 2 列单元格 </td>
    </tr>
</table>
```

第1行第1列单元格	第1行第2列单元格
第2行第1列单元格	第2行第2列单元格

图6-1　表格的基本构成

6.1.2 设置表格的标题<caption>

使用 <caption> 标签可以为表格设置标题单元格，表格的标题一般位于整个表格的第 1 行。使用 <table> 标签定义表格，该表格只能含有一个表格标题。

语法：

```
<caption> 表格的标题 </caption>
```

【例 6-2】

创建表格，内容为考试成绩单，在 <table> 标签中创建 <caption> 标签，使用 <caption> 标签设置表格标题为“成绩单”。在浏览器中的显示效果如图 6-2 所示。

```
<table border="1">
    <caption> 成绩单 </caption>
    <tr>
        <td> 张三 </td>
        <td>95</td>
        <td>76</td>
        <td>80</td>
    </tr>
    <tr>
        <td> 李四 </td>
        <td>88</td>
        <td>90</td>
        <td>85</td>
    </tr>
    <tr>
        <td> 三毛 </td>
        <td>80</td>
        <td>89</td>
        <td>90</td>
    </tr>
</table>
```

成绩单

张三	95	76	80
李四	88	90	85
三毛	80	89	90

图6-2 表格的标题

> **提示**
>
> 使用 <caption> 标签创建表格标题的好处是标题定义包含在表格内。如果表格移动或在 HTML 文件中重定位，标题会随着表格相应移动。

6.1.3 表头<th>

表头的单元格用 <th> 标签来定义，<th> 标签是 <td> 单元格标签的一种变体，它实质上仍是单元格标签。它一般位于第 1 行或第 1 列，用来表明这一行或列的内容类别。在一般情况下，浏览器会以粗体和居中的样式显示 <th> 标签中的内容。

语法：

```
<table>
```

```
    <tr>
        <th> 表头的文字 </th>
        <th> 表头的文字 </th>
    </tr>
    <tr>
        <td> 单元格内的文字 </td>
        <td> 单元格内的文字 </td>
    </tr>
</table>
```

【例 6-3】

在【例 6-2】的基础上，增加表格的表头部分，在浏览器中的显示效果如图 6-3 所示。

```
<table border="1">
    <caption> 成绩单 </caption>
    <tr>
        <th> 姓名 </th>
        <th> 语文 </th>
        <th> 数学 </th>
        <th> 英语 </th>
    </tr>
    <tr>
        <td> 张三 </td>
        <td>95</td>
        <td>76</td>
        <td>80</td>
    </tr>
    <tr>
        <td> 李四 </td>
        <td>88</td>
        <td>90</td>
        <td>85</td>
    </tr>
    <tr>
        <td> 三毛 </td>
        <td>80</td>
        <td>89</td>
        <td>90</td>
    </tr>
</table>
```

成绩单

姓名	语文	数学	英语
张三	95	76	80
李四	88	90	85
三毛	80	89	90

图6-3 表格的表头效果

6.2 表格基本属性

为了使创建的表格更加美观、醒目，需要对表格的属性进行设置，本节将详细讲解常用的宽度、边框，以及调整单元格距离的属性。表 6-2 中列出了 <table> 标签的基础属性（已排除不建议使用的属性）。

表 6-2 <table> 的基础属性

属性	值	描述
border	pixels	规定表格边框的宽度
cellpadding	pixels %	规定单元格边缘与其内容之间的空白
cellspacing	pixels %	规定单元格之间的空白
frame	void above below hsides lhs rhs vsides box border	规定外侧边框的哪个部分是可见的
rules	none groups rows cols all	规定内侧边框的哪个部分是可见的
summary	text	规定表格的摘要
width	pixels %	规定表格的宽度

6.2.1 表格宽度width

使用表格的 width 属性设置表格的宽度。如果不指定表格宽度，浏览器就会根据表格内容的多少自动调整宽度。

语法：

```
<table width=" 表格宽度 ">
```

说明：

表格宽度的值可以是像素值，也可以为百分比值。

【例 6-4】

使用 <table> 标签创建表格，设置表格的宽度为 500px，在浏览器中的显示效果如图 6-4 所示。

```
<table border="1" width="500px">
    <caption> 成绩单 </caption>
    <tr>
        <th> 姓名 </th>
        <th> 语文 </th>
        <th> 数学 </th>
```

成绩单

姓名	语文	数学	英语
张三	95	76	80
李四	88	90	85
三毛	80	89	90

图6-4 表格的宽度

```
        <th> 英语 </th>
    </tr>
    <tr>
        <td> 张三 </td>
        <td>95</td>
        <td>76</td>
        <td>80</td>
    </tr>
    <tr>
        <td> 李四 </td>
        <td>88</td>
        <td>90</td>
        <td>85</td>
    </tr>
    <tr>
        <td> 三毛 </td>
        <td>80</td>
        <td>89</td>
        <td>90</td>
    </tr>
</table>
```

6.2.2　表格的边框border

默认情况下如果不指定 border 属性，则浏览器将不显示表格边框。只有设置 border 值不为 0，网页中才能显示出表格的边框。

语法：

```
<table border=" 边框宽度 ">
```

【例 6-5】

在 table 标签中，使用 border 属性设置表格的边框为“3”，在浏览器中的显示效果如图 6-5 所示。

```
<table border="3">
    <tr>
        <td> 第 1 行第 1 列单元格 </td>
        <td> 第 1 行第 2 列单元格 </td>
    </tr>
    <tr>
        <td> 第 2 行第 1 列单元格 </td>
        <td> 第 2 行第 2 列单元格 </td>
    </tr>
</table>
```

第1行第1列单元格	第1行第2列单元格
第2行第1列单元格	第2行第2列单元格

图6-5　表格的边框宽度效果

提示

border 属性设置的表格边框只能影响表格四周的边框宽度，而并不能影响单元格之间边框的尺寸。虽然设置边框宽度没有限制，但是一般边框设置不应超过 5px，过于宽大的边框会影响表格的整体美观。

6.2.3 单元格间距cellspacing

表格的内框宽度属性 cellspacing 用于设置表格内部两个单元格之间的距离，本小节将讲解怎样设置单元格之间的距离。

语法：

```
<table cellspacing=" 内框宽度值 ">
```

说明：

内框宽度的单位是 px。

【例 6-6】

创建 table 表格，使用 cellspacing 属性设置单元格间距为 10px，在浏览器中的显示效果如图 6-6 所示。

```
<table border="1" cellspacing="10">
    <tr>
        <td> 第 1 行第 1 列单元格 </td>
        <td> 第 1 行第 2 列单元格 </td>
    </tr>
    <tr>
        <td> 第 2 行第 1 列单元格 </td>
        <td> 第 2 行第 2 列单元格 </td>
    </tr>
</table>
```

第1行第1列单元格	第1行第2列单元格
第2行第1列单元格	第2行第2列单元格

图6-6 表格内框宽度效果

6.2.4 表格内文字与边框间距cellpadding

在默认情况下，单元格里的内容会紧贴着表格的边框，这样看上去非常拥挤。使用 cellpadding 属性可以设置单元格边框与单元格里内容之间的距离。

语法：

```
<table cellpadding=" 文字与边框距离值 ">
```

说明：

单元格里的内容与边框的距离以 px 为单位。

【例 6-7】

给 <table> 标签增加 cellpadding 属性，设置单元格内边距为 20px，在浏览器中的显示效果如图 6-7 所示。

```
<table border="1" cellpadding="20">
    <tr>
        <td> 第 1 行第 1 列单元格 </td>
        <td> 第 1 行第 2 列单元格 </td>
    </tr>
    <tr>
        <td> 第 2 行第 1 列单元格 </td>
        <td> 第 2 行第 2 列单元格 </td>
    </tr>
</table>
```

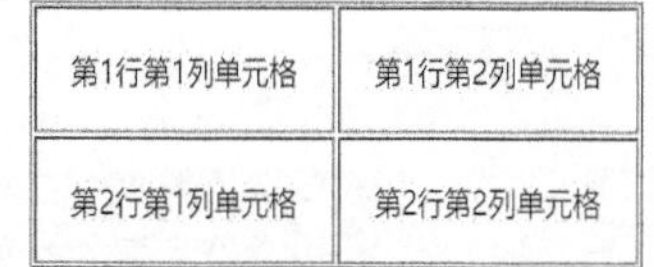

第1行第1列单元格	第1行第2列单元格
第2行第1列单元格	第2行第2列单元格

图6-7 设置文字与边框之间的距离

6.3　表格的行属性

在表格中，不仅可以对表格整体设置相关属性，还可以对单独的一行单元格设置相关属性。本节将介绍行的常用属性，<tr> 标签的基础属性如表 6-3 所示。

表 6-3　<tr> 标签的基础属性

属性	值	描述
align	right left center justify char	定义表格行的内容对齐方式
char	character	规定根据哪个字符来进行文本对齐
charoff	number	规定第一个对齐字符的偏移量
valign	top middle bottom baseline	规定表格行中内容的垂直对齐方式

6.3.1　行内文字的水平对齐方式align

<tr> 标签的 align 属性用来设置表格当前行的水平对齐方式。它不受表格整体对齐方式的影响，却能够被单元格的对齐方式定义所覆盖。常用的水平对齐方式有 3 种，分别是 left、center 和 right。

语法：

```
<tr align=" 水平对齐方式 ">
```

【例 6-8】

使用 <tr> 标签的 align 属性，设置表中 3 行内容分别向左对齐、居中对齐、向右对齐，在浏览器中的显示效果如图 6-8 所示。

```
<table border="1" width="800px">
    <tr align="left">
        <td> 第 1 行第 1 列单元格 </td>
        <td> 第 1 行第 2 列单元格 </td>
    </tr>
    <tr align="center">
        <td> 第 2 行第 1 列单元格 </td>
        <td> 第 2 行第 2 列单元格 </td>
    </tr>
    <tr align="right">
        <td> 第 3 行第 1 列单元格 </td>
        <td> 第 3 行第 2 列单元格 </td>
    </tr>
</table>
```

第1行第1列单元格	第1行第2列单元格
第2行第1列单元格	第2行第2列单元格
第3行第1列单元格	第3行第2列单元格

图6-8 行内文字的水平对齐方式

6.3.2 行内文字的垂直对齐方式valign

<tr> 标签的 valign 属性用来设置表格当前行的垂直对齐方式。常用的垂直对齐方式有 3 种，分别是 top、middle 和 bottom。

语法：

```
<tr valign=" 垂直对齐方式 ">
```

【例 6-9】

使用 <tr> 标签的 valign 属性，设置表中第 1 行文字顶端对齐，第 2 行文字居中对齐，第 3 行文字底部对齐，在浏览器中的显示效果如图 6-9 所示。

```
<table border="1">
    <tr valign="top">
        <td> 第 1 行第 1 列单元格 </td>
        <td> 第 1 行第 2 列单元格 </td>
    </tr>
    <tr valign="middle">
        <td> 第 2 行第 1 列单元格 </td>
        <td> 第 2 行第 2 列单元格 </td>
    </tr>
    <tr valign="bottom">
        <td> 第 3 行第 1 列单元格 </td>
        <td> 第 3 行第 2 列单元格 </td>
    </tr>
</table>
```

第1行第1列单元格	第1行第2列单元格
第2行第1列单元格	第2行第2列单元格
第3行第1列单元格	第3行第2列单元格

图6-9 行内文字的垂直对齐方式

6.4 单元格属性

单元格是表格中最基本的单位。<td>（单元格）全部包含在 <tr>（行）中，一个行里面可以有任意多个单元格。在 <td> 标签中可以自定义设置单元格的各项属性，这些样式将覆盖 <table> 标签和 <tr> 标签已经定义的样式。<td> 标签的基础属性如表 6-4 所示，本节主要介绍单元格的跨行和跨列。

表 6-4 <td> 标签的基础属性

属性	值	描述
abbr	text	规定单元格中内容的缩写版本
align	• left • right • center • justify • char	规定单元格内容的水平对齐方式

续表

属性	值	描述
axis	category_name	对单元进行分类
char	character	规定根据哪个字符来进行内容的对齐
charoff	number	规定对齐字符的偏移量
colspan	number	规定单元格可横跨的列数
headers	header_cells'_id	规定与单元格相关的表头
rowspan	number	规定单元格可横跨的行数
scope	• col • colgroup • row • rowgroup	定义将表头数据与单元数据相关联的方法
valign	• top • middle • bottom • baseline	规定单元格内容的垂直排列方式

6.4.1 单元格跨列colspan

在设计表格时，有时需要将两个或更多的相邻单元格组合成一个单元格，这时需要使用 colspan 属性来实现。

语法：

```
<td colspan=" 单元格横跨的列数 ">
```

说明：

跨列的时候要记得删掉同行中多余的单元格。

【例 6-10】

在 <td> 标签中，使用 colspan 属性，使单元格跨列显示，在浏览器中的显示效果如图 6-10 所示。

```
<table border="1">
    <tr>
        <td colspan="2"> 跨列 </td>
    </tr>
    <tr>
        <td> 第 2 行第 1 列单元格 </td>
        <td> 第 2 行第 2 列单元格 </td>
    </tr>
    <tr>
        <td> 第 3 行第 1 列单元格 </td>
        <td> 第 3 行第 2 列单元格 </td>
    </tr>
</table>
```

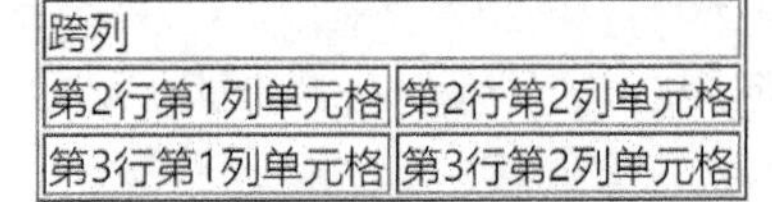

图6-10　单元格水平跨列

6.4.2　单元格跨行rowspan

单元格除了可以在水平方向上跨列，还可在垂直方向上跨行。

语法：

```
<td rowspan=" 单元格跨越的行数 ">
```

说明：

跨行的时候要记得删掉多余的单元格。

【例 6-11】

在 <td> 标签中，使用 rowspan 属性，使单元格跨行显示，在浏览器中的显示效果如图 6-11 所示。

```
<table border="1">
    <tr>
        <td rowspan="2"> 第 1 行第 1 列、第 2 行第 1 列单元格 </td>
        <td> 第 1 行第 2 列单元格 </td>
    </tr>
    <tr>
        <td> 第 2 行第 2 列单元格 </td>
    </tr>
    <tr>
        <td> 第 3 行第 1 列单元格 </td>
        <td> 第 3 行第 2 列单元格 </td>
    </tr>
</table>
```

第1行第1列、第2行第1列单元格	第1行第2列单元格
	第2行第2列单元格
第3行第1列单元格	第3行第2列单元格

图6-11　单元格垂直跨行

6.5　表格结构

还有一些标签是用来表示表格结构的，包括表首标签 <thead>、表主体标签 <tbody> 以及表尾标签 <tfoot>。这些成对出现的标签设置应用到表格里，用于整体规划表格的行列属性。表 6-5 中罗列了表格结构的相关标签。

表 6-5　表格结构的相关标签

标签	描述
<thead>	定义表格的头部
<tbody>	定义表格的主体
<tfoot>	定义表格的尾部

说明：

<thead> 标签应该与 <tbody> 和 <tfoot> 标签结合起来使用，它们的出现次序是：<thead>、<tfoot>、<tbody>，这样浏览器就可以在收到所有数据前呈现表格的尾部了。注意：必须在 <table> 标签内部使用这些标签。

【例 6-12】

使用 <thead>、<tbody>、<tfoot> 标签来区分表格的结构，在浏览器中的显示效果如图 6-12 所示。

```
<table border="1">
    <thead>
      <tr>
        <th> 时间 </th>
        <th> 支出 </th>
      </tr>
    </thead>
    <tfoot>
      <tr>
        <td> 总计 </td>
        <td>¥290</td>
      </tr>
    </tfoot>
    <tbody>
      <tr>
        <td> 一月 </td>
        <td>¥110</td>
      </tr>
      <tr>
        <td> 二月 </td>
        <td>¥100</td>
      </tr>
      <tr>
        <td> 三月 </td>
        <td>¥80</td>
      </tr>
    </tbody>
</table>
```

图6-12　表格结构

6.6　练习题

1. 填空题

（1）表格由行、列和单元格组成，一般通过 3 个标签来创建，分别是表格标签________、行标签 ______和单元格标签________。表格的各种属性都要在表格的开始标签 <table> 和表格的结束标签 </table> 之间才有效。

（2）表格的边框可以很粗，也可以很细，可以使用________属性来设置表格的边框效果。

（3）还有一些标签是用来表示表格结构的，包括表首标签________、表主体标签________以及表尾标签________。这些成对出现的标签设置应用到表格里，用于整体规划表格的行列属性。

（4）使用________属性可以合并同一列的相邻单元格，使用________属性可以合并同一行的相邻单元格。

参考答案：

（1）<table>、<tr>、<td>

（2）border

（3）<thead>、<tbody>、<tfoot>

（4）rowspan、colspan

2. 操作题

制作一个如图 6-13 所示的课程表。

计算机专业课程表

	星期一	星期二	星期三	星期四	星期五
上午	离散数学	大学物理	高数	大学英语	Web编程技术
	马克思主义哲学	高数	计算机基础	高数	物理实验
下午	线性代数	大学物理	电子电路	马克思主义哲学	心理学

图6-13　课程表

第07章

使用表单

表单的用途很多，在制作网页，特别是制作动态网页时常常会被用到。表单主要用来收集客户端提供的相关信息，使网页具有交互功能。在网页制作的过程中，常常需要使用表单，如会员注册、网上调查和搜索等。访问者可以使用如文本域、列表框、复选框，以及单选按钮之类的表单对象输入信息，然后单击某个按钮提交这些信息。

学习目标

- 掌握表单的使用方法
- 掌握不同的输入类型
- 掌握不同类型的下拉菜单
- 掌握文本域

7.1 form元素创建表单

form 元素用于定义表单。form 元素可以设置表单的基本属性，包括表单的名称、处理程序和传送方法等。一般情况下，表单的处理程序 action 和传送方法 method 是必不可少的属性。

表 7-1 中罗列了关于 form 元素的相关属性。

表 7-1　　form 元素的属性

属性	描述
accept-charset	规定在被提交表单中使用的字符集（默认：页面字符集）
action	规定提交表单的地址（URL）
autocomplete	规定浏览器应该自动完成表单（默认：开启）
enctype	规定被提交数据的编码（默认：url-encoded）
method	规定在提交表单时所用的 HTTP 方法（默认：GET）
name	规定识别表单的名称
novalidate	规定浏览器不验证表单
target	规定 action 属性指定目标窗口的打开方式

7.1.1 提交表单action

action 用于指定表单数据提交的地址。

语法：

```
<form action=" 表单的提交地址 ">
...
</form>
```

说明：

表单的处理程序是表单要提交的地址，也就是表单中收集到的资料将要传递的程序地址。这一地址可以是绝对地址，也可以是相对地址，还可以是一些其他形式的地址。

【例 7-1】

使用 action 属性，指定表单数据提交到 form_action.asp 进行处理。

```
<form action="form_action.asp">
...
</form>
```

7.1.2 表单名称name

name 用于给表单命名，这一属性不是表单的必要属性，但是为了防止表单提交到后台处理程序时出现混乱，一般需要给表单命名。

语法：

```
<form name=" 表单名称 ">
...
</form>
```

说明：

表单名称中不能包含特殊字符和空格。

【例 7-2】

使用 name 属性，将表单命名为“form1”。

```
<form action="form_action.asp" name="form1">
...
</form>
```

7.1.3　传送方法method

表单的 method 属性用于指定在数据提交到服务器的时候使用哪种 HTTP 提交方法，可取值为 get 或 post。

get：表单数据被传送到 action 属性指定的 URL，然后这个 URL 被送到处理程序上。

post：表单数据被包含在表单主体中，然后被送到处理程序上。

语法：

```
<form method=" 传送方法 ">
...
</form>
```

【例 7-3】

使用 method 属性，指定将表单使用 post 方式提交到 form_action.asp。

```
<form action="form_action.asp" name="form1" method="post">
...
</form>
```

7.2　插入input元素

input 元素是最重要的表单元素。input 元素可以有很多不同的形态，通过 type 属性来指定 input 的类型。input 元素的类型包括文字字段、单选按钮、复选框、菜单、列表，以及按钮。表 7-2 中罗列了 input 元素的常用属性，表 7-3 中罗列了 input 元素的其他属性。

表 7-2　　input 元素的常用属性

属性	值	描述
name	field_name	定义 input 元素的名称
type	button checkbox file hidden image password radio reset submit text	规定 input 元素的类型

续表

属性	值	描述
placeholder	text	规定帮助用户填写输入字段的提示
value	value	规定 input 元素的值
width	pixels %	定义 input 字段的宽度（适用于 type="image"）
disabled	disabled	当 input 元素加载时禁用此元素
height	pixels %	定义 input 字段的高度（适用于 type="image"）
alt	text	定义图像输入的替代文本
autocomplete	on off	规定是否使用输入字段的自动完成功能
autofocus	autofocus	规定输入字段在页面加载时是否获得焦点 （不适用于 type="hidden"）
checked	checked	规定此 input 元素首次加载时应当被选中
readonly	readonly	规定输入字段为只读
src	URL	定义以提交按钮形式显示图像的 URL
maxlength	number	规定输入字段中字符的最大长度
max	number date	规定输入字段的最大值 与 min 属性配合使用，来创建合法值的范围
size	number_of_char	定义输入字段的宽度
min	number date	规定输入字段的最小值 与 max 属性配合使用，来创建合法值的范围
multiple	multiple	如果使用该属性，则允许一个以上的值

表 7-3 input 元素的其他属性

属性	值	描述
pattern	regexp_pattern	规定输入字段的值的模式或格式 例如 pattern="[0-9]" 表示输入值必须是 0 与 9 之间的数字
required	required	指示输入字段的值是必需的
step	number	规定输入字的合法数字间隔
form	formname	规定输入字段所属的一个或多个表单
formaction	URL	覆盖表单的 action 属性 （适用于 type="submit" 和 type="image"）
formenctype	编码方式	覆盖表单的 enctype 属性 （适用于 type="submit" 和 type="image"）

续表

属性	值	描述
formmethod	get post	覆盖表单的 method 属性 （适用于 type="submit" 和 type="image"）
formnovalidate	formnovalidate	覆盖表单的 novalidate 属性 如果使用该属性，则提交表单时不进行验证
formtarget	_blank _self _parent _top framename	覆盖表单的 target 属性 （适用于 type="submit" 和 type="image"）
accept	mime_type	规定通过文件上传来提交文件的类型
list	datalist-id	引用包含输入字段预定义选项的 datalist

7.2.1　文本框text

在网页中最常见的表单元素就是文本框，用户可以在文字字段内输入字符或单行文本。

语法：

```
<input type="text" name=" 文本框的名称 ">
```

【例 7-4】

创建两个文本框，分别用于输入用户名和邮箱，输入用户名的文本框 name 属性设置为 username，输入邮箱的文本框 name 属性设置为 email。在浏览器中的显示效果如图 7-1 所示，填写信息后的效果如图 7-2 所示。

```
<form action="">
    用户名 : <input type="text" name="username">
    邮箱 : <input type="text" name="email">
</form>
```

图7-1　文本框效果

图7-2　文本框填写信息后的效果

使用 placeholder 属性，可以规定文本框的提示信息，提示内容在用户未输入内容时显示，如图 7-3 所示。

```
<form action="">
    用户名 : <input type="text" name="username" placeholder=" 请输入用户名 ">
</form>
```

图7-3 文本框的提示信息

7.2.2 密码框password

密码框是一种特殊的文字字段，它的各属性和文字字段是相同的；所不同的是，密码框输入的字符全部以星号“*”显示。

语法：

```
<input type="password" name=" 密码框的名称 ">
```

> **提示**
>
> 密码域仅仅使周围的人看不见输入的文本，它不能保证数据安全。为了保证数据安全，需要在浏览器和服务器之间建立一个安全链接。

【例 7-5】

创建一个密码框，在浏览器中的显示效果如图 7-4 所示，输入内容后的效果如图 7-5 所示。

```
<form action="">
    密码:<input type="password" name="pw">
</form>
```

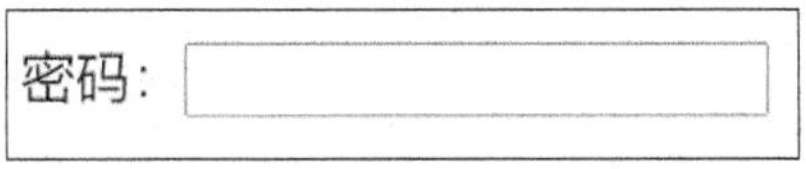

图7-4 密码框效果

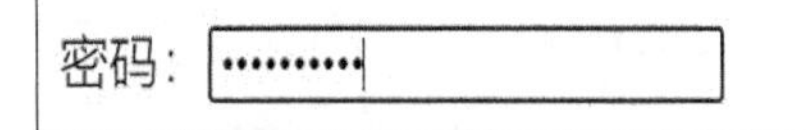

图7-5 在密码框中输入内容

7.2.3 单选按钮radio

单选按钮是小而圆的按钮，它可以使用户从选择列表中选择一个选项。

语法：

```
<input type="radio" name=" 单选按钮名称 " value=" 单选按钮的取值 " checked>
```

说明：

在单选按钮中必须设置 value 的值，表示选项的值。对于一个选择列表中的所有单选按钮来说，需要设置相同的 name 属性进行标记，这样在传递时才能更好地对某一个选择内容进行判断。在一个单选按钮组中只有一个单选按钮可以设置为“checked”，表示默认选中。

【例 7-6】

使用单选按钮组来选择性别，默认选中“男”，在浏览器中的显示效果如图 7-6 所示。

```
<form action="">
    性别:
    <input type="radio" name="gender" value="male" checked> 男
    <input type="radio" name="gender" value="female"> 女
</form>
```

图7-6 单选按钮效果

7.2.4 复选框checkbox

复选框可以让用户从一个选项列表中选择多个选项。

语法：

```
<input type="checkbox" name="复选框名称" value="复选框的取值" checked>
```

说明：

在复选按钮中必须设置 value 的值，表示选项的值。对于一个选择列表中的所有复选按钮来说，需要设置相同的 name 属性进行标记，这样在传递时才能更好地对某一个选择内容进行判断。checked 参数表示该项在默认情况下已经被选中，一个选项列表中可以有多个复选框被选中。

【例 7-7】

使用复选框的形式列出供用户选择的兴趣爱好，在浏览器中的显示效果如图 7-7 所示。

```
<form action="">
    兴趣爱好:
    <input type="checkbox" name="interst" value="game" checked>游戏
    <input type="checkbox" name="interst" value="football" checked>足球
    <input type="checkbox" name="interst" value="swimming">游泳
    <input type="checkbox" name="interst" value="read">读书
</form>
```

兴趣爱好： ☑游戏 ☑足球 ☐游泳 ☐读书

图7-7 复选框效果

7.2.5 普通按钮button

在网页中按钮也很常见，在提交页面、清除内容时常常用到。普通按钮一般情况下要配合脚本来进行表单处理。

语法：

```
<input type="button" name="按钮名称" value="按钮的取值" onclick="处理程序">
```

说明：

value 的取值就是显示在按钮上的文字，在 button 属性中可以添加 onclick 来实现一些特殊的功能。

【例 7-8】

创建一个普通按钮，使用 value 属性来设置按钮文本为“关闭窗口”，在浏览器中的显示效果如图 7-8 所示。使用 onclick 增加 JavaScript 脚本实现关闭窗口的功能，当单击按钮时，浏览器的窗口关闭。

图7-8 普通按钮效果

```
<form action="">
    <input type="button" name="close" value="关闭窗口" onclick="window.close()">
</form>
```

7.2.6 提交按钮submit

提交按钮是一种特殊的按钮，单击该类按钮可以实现表单内容的提交。

语法：

```
<input type="submit" name=" 按钮名称 " value=" 按钮的取值 ">
```

说明：

value 同样用来设置显示在按钮上的文字。

【例 7-9】

创建一个表单，其中包含文本输入框（用户名）、密码框和提交按钮，效果如图 7-9 所示。当单击提交按钮时，填写的用户名和密码被提交到 form 元素中 action 属性指定的地址。提交的信息同时会添加在浏览器的地址栏后面，在浏览器中的显示效果如图 7-10 所示。

```
<form action="">
  用户名 : <input type="text" name="username">
  <br>
  <br>
  密码:<input type="password" name="pw">
  <br>
  <br>
  <input type="submit" name="submit" value=" 提交 ">
</form>
```

图7-9　含有提交按钮的表单

图7-10　单击提交按钮，表单信息被提交

7.2.7 重置按钮reset

重置按钮用来清除用户在网页中输入的信息。

语法：

```
<input type="reset" name=" 按钮名称 " value=" 按钮的取值 ">
```

【例 7-10】

创建表单，在表单中填写用户名和密码，效果如图 7-11 所示。当单击重置按钮时，表单中填写的内容被清空，效果如图 7-12 所示。

```
<form action="">
   用户名 :<input type="text" name="username">
   <br>
   <br>
   密码:<input type="password" name="pw">
   <br>
   <br>
   <input type="submit" name="submit" value=" 提交 ">
   <input type="reset" name="clean" value=" 重置 ">
</form>
```

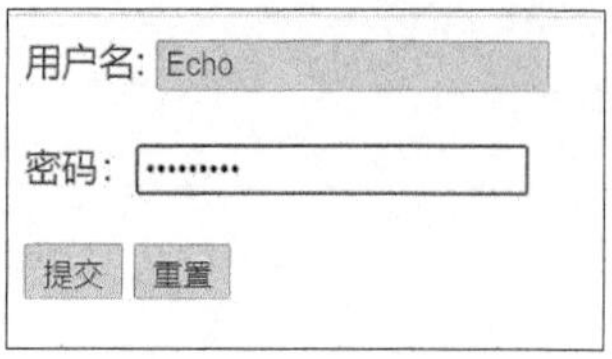

图7-11　表单效果

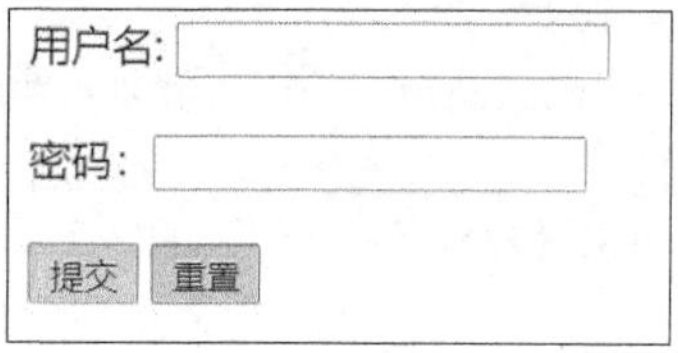

图7-12　单击重置按钮

7.2.8　图像域image

还可以使用图像作为按钮，这样做可以创建能想象到的任何外观的按钮。

语法：

```
<input type="image" name=" 图像域名称 " src=" 图像路径 ">
```

说明：

在语法中，图像的路径可以是绝对地址，也可以是相对地址。

【例 7-11】

创建图像按钮，在浏览器中的显示效果如图 7-13 所示。代码如下。

```
<input type="image" name=" 图像域名称 " src="img/ 按钮 .png">
```

图7-13　图像域效果

7.3　HTML5新增输入类型

HTML5 拥有多个新的表单输入类型。这些新特性提供了更好的输入控制和验证方法。但是，这些新的输入类型还不能兼容所有浏览器，在使用时需要考虑兼容性的问题。表 7-4 中罗列了 input 元素的新增属性及兼容性。

表 7-4　input 元素的新增属性及兼容性

Input type	IE	Firefox	Opera	Chrome	Safari
email	No	4.0	9.0	10.0	No
url	No	4.0	9.0	10.0	No
number	No	No	9.0	7.0	No
range	No	No	9.0	4.0	4.0
date pickers	No	No	9.0	10.0	No
search	No	4.0	11.0	10.0	No
color	No	No	11.0	No	No

7.3.1　数值number

number 类型用于数值的输入域，可以使用表 7-5 中的属性对输入的数值进行限制。

表 7-5 数值输入框的限制属性

属性	值	描述
max	number	规定允许的最大值
min	number	规定允许的最小值
step	number	规定合法的数字间隔（如果 step="3"，则合法的数是 -3、0、3、6 等）
value	number	规定默认值

语法：

```
<input type="number" name=" 数值输入框的名称 ">
```

【例 7-12】

创建数值输入框，设置默认值为 3，数值的变化范围为 0~10，并规定数值只能以 2 的倍数进行变化，在浏览器中的显示效果如图 7-14 所示。

```
<form action="" method="post">
    <input type="number" name="num" value="3" min="0" max="10" step="2">
</form>
```

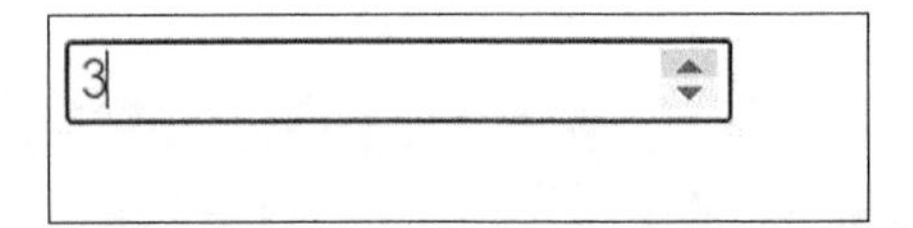

图7-14 数值输入框效果

7.3.2 时间选择器DatePicker

HTML5 拥有多个新的可供选取日期和时间的输入类型。

- date：选取日、月、年。
- month：选取月、年。
- week：选取周和年。
- time：选取时间（小时和分钟）。
- datetime-local：选取时间（小时和分钟）、日、月、年（本地时间）。

语法：

```
<input type=" 时间类型 " name=" 时间选择器的名称 ">
```

【例 7-13】

将时间选择器的类型设置为 date 的时候，单击下拉按钮可从下拉菜单中选择日、月、年 3 种类型的日期，在浏览器中的显示效果如图 7-15 所示。

```
<form action="">
    <input type="date" name="date">
</form>
```

将时间选择器的类型设置为 datetime-local 的时候，单击下拉按钮可从下拉菜单中选择时间、日、月、年类型的日期，在浏览器中的显示效果如图 7-16 所示。

```
<input type="datetime-local" name="date">
```

图7-15　时间选择器date

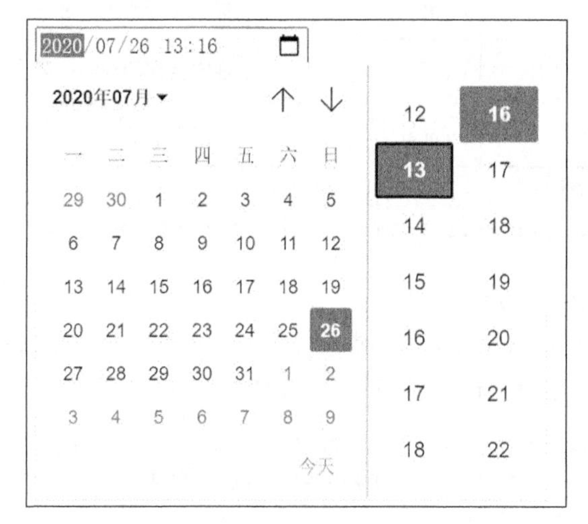

图7-16　时间选择器datetime-local

7.4　下拉菜单

下拉菜单是一种最节省页面空间的选择方式，因为在正常状态下只显示一个选项，单击下拉按钮打开菜单后才会看到全部的选项。

语法：

```
<select name=" 下拉菜单名称 ">
    <option value=" 选项值 " selected> 选项显示内容 </option>
    <option value=" 选项值 "> 选项显示内容 </option>
    <option value=" 选项值 "> 选项显示内容 </option>
    ...
</select>
```

说明：

在语法中，选项值是提交表单时的值，而选项显示内容才是真正在页面中显示的选项内容。selected 表示该选项在默认情况下是选中的，一个下拉菜单中只能有一个选项被默认选中。

【例 7-14】

创建关于地区的下拉菜单，默认选中“北京”，在浏览器中的显示效果如图 7-17 所示。

地区：北京
北京
上海
天津
山东
河南

图7-17　下拉菜单效果

```
<form action="index.htm" method="post" name="form1">
    地区：
    <select name="select">
        <option value=" 北京 " selected="selected"> 北京 </option>
        <option value=" 上海 "> 上海 </option>
```

```
        <option value=" 天津 "> 天津 </option>
        <option value=" 山东 "> 山东 </option>
        <option value=" 河南 "> 河南 </option>
    </select>
</form>
```

提示

下拉菜单的宽度由 <option> 标签中包含的最长文本的宽度决定。

7.5 文本域textarea

文本域 textarea 和文本框 input 都是用来输入文本的表单元素。它们的区别在于，文本框 input 只能用来输入单行文本，当需要让浏览者填入多行文本时，就应该使用文本域 textarea。

语法：

```
<textarea name=" 文本域名称 " cols=" 列数 " rows=" 行数 "></textarea>
```

说明：

在语法中，不能使用 value 属性来建立一个在文本域中显示的初始值。相反，应当在 <textarea> 标签的开头和结尾之间包含想要在文本域内显示的任何文本。

【例 7-15】

在表单中创建一个大小为 80 列、10 行的文本框作为留言区域，在浏览器中的显示效果如图 7-18 所示。

```
<form action="">
    留言 :<br>
    <textarea name="message" cols="80" rows="10"></textarea>
</form>
```

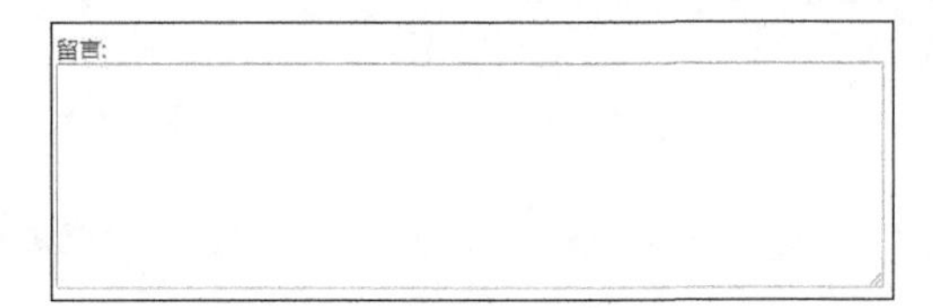

图7-18 文本域效果

7.6 创建表单案例

本节通过一个完整的案例对表单元素的使用方法进行练习。

【例 7-16】

本案例为表单的综合应用实例。该案例创建了各类表单元素以匹配不同类型的问答，完成对消费者信息和产品反馈的调查，在浏览器中的显示效果如图 7-19 所示。

```
<h2> 调查问卷 </h2>
<form action="">
    姓名 :
    <input type="text" name="name"><br><br>
```

```
        性别：
        <input type="radio" name="gender" value="male">男
        <input type="radio" name="gender" value="female">女<br><br>
        年龄：
        <input type="text" name="age"><br><br>
        对我们的产品是否满意：
        <input type="radio" name="review" value="nice">非常满意
        <input type="radio" name="review" value="good">满意
        <input type="radio" name="review" value="normal">一般
        <input type="radio" name="review" value="bad">差
        <input type="radio" name="review" value="terrible">非常差<br><br>
        请提出您的建议：
        <textarea name="msg" id="" cols="30" rows="10"></textarea><br><br>
    </form>
```

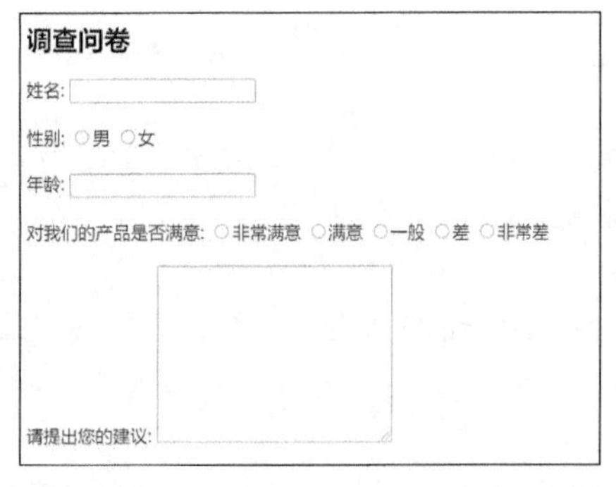

图7-19 表单综合应用实例效果

使用placeholder属性为文本框和文本域设置输入前的提示信息。在浏览器中的显示效果如图7-20所示。

```
    <h2>调查问卷</h2>
    <form action="">
        姓名：
        <input type="text" name="name" placeholder="请输入您的姓名"><br><br>
        性别：
        <input type="radio" name="gender" value="male" checked>男
        <input type="radio" name="gender" value="female">女<br><br>
        年龄：
        <input type="text" name="age" placeholder="请输入您的年龄"><br><br>
        对我们的产品是否满意：
        <input type="radio" name="review" value="nice" checked>非常满意
        <input type="radio" name="review" value="good">满意
        <input type="radio" name="review" value="normal">一般
        <input type="radio" name="review" value="bad">差
        <input type="radio" name="review" value="terrible">非常差<br><br>
        请提出您的建议：
        <textarea name="msg" id="" cols="30" rows="10" placeholder="请输入对产品的建议">
</textarea><br><br>
    </form>
```

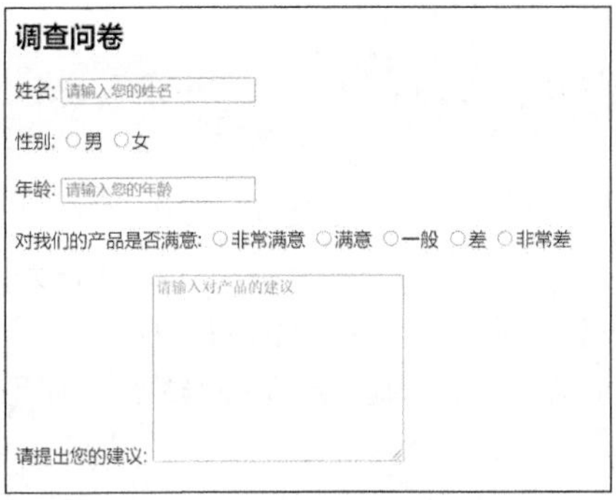

图7-20　增加提示信息

使用 checked 属性，使表单中的单选按钮和复选框默认选中第一个选项，在浏览器中的显示效果如图 7-21 所示。

```
<h2> 调查问卷 </h2>
<form action="">
    姓名：
    <input type="text" name="name" placeholder=" 请输入您的姓名 "><br><br>
    性别：
    <input type="radio" name="gender" value="male" checked> 男
    <input type="radio" name="gender" value="female"> 女 <br><br>
    年龄：
    <input type="text" name="age" placeholder=" 请输入您的年龄 "><br><br>
    对我们的产品是否满意：
    <input type="radio" name="review" value="nice" checked> 非常满意
    <input type="radio" name="review" value="good"> 满意
    <input type="radio" name="review" value="normal"> 一般
    <input type="radio" name="review" value="bad"> 差
    <input type="radio" name="review" value="terrible"> 非常差 <br><br>
    请提出您的建议：
    <textarea name="msg" id="" cols="30" rows="10" placeholder=" 请输入对产品的建议 "></
textarea><br><br>
</form>
```

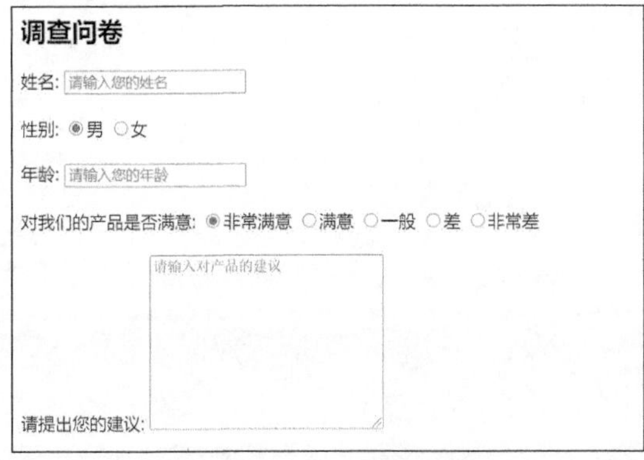

图7-21　默认选中第一项

7.7　练习题

填空题

（1）input 元素是最重要的表单元素，通过 type 属性可以指定 input 的类型。当 type 值为________时，显示为文本框；当 type 值为________时，显示为密码框；当 type 值为________时，显示为单选按钮；当 type 值为________时，单击下拉按钮可从下拉菜单中选择日、月、年 3 种类型的日期。

（2）表单的 method 属性用于指定在数据提交到服务器的时候使用哪种 HTTP 提交方法，可取值为________或________。

参考答案：

（1）text、password、radio、data

（2）get、post

7.8　章节任务

制作一个如图 7-22 所示的页面。

每日设计——免费学习PS

出生日期：年 /月/日

居住城市：北京

得知此APP的渠道：☑应用市场 ☐朋友推荐 ☐广告

用户名：请输入用户名

邮箱：请输入邮箱

密码：请输入密码

图7-22　章节任务

任务素材及源代码可在 QQ 群中获取，群号：544028317。

第08章

使用CSS样式表

使用 CSS 样式可以将网页制作得更加绚丽多彩。采用 CSS 技术，可以有效地对网页布局、字体、颜色、背景和其他效果实现更加精确的控制。用 CSS 不仅可以做出令人赏心悦目的网页，还能给网页添加许多特效。

学习目标

- 了解CSS基础语法
- 掌握CSS的添加方法
- 掌握CSS字体的使用方法
- 掌握CSS颜色的使用方法
- 掌握CSS背景的使用方法
- 掌握CSS段落的使用方法

8.1 CSS基础语法

CSS 的语法结构仅由 3 个部分组成：选择器、样式属性和值。本节将讲解 CSS 的基本语法。

8.1.1 认识CSS

CSS（Cascading Style Sheets，层叠样式表）是一种网页制作技术，现在已经被大多数浏览器所支持，成为网页设计必不可少的工具之一。

样式表的首要目的是实现网页上元素的精确定位。其次，它可以分离网页上的内容结构和样式控制。这样，网页仅由内容构成，而所有网页的样式将通过 CSS 样式表文件来控制。

CSS 的定义样式灵活多样，用户可以根据不同的情况，选用不同的定义方法。比如可以在 HTML 文件内部定义，可以分标签定义、分段定义，也可以在 HTML 文件外部定义，能满足基本需要。

8.1.2 CSS语法结构

所有的 CSS 语句必须遵循 CSS 的语法结构。在 CSS 中，需要使用正确的方式添加注释。

1. CSS语法结构

```
css 选择器 {
    样式属性:属性值;
    样式属性:属性值;
    ...
}
```

CSS 选择器（selector）指这组样式编码所要针对的对象。CSS 选择器有多种样式，可以是一个元素名，如 body 选择器表示选择页面中的 body 元素；也可以是 #id 或 .class，如 #lay 选择器表示选择页面中 id 为 lay 的元素。浏览器将对 CSS 选择器进行严格解析，每一组样式均会被浏览器应用到对应的元素上。

属性（property）是 CSS 样式控制的核心，对于每一个 HTML 中的元素，CSS 都提供了丰富的样式属性，如颜色、大小、定位、浮动方式等。

属性值（value）是指属性的值，形式有两种：一种是指定范围的值，如 float 属性，只能使用 left、right、none 这 3 种值；另一种为数值，如 width，能够使用 0 ~ 9999px，或用其他单位指定。

在实际应用中，往往使用以下类似的应用形式。

```
body {background-color : red}
```

上述代码使用了 body 作为选择器，选择了网页中的 body 元素；属性为 background-color，这个属性用于设置对象的背景颜色，且值为 red。网页中的 body 对象的背景颜色通过使用这组 CSS 编码，被定义为红色。

除了单个属性的定义，同样可以为一个元素定义一个甚至更多个属性，每个属性之间用分号隔开。

2. CSS注释

只要在 CSS 代码的首尾加上 /* 和 */，就可以注释符号之间的 CSS 代码，这段代码就不会发挥作用。

语法：

```
/* CSS 语句 */
```

【例 8-1】

注释一段 CSS 样式。

```
/*  body {background-color : red}  */
```

8.1.3 CSS选择器

CSS 选择器有很多样式，来匹配不同的选择需求。本小节讲解几种最常用的选择器。

1. 元素选择器

作用：

选中网页中的所有指定元素。

语法：

```
元素名 {  }
```

【例 8-2】

选择网页中所有的 p 元素，并将其字体颜色设为黄色。

```
p{
    color: yellow;
}
```

2. id选择器

作用：

通过元素的 id 属性选中唯一的元素，不能重复。

语法：

```
# 元素 id 属性值 { }
```

【例 8-3】

选中网页中所有的 id 值为 tab 的元素，并将其字体颜色设为黄色。

```
#tab{
    color: yellow;
}
```

3. class选择器

作用：

和 id 选择器类似，可以选择一组元素，但可以重复。

语法：

```
. 元素 class 属性值 {}
```

【例 8-4】

选择网页中所有的 class 值为 tab 的元素，并将其字体颜色设为黄色。

```
.tab{
    color: yellow;
}
```

4. 群组选择器

作用：

通过选择器分组，可以同时选中多个选择器对应的元素。

语法：

```
选择器 1, 选择器 2,  ... 选择器 N{}
```

【例 8-5】

选择网页中 class 值为“tab1”“tab2”和“tab3”的元素，并将其字体颜色设为黄色。

```
.tab1,.tab2,.tab3{
    color:yellow;
}
```

8.2 添加CSS的方法

添加 CSS 有 4 种方法：链接外部样式表、内部样式表、导入外部样式表和内嵌样式。

8.2.1 链接外部样式表

链接外部样式表就是在网页中调用已经定义好的样式表来实现样式表的应用。它是一个单独的文件，在网页中用 <link> 标签链接到这个样式表文件，<link> 标签必须放到网页的 <head> 标签内。这种方法最适合大型网站的 CSS 样式定义，如在 HTML 文件中引入 index.css，代码如下。

```
<head>
...
<link rel="stylesheet" type="text/css" href="index.css">
...
</head>
```

上面这个例子表示浏览器从 index.css 文件中以文档格式读出定义的样式表。`rel="stylesheet"` 是指在网页中使用外部的样式表，`type="text/css"` 是指文件的类型是样式表文件，`href="index.css"` 是文件所在的位置。

一个外部样式表文件可以应用于多个网页。当改变这个样式表文件时，所有网页的样式都随着改变。在制作拥有大量相同样式网页的网站时，它非常有用，不仅减少了重复的工作量，而且有利于以后的修改和编辑。浏览时也减少了重复加载的代码。

8.2.2 内部样式表

内部样式表一般位于 HTML 文件的头部，即 <head> 与 </head> 标签之间，并且以 <style> 开始，以 </style> 结束，这样定义的样式就可应用到网页中。下面的代码就是使用 <style> 标签创建的内部样式表。

```
<head>
    ...
    <style>
        .title{
           font-size:16px;
           color:#000000;
           line-height:20px;
        }
        .red{
            color:red;
```

```
        }
    </style>
</head>
```

8.2.3 导入外部样式表

导入外部样式表是指在内部样式表的 <style> 里导入一个外部样式表，导入时用 @import，代码如下。

```
<style>
    @import url("index.css")
</style>
```

此例中 @import url("index.css") 表示导入 index.css 样式表，导入外部样式表的方法和链接外部样式表的方法类似，但导入外部样式表输入方式更有优势。实质上它相当于内部样式表中。

8.2.4 内嵌样式

内嵌样式是混合在 HTML 标签里使用的，用这种方法，可以很简单地对某个元素单独定义样式，它主要在 <body> 内实现。内嵌样式的使用是直接在 HTML 标签里添加 style 属性，而 style 属性值就是 CSS 的属性和值，在 style 属性参数后面的引号里的内容相当于在样式表大括号里的内容。

如：

```
<body>
    <h1 style="font-size:16px;color:#000000;line-height:20px;">标题</h1>
    <p style="color:red;">这是一个段落</p>
</body>
```

这种方法没有将结构与样式分离，无法发挥样式表的优势，因此不推荐使用。

8.3 字体属性

前面在介绍 HTML 时已经介绍了网页中文字的常见标签，下面将以 CSS 样式的方法来介绍文字的设置。使用 CSS 定义的文字样式更加丰富，实用性更强。表 8-1 罗列了 CSS 字体的相关属性。

表 8-1 CSS 字体的相关属性

属性	描述
font	简写属性，作用是把所有针对字体的属性设置在一个声明中
font-family	设置字体系列
font-size	设置字体的尺寸
font-style	设置字体样式
font-variant	以小型大写字体或正常字体显示文本
font-weight	设置字体的粗细

8.3.1 字体font-family

在 CSS 中，使用 font-family 属性设置文字的字体属性。

语法：

```
font-family:"字体1","字体2","字体3";
```

说明：

如果在 font-family 属性中定义了多种字体，在浏览器中浏览时会由前向后选择字体，也就是当浏览器不支持字体 1 时则会采用字体 2，如果不支持字体 1 和字体 2 则采用字体 3，以此类推。如果浏览器不支持 font-family 属性中定义的所有字体，则会采用系统默认的字体。

【例 8-6】

使用内部样式表，将古诗的字体设置为楷体，在浏览器中的显示效果如图 8-1 所示。

```
<!DOCTYPE html>
<html>
    <head>
        <meta charset="UTF-8">
        <title></title>
        <style>
            h1,p{
                font-family: "楷体";
            }
        </style>
    </head>
    <body>
        <h1>春晓</h1>
        <p>春眠不觉晓，</p>
        <p>处处闻啼鸟。</p>
        <p>夜来风雨声，</p>
        <p>花落知多少。</p>
    </body>
</html>
```

春晓

春眠不觉晓，

处处闻啼鸟。

夜来风雨声，

花落知多少。

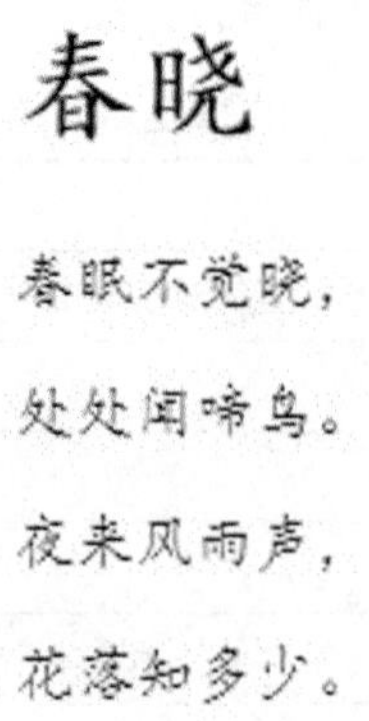

图8-1　设置字体为楷体

8.3.2　字号font-size

在 CSS 中，使用 font-size 属性来自由设置字体的大小。表 8-2 中罗列了 font-size 的属性值。

表 8-2 font-size 的属性值

值	描述
xx-small x-small small medium large x-large xx-large	设置字体的尺寸，从 xx-small 到 xx-large 默认值为 medium
smaller	比父元素更小的尺寸
larger	比父元素更大的尺寸
length	固定的值
%	把 font-size 设置为基于父元素的一个百分比值

语法：

```
font-size: 大小的取值；
```

【例 8-7】

在【例 8-6】的基础上，设置古诗标题的大小为 22px，设置诗句的大小为 18px，在浏览器中的显示效果如图 8-2 所示。

```
h1{
    font-size:22px;
}
p{
    font-size:18px;
}
```

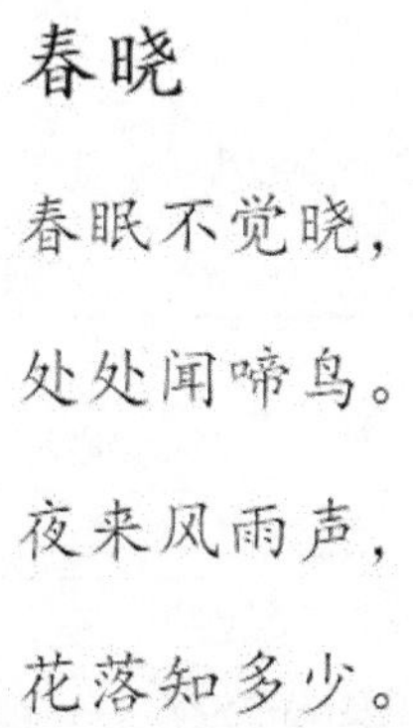

春晓

春眠不觉晓，

处处闻啼鸟。

夜来风雨声，

花落知多少。

图8-2 设置字号大小

8.3.3 字体样式font-style

字体样式 font-style 属性用来设置字体是否为斜体。表 8-3 罗列了 font-style 的属性值。

表 8-3 font-style 的属性值

值	描述
normal	默认值，浏览器显示一个标准的字体样式
italic	浏览器会显示一个斜体的字体样式
oblique	浏览器会显示一个倾斜的字体样式

语法：

```
font-style: 字体样式 ;
```

【例 8-8】

在【例 8-7】的基础上，设置诗句为斜体，在浏览器中的显示效果如图 8-3 所示。

```
p{
    font-size:18px;
    font-style:italic;
}
```

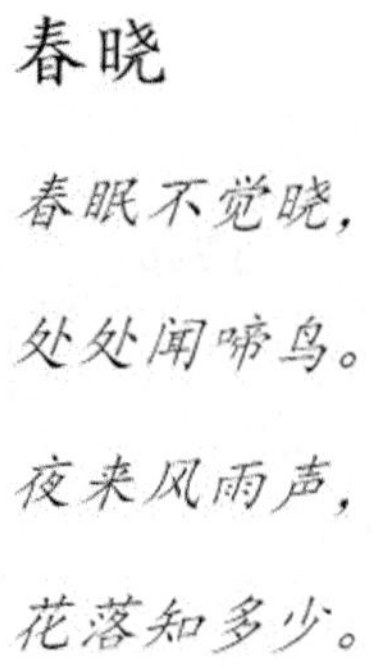

春晓

春眠不觉晓，

处处闻啼鸟。

夜来风雨声，

花落知多少。

图8-3 字体样式为斜体

8.3.4 加粗字体font-weight

在 CSS 中，使用 font-weight 属性设置字体的粗细。表 8-4 中罗列了 font-weight 的属性值。

表 8-4 font-weight 的属性值

值	描述
normal	默认值，定义标准字符
bold	定义粗体字符
bolder	定义更粗的字符
lighter	定义更细的字符
100、200、300、400、500 600、700、800、900	定义由细到粗的字符。400 等同于 normal，而 700 等同于 bold

语法：

```
font-weight: 字体粗细值
```

【例 8-9】

创建两行文字，设置第二行文字为粗体，在浏览器中的显示效果如图 8-4 所示。

```
<!DOCTYPE html>
<html>
    <head>
        <meta charset="UTF-8">
        <title></title>
        <style>
            .p2{
                    font-weight: bold;
            }
        </style>
    </head>
    <body>
        <p class="p1">默认值</p>
        <p class="p2">定义粗体</p>
    </body>
</html>
```

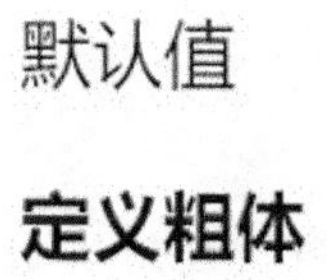

默认值

定义粗体

图8-4 设置加粗字体效果

8.3.5 小写字母转为大写字母font-variant

使用 font-variant 属性可以将小写的英文字母转为大写。表 8-5 罗列了 font-variant 的属性值。

表 8-5 font-variant 的属性值

值	描述
normal	默认值，浏览器会显示一个标准的字体
small-caps	浏览器会显示小型大写字母的字体

语法：

```
font-variant:取值;
```

【例 8-10】

使用 font-variant 属性，小写字母转为大写字母，在浏览器中的显示效果如图 8-5 所示。

```
<!DOCTYPE html>
<html>
    <head>
        <meta charset="UTF-8">
        <title></title>
        <style>
            p{
                font-variant:small-caps;
            }
        </style>
    </head>
```

```
    <body>
        <p>Whatever is worth doing is worth doing well.</p>
    </body>
</html>
```

WHATEVER IS WORTH DOING IS WORTH DOING WELL.

图8-5　小写字母转为大写字母

8.3.6　字体复合属性

在代码中设置 font 的复合属性来简化 CSS 代码。

语法：

font：字体取值；

说明：

复合属性可以取值字体系列、字体大小、字体样式、字体粗细等，各值之间用空格相连。

注意，如果没有使用这些关键词，至少要指定字号和字体系列。

可以按顺序设置如下属性。

- font-style
- font-variant
- font-weight
- font-size/line-height
- font-family

【例 8-11】

使用 font 属性，设置文字为粗体，字体大小为 22px，字体为华文行楷，在浏览器中的显示效果如图 8-6 所示。

```
<!DOCTYPE html>
<html>
    <head>
        <meta charset="UTF-8">
        <title></title>
        <style>
            p{
                font:bold 22px "华文行楷";
            }
        </style>
    </head>
    <body>
        <p>过了满月的小猫们真是可爱，腿脚还不甚稳，可是已经学会淘气。妈妈的尾巴，一根鸡毛，都是它们的好玩具。一玩起来，它们不知要摔多少跟头，但是跌倒即马上起来，再跑再跌。它们的头撞在门上、桌腿上和彼此的头上。撞疼了也不哭。</p>
```

```
    </body>
</html>
```

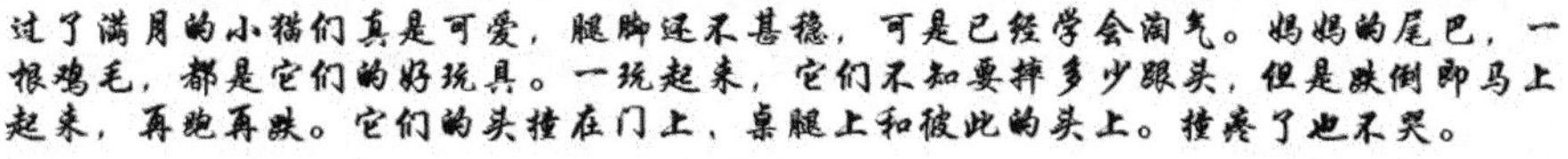

过了满月的小猫们真是可爱，腿脚还不甚稳，可是已经学会淘气。妈妈的尾巴，一根鸡毛，都是它们的好玩具。一玩起来，它们不知要摔多少跟头，但是跌倒即马上起来，再跑再跌。它们的头撞在门上，桌腿上和彼此的头上。撞疼了也不哭。

图8-6　设置字体复合属性

8.4　颜色属性color

color 属性用来设置指定元素的颜色，颜色值有多种表现形式。表 8-6 罗列了 color 属性值。

语法：

```
color: 颜色取值；
```

表 8-6　　color 的属性值

值	描述
color_name	规定颜色值为颜色名称的颜色，比如 red
hex_number	规定颜色值为十六进制值的颜色，比如 #ff0000
rgb_number	规定颜色值为 rgb 代码的颜色，比如 rgb（255,0,0）
rgba_number	规定颜色值为 rgba 代码的颜色，比如 rgba（255,0,0,0.5），最后一个值表示透明度

【例 8-12】

使用 color 属性，分别设置标题和古诗正文的颜色，在浏览器中的显示效果如图 8-7 所示。

```
<!DOCTYPE html>
<html>
    <head>
        <meta charset="UTF-8">
        <title></title>
        <style>
            h1{
                color:#c06c84;
            }
            p{
                color:#355e7e;
            }
        </style>
    </head>
    <body>
            <h1> 春晓 </h1>
            <p> 春眠不觉晓，</p>
            <p> 处处闻啼鸟。</p>
            <p> 夜来风雨声，</p>
            <p> 花落知多少。</p>
    </body>
```

春晓

春眠不觉晓，

处处闻啼鸟。

夜来风雨声，

花落知多少。

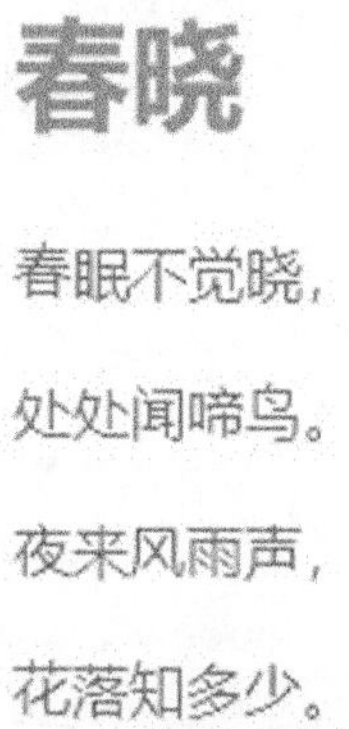

图8-7　设置颜色

```
</html>
```

8.5 背景属性

在 CSS 中，可以给背景设置多种样式，如背景图像、背景颜色、背景位置，以及是否重复。表 8-7 罗列了设置背景样式的相关属性。

表 8-7 设置背景样式的相关属性

属性	描述
background	简写属性，作用是将背景属性设置在一个声明中
background-attachment	背景图像是否固定或随着页面的其他部分滚动
background-color	设置元素的背景颜色
background-image	把图像设置为背景
background-position	设置背景图像的起始位置
background-repeat	设置背景图像是否重复及如何重复

8.5.1 背景颜色background-color

在 CSS 中使用 background-color 属性可以设置网页的背景颜色，还可以设置文字的背景颜色。

语法：

```
background-color: 颜色取值 ;
```

【例 8-13】

使用 background-color 属性，为 body 设置背景颜色和整个文本的颜色，改变网页背景颜色和整个文本的颜色；为 <h1> 和 <p> 标签分别设置不同的背景颜色，在浏览器中的显示效果如图 8-8 所示。

```
<!DOCTYPE html>
<html>
    <head>
        <meta charset="UTF-8">
        <title></title>
        <style>
            body{
                background-color:#F7E3DA;
                color:#ffffff;
            }
            h1{
                background-color: #1794A0;
            }
            p{
                background-color:#EE7C58;
            }
        </style>
    </head>
    <body>
```

```
        <h1> 春晓 </h1>
        <p> 春眠不觉晓，</p>
        <p> 处处闻啼鸟。</p>
        <p> 夜来风雨声，</p>
        <p> 花落知多少。</p>
    </body>
</html>
```

图8-8 设置文本和整个网页的背景颜色

8.5.2 背景图像background-image

使用 background-image 属性可以设置元素的背景图像。

语法：

```
background-image:url( 图像地址 );
```

说明：

图像地址可以是绝对地址，也可以是相对地址。

【例 8-14】

创建一个 div 元素，设置这个 div 元素的宽、高分别为 600px、500px，给它设置灰色边框。选择图 8-9 作为素材，使用 background-image 给 div 元素设置背景图像，在浏览器中的显示效果如图 8-10 所示。

```
<!DOCTYPE html>
<html>
    <head>
        <meta charset="UTF-8">
        <title></title>
        <style>
            .box{
                width:600px;
                height:500px;
                border:2px solid grey;
                background-image:url(img/a-flower.jpg);
            }
```

```
        </style>
    </head>
    <body>
        <div class="box"></div>
    </body>
</html>
```

图8-9 背景图像

图8-10 给div元素设置背景图像

8.5.3 背景大小background-size

background-size是CSS3的新增属性。使用background-size属性可以设置背景图像的大小。表8-8中罗列了background-size的属性值。

表8-8 background-size的属性值

值	描述
length	设置背景图像的高度和宽度。第一个值设置宽度，第二个值设置高度。如果只设置一个值，则第二个值会被设置为auto
percentage	以父元素的百分比值来设置背景图像的宽度和高度。第一个值设置宽度，第二个值设置高度。如果只设置一个值，则第二个值会被设置为auto
cover	保持图像比例，将背景图像扩展至完全覆盖网页，在此条件下图像尺寸最小。背景图像的某些部分可能无法完全显示在背景区域中
contain	保持图像比例，图像完全展示在元素中，在此条件下将图像扩展至最大尺寸

语法：

```
background-size: 取值 ;
```

【例8-15】

使用background-size属性，设置背景图像的宽度为300px。此时，背景图像小于背景区域，背景图像默认沿x轴和y轴方向重复，在浏览器中的显示效果如图8-11所示。

```
    .box{
```

```
        width:600px;
        height:500px;
        border:2px solid grey;
        background-image:url(img/a-flower.jpg);
        background-size:300px;
}
```

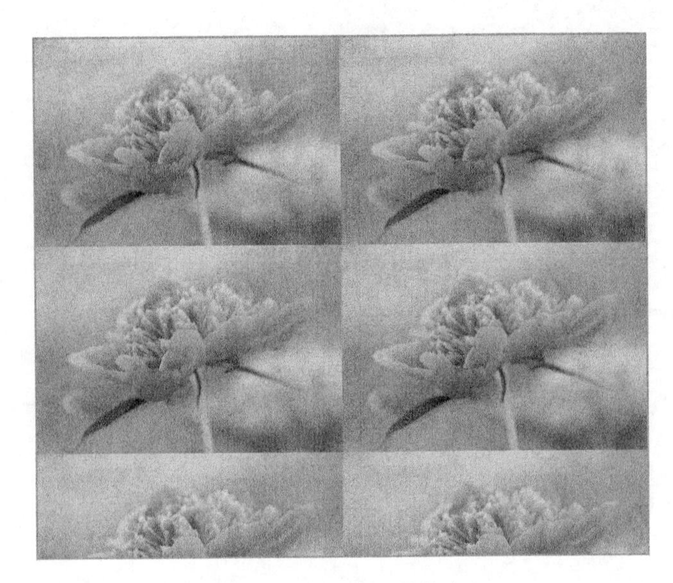

图8-11 改变背景图像的大小

8.5.4 背景重复background-repeat

使用 background-repeat 属性可以设置背景图像是否重复，并且可以设置如何重复。表 8-9 罗列了 background-repeat 的属性值。

表 8-9 background-repeat 的属性值

值	描述
repeat	默认值，背景图像将在垂直方向和水平方向重复
repeat-x	背景图像将在水平方向重复
repeat-y	背景图像将在垂直方向重复
no-repeat	背景图像不重复

语法：

```
background-repeat: 取值 ;
```

【例 8-16】

在例【8-15】的基础上，使用 background-repeat 属性，设置背景图像不重复，在浏览器中的显示效果如图 8-12 所示。

```
background-repeat: no-repeat;
```

图8-12　设置背景图像不重复

设置背景图像在水平方向上重复，在浏览器中的显示效果如图 8-13 所示。

```
background-repeat:repeat-x;
```

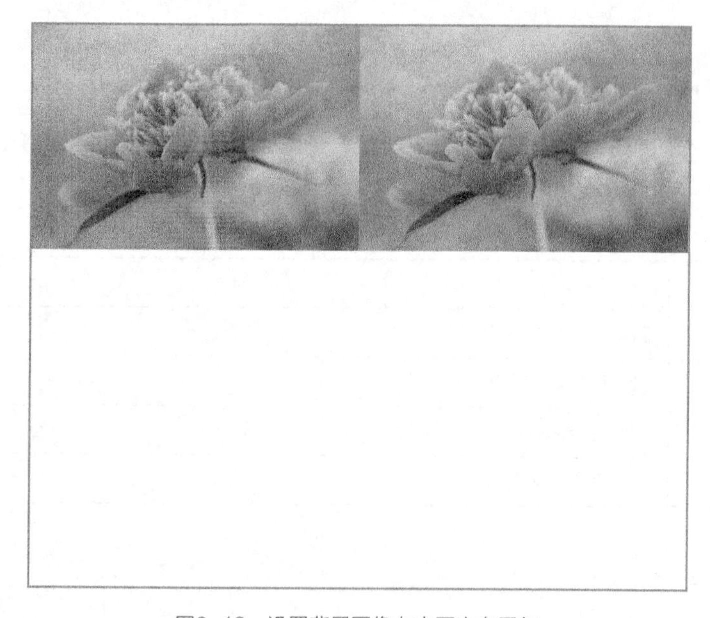

图8-13　设置背景图像在水平方向重复

8.5.5　背景位置background-position

背景位置属性用于设置背景图像的位置。表 8-10 罗列了 background-position 的属性值。

表 8-10 background-position 的属性值

值	描述
top left top center top right center left center center center right bottom left bottom center bottom right	如果只规定了一个值，另一个值默认为 center 默认值：0% 0%
x% y%	第一个值是水平位置，第二个值是垂直位置 左上角是 0% 0%，右下角是 100% 100% 如果只规定了一个值，另一个值默认为 50%
xpos ypos	第一个值是水平位置，第二个值是垂直位置 左上角是 0 0。单位是 px(0px 0px) 或任何其他的 CSS 单位 如果只规定了一个值，另一个值默认为 50%

语法：

```
background-position：水平数值 垂直数值；
```

语法中的取值包括两种，一种是采用数字，另一种是关键字描述。

【例 8-17】

设置background-position属性值为center，使背景图像居中显示，在浏览器中的显示效果如图8-14所示。

```
background-position: center;
```

图8-14 背景图像居中显示

8.5.6 背景附件background-attachment

使用背景附件属性 background-attachment 可以设置背景图像是随对象滚动还是固定不动。表 8-11 罗列了 background-attachment 的属性值。

表 8-11 background-attachment 的属性值

值	描述
scroll	默认值，背景图像会随网页其他部分的滚动而滚动
fixed	当页面的其他部分滚动时，背景图像不会滚动

语法：

```
background-attachment: scroll/fixed;
```

说明：

scroll 表示背景图像随对象滚动而滚动，是默认选项；fixed 表示背景图像固定在网页上不动，只有其他内容随滚动条滚动。

【例 8-18】

设置 body 元素的高度为 1000px，使浏览器出现滚动条。当设置 background-attachment 属性的值为 fixed 时，拖动滚动条，背景图像不跟随 div 元素滚动，在浏览器中的显示效果如图 8-15 所示。

```
body{
   height:1000px;
}
.box{
   width:600px;
   height:500px;
   border:2px solid grey;
   background-image:url(img/a-flower.jpg);
   background-size:300px;
   background-repeat: no-repeat;
   background-attachment: fixed;
}
```

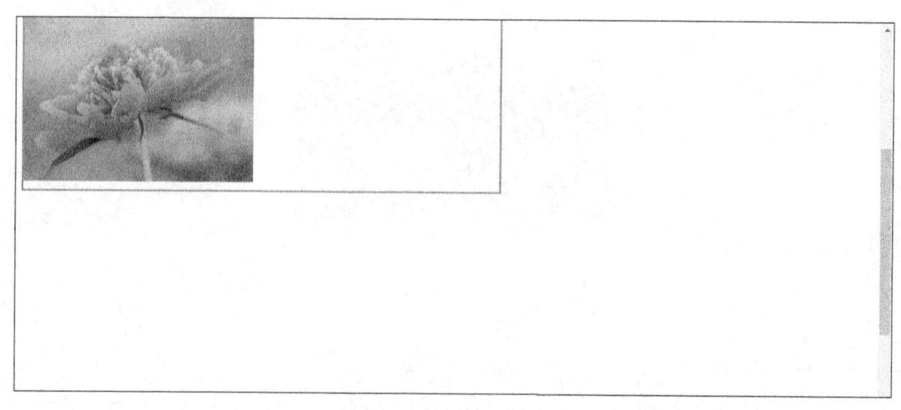

图8-15 背景图像不滚动

8.5.7 背景复合属性background

使用背景复合属性 background 可以简化 CSS 代码，取值范围可以包括背景颜色 background-color、背景图像 background-image、背景重复 background-repeat、背景附件 background-attachment、背景位置 background-position、背景大小 background-size，各值之间用空格相连。表 8-12 罗列了 background 的属性值。

表 8-12 background 的属性值

值	描述	CSS 版本
background-color	规定要使用的背景颜色	1
background-position	规定背景图像的位置	1
background-size	规定背景图像的大小	3
background-repeat	规定如何重复背景图像	1
background-origin	规定背景图像的定位区域	3
background-clip	规定背景的绘制区域	3
background-attachment	规定背景图像是否固定或随着网页的其他部分滚动	1
background-image	规定要使用的背景图像	1

语法：

```
background: 取值 ;
```

说明：

background-size 必须写在 background-position 的后面，并且要用斜线隔开。形式为 background-position/background-size。

【例 8-19】

使用背景复合属性，设置背景图像不重复，背景图像大小为 300px，并设置背景图像位于元素中间，在浏览器中的显示效果如图 8-16 所示。

```
<!DOCTYPE html>
<html>
    <head>
        <meta charset="UTF-8">
        <title></title>
        <style>
            body{
                height:1000px;
            }
            .box{
                width:600px;
                height:500px;
                border:2px solid grey;
                background:url(img/a-flower.jpg) no-repeat;
```

```
                center/300px;
            }
        </style>
    </head>
    <body>
        <div class="box"></div>
    </body>
    </html>
```

图8-16　背景复合属性效果

8.6　段落属性

利用 CSS 还可以设置段落的属性，主要包括单词间隔、字符间隔、文字修饰、纵向排列、文本转换、文本排列、文本缩进和行高等。

8.6.1　单词间隔word-spacing

使用单词间隔 word-spacing 可以设置单词之间的间隔距离。表 8-13 罗列了 word-spacing 的属性值。

表 8-13　　word-spacing 的属性值

值	描述
normal	默认值，定义单词间的标准间隔
length	定义单词间的固定间隔

语法：

```
word-spacing: 取值 ;
```

【例 8-20】

使用 word-spacing 设置单词之间的间隔为 10px，在浏览器中的显示效果如图 8-17 所示。

```
<!DOCTYPE html>
<html>
    <head>
        <meta charset="UTF-8">
        <title></title>
        <style>
            p{
                word-spacing:10px;
            }
        </style>
    </head>
    <body>
        <p>In a multiuser or network environment, the process by which the system
validates a user's logon information. <br> A user's name and password are compared
against an authorized list, validates a user's logon information.</p>
    </body>
</html>
```

In a multiuser or network environment, the process by which the system validates a user' s logon information.
A user' s name and password are compared against an authorized list, validates a user' s logon information.

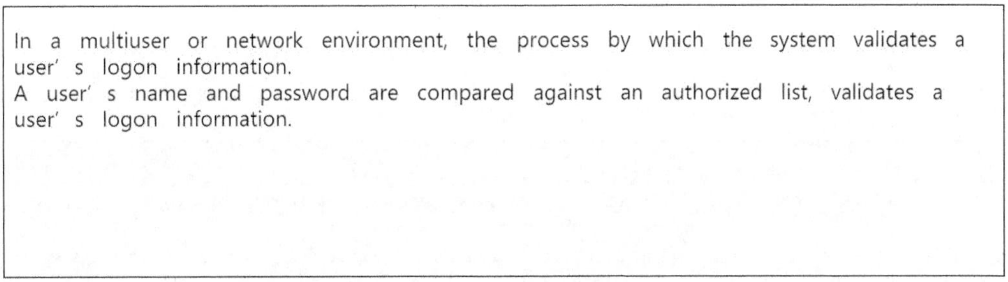

图8-17 单词间隔效果

8.6.2 字符间隔letter-spacing

使用字符间隔可以设置字符之间的间隔距离。表 8-14 罗列了 letter-spacing 的属性值。

表 8-14 letter-spacing 的属性值

值	描述
normal	默认值，规定字符间没有额外的间隔
length	定义字符间的固定间隔（允许使用负值）

语法：

```
letter-spacing: 取值；
```

【例 8-21】

使用 letter-spacing 设置字符之间的间隔为 10px，在浏览器中的显示效果如图 8-18 所示。

```
<!DOCTYPE html>
<html>
    <head>
        <meta charset="UTF-8">
        <title></title>
        <style>
            p{
                letter-spacing:10px;
            }
        </style>
    </head>
    <body>
        <p>
        In a multiuser or network environment, the process by which the system validates a user's logon information. <br> A user's name and password are compared against an authorized list, validates a user's logon information.
        </p>
        <p>
        过了满月的小猫们真是可爱，腿脚还不甚稳，可是已经学会淘气。妈妈的尾巴，一根鸡毛，都是它们的好玩具。一玩起来，它们不知要摔多少跟头，但是跌倒即马上起来，再跑再跌。它们的头撞在门上、桌腿上和彼此的头上撞疼了也不哭。
        </p>
    </body>
</html>
```

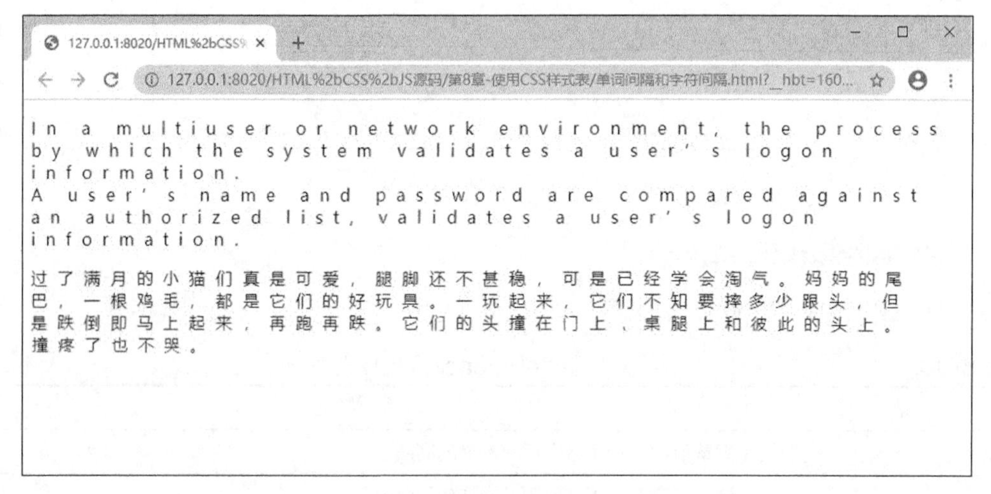

图8-18 字符间隔效果

8.6.3 文字修饰text-decoration

使用文字修饰属性可以对文本进行修饰，如设置下画线、删除线等。表 8-15 罗列了 text-decoration 的属性值。

表 8-15 text-decoration 的属性值

值	描述
none	默认值，定义标准的文本
underline	定义文本下的一条线
overline	定义文本上的一条线
line-through	定义穿过文本的一条线
blink	定义闪烁的文本

语法：

```
text-decoration: 取值；
```

【例 8-22】

在 <a> 标签中，text-decoration 的默认值为 underline，设置 text-decoration:none 可以去掉超链接的下画线，在浏览器中的显示效果如图 8-19 所示。

```
<!DOCTYPE html>
<html>
    <head>
        <meta charset="UTF-8">
        <title></title>
        <style>
            a{
                text-decoration: none;
            }
        </style>
    </head>
    <body>
        <a href="">这是一个超链接</a>
    </body>
</html>
```

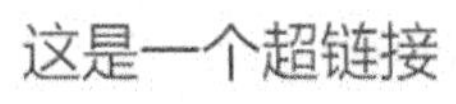

这是一个超链接

图8-19 去掉超链接的下画线

8.6.4 水平对齐方式text-align

使用 text-align 属性可以设置文本的水平对齐方式。表 8-16 罗列了 text-align 的属性值。

表 8-16 text-align 的属性值

值	描述
left	把文本排列到左边，默认值：由浏览器决定
right	把文本排列到右边
center	把文本排列到中间
justify	实现两端对齐文本效果

语法：

```
text-align: 排列值；
```

【例 8-23】

设置 text-align 的值为 center，使文本在水平方向上居中显示，在浏览器中的显示效果如图 8-20 所示。

```
<!DOCTYPE html>
<html>
    <head>
        <meta charset="UTF-8">
        <title></title>
        <style>
            div{
                text-align:center;
            }
        </style>
    </head>
    <body>
        <div> 文本水平居中显示 </div>
    </body>
</html>
```

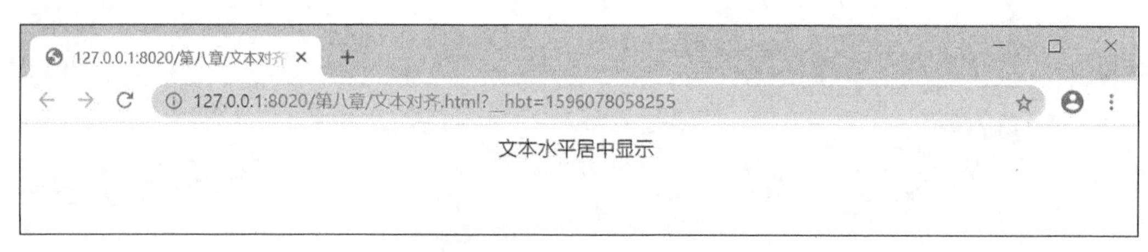

图8-20　水平居中对齐效果

8.6.5　垂直对齐方式vertical-align

使用 vertical-align 属性可以设置文字的垂直对齐方式。表 8-17 罗列了 vertical-align 的属性值。

表 8-17　vertical-align 的属性值

值	描述
baseline	默认值，元素放置在父元素的基线上
sub	使元素的基线与父元素的下标基线对齐
super	使元素的基线与父元素的上标基线对齐
top	把元素的顶端与行中最高元素的顶端对齐
text-top	把元素的顶端与父元素字体的顶端对齐
middle	把此元素放置在父元素的中部
bottom	把元素的顶端与行中最低的元素的顶端对齐
text-bottom	把元素的底端与父元素字体的底端对齐
length	相对于基线在竖直方向上的位移值
%	使用 line-height 属性的百分比值来排列此元素，允许使用负值

语法：

```
vertical-align: 排列取值；
```

【例 8-24】

使用 vertical-align 设置文本在竖直方向上的位置，在网页上完成数学公式的展示，在浏览器中的显示效果如图 8-21 所示。

```
<!DOCTYPE html>
<html>
    <head>
        <meta charset="UTF-8">
        <title></title>
        <style>
            .ch {
                vertical-align: super;
                font-family: "宋体";
                font-size: 12px;
            }
        </style>
    </head>
    <body>
        5<span class="ch">2</span>-2<span class="ch">2</span> = 21
    </body>
</html>
```

5^2-2^2= 21

图8-21　竖直方向的对齐

8.6.6 文本转换text-transform

文本转换属性用来转换英文字母的大小写。表 8-18 罗列了 text-transform 的属性值。

表 8-18　text-transform 的属性值

值	描述
none	默认值，定义带有小写字母和大写字母的标准的文本
capitalize	文本中的每个单词以大写字母开头
uppercase	强制所有字符被转换为大写
lowercase	强制所有字符被转换为小写

语法：

```
text-transform: 转换值；
```

【例 8-25】

使用 text-transform，将第一行文本的所有字母都转为大写，将第二行文本每个单词的首字母设置为大写，在浏览器中的显示效果如图 8-22 所示。

```
<!DOCTYPE html>
<html>
    <head>
        <meta charset="UTF-8">
        <title></title>
        <style>
            .p1{
                text-transform:uppercase;
            }
            .p2{
               text-transform: capitalize;
            }
        </style>
    </head>
    <body>
        <p class="p1">I said it's a beautiful day today.</p>
        <p class="p2">I said it's a beautiful day today.</p>
    </body>
</html>
```

I SAID IT'S A BEAUTIFUL DAY TODAY.

I Said It's A Beautiful Day Today.

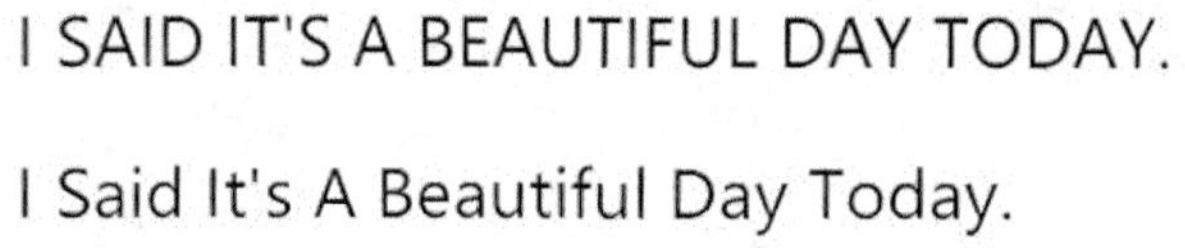

图8-22　文本转换效果

8.6.7　文本缩进text-indent

使用 text-indent 可以设置段落的首行缩进和缩进的距离。表 8-19 罗列了 text-indent 的属性值。

表 8-19　text-indent 的属性值

值	描述
length	定义固定的缩进，默认值：0
%	定义基于父元素宽度的百分比的缩进

语法：

```
text-indent: 缩进值 ;
```

【例 8-26】

使用 text-indent，设置段落首行缩进两个字符。em 在这里表示一个文字的大小，在浏览器中的显示效果如图 8-23 所示。

```
<!DOCTYPE html>
<html>
    <head>
```

```
        <meta charset="UTF-8">
        <title></title>
        <style>
            p{
                text-indent:2em;
            }
        </style>
    </head>
    <body>
        <p>过了满月的小猫们真是可爱，腿脚还不甚稳，可是已经学会淘气。妈妈的尾巴，一根鸡毛，都是它们的好玩具。一玩起来，它们不知要摔多少跟头，但是跌倒即马上起来，再跑再跌。它们的头撞在门上、桌腿上和彼此的头上。撞疼了也不哭。</p>

    </body>
</html>
```

过了满月的小猫们真是可爱，腿脚还不甚稳，可是已经学会淘气。妈妈的尾巴，一根鸡毛，都是它们的好玩具。一玩起来，它们不知要摔多少跟头，但是跌倒即马上起来，再跑再跌。它们的头撞在门上、桌腿上和彼此的头上。撞疼了也不哭。

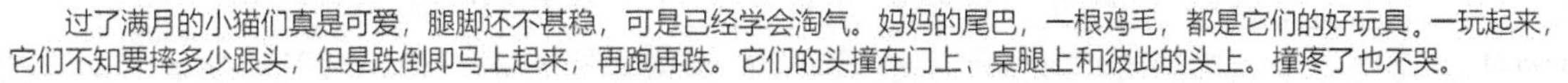

图8-23 文本缩进效果

8.6.8 文本行高line-height

使用文本行高属性可以设置段落中行与行之间的距离。表 8-20 罗列了 line-height 的属性值。

表 8-20 line-height 的属性值

值	描述
normal	默认值，设置合理的行间距
number	设置数字，此数字会与当前的字体大小相乘来设置行间距
length	设置固定的行间距
%	基于当前字体大小的百分比行间距

语法：

```
line-height:行高值；
```

【例 8-27】

使用 line-height，设置字体大小为 18px，设置行高为字体大小的 2 倍，在浏览器中的显示效果如图 8-24 所示。

```
    p{
        text-indent: 2em;
        font-size:18px;
        line-height:2;
    }
```

过了满月的小猫们真是可爱，腿脚还不甚稳，可是已经学会淘气。妈妈的尾巴，一根鸡毛，都是它们的好玩具。一玩起来，它们不知要摔多少跟头，但是跌倒即马上起来，再跑再跌。它们的头撞在门上、桌腿上和彼此的头上。撞疼了也不哭。

图8-24 文本行高效果

8.6.9 处理空白white-space

white-space 属性用于设置网页内空白的处理方式。表 8-21 罗列了 white-space 的属性值。

表 8-21 white-space 的属性值

值	描述
normal	默认值，将连续的多个空格合并
pre	空白会被浏览器保留，在遇到换行符或 标签时才会换行
nowrap	连续的空白符会被合并，文本内的换行无效，直到文本结束或遇到 标签
pre-wrap	保留空白符序列，但是正常进行换行
pre-line	合并空白符序列，但是保留换行符

语法：

```
white-space: 取值；
```

【例 8-28】

设置段落的 white-space，使段落的空白和换行被保留在网页中，在浏览器中的显示效果如图 8-25 所示。

```
<!DOCTYPE html>
<html>
    <head>
        <meta charset="UTF-8">
        <title></title>
        <style>
            p{
                text-indent: 2em;
                font-size:18px;
                white-space: pre-wrap;
            }
        </style>
    </head>
    <body>
        <p> 过了满月的小猫们真是可爱，腿脚还不甚稳，可是已经学会淘气。
            妈妈的尾巴，一根鸡毛，都是它们的好玩具。一玩起来，它们不知要摔多少跟头，
            但是跌倒即马上起来，再跑再跌。它们的头撞在门、桌腿上和彼此的头上。撞疼了也不哭。
        </p>
    </body>
</html>
```

过了满月的小猫们真是可爱，腿脚还不甚稳，可是已经学会淘气。
妈妈的尾巴，一根鸡毛，都是它们的好玩具。一玩起来，它们不知要摔多少跟头，但是跌倒即马
上起来，再跑再跌。它们的头撞在门上、桌腿上和彼此的头上。撞疼了也不哭。

图8-25 处理空白效果

8.7 练习题

填空题

（1）CSS 的语法结构仅由 3 个部分组成：________、________和________。

（2）添加 CSS 有 4 种方法：________、________、________和________。

（3）________一般位于 HTML 文件的头部，即 <head> 与 </head> 标签内，并且以 <style> 开始，以 </style> 结束，这样定义的样式就可应用到网页中。

（4）在 CSS 中使用________属性来设置文字的所有字体属性。

参考答案：

（1）选择器、样式属性、值

（2）链接外部样式表、内部样式表、导入外部样式表、内嵌样式

（3）内部样式表

（4）font

8.8 章节任务

完成图 8-26 所示的文章网页。为网页设置背景图像，并使之铺满整个屏幕。给段落增加背景颜色，使文字内容清晰地显示在网页上。

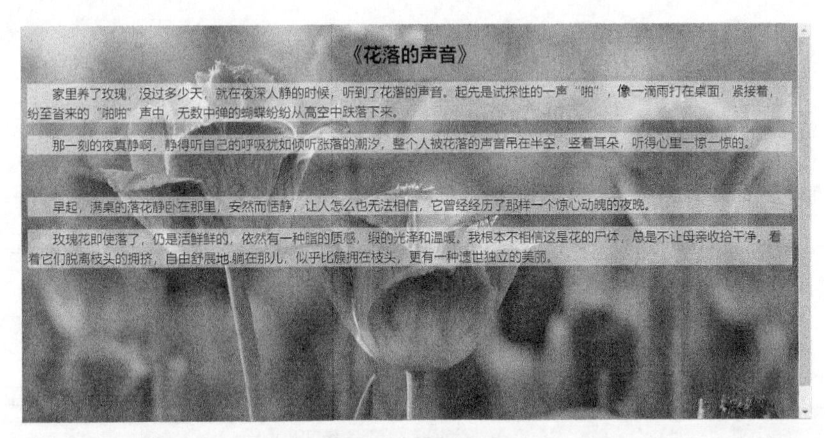

图8-26 章节任务

任务素材及源代码可在 QQ 群中获取，群号：544028317。

第 09 章

盒模型布局

为了呈现不同的视觉效果，网页的布局往往千变万化、各不相同。网页布局的基础就是盒模型。盒模型是样式表中非常重要的概念，如果说网页是一座城堡，那么盒模型就是堆起城堡的一块块积木。想要设计出漂亮的网页，必须学好盒模型。

学习目标

- 了解盒模型的组成
- 学会使用盒模型调整元素自身的样式和位置
- 学会计算盒模型的大小
- 熟记块元素和内联元素的特性
- 掌握元素类别的转换方法

9.1 认识盒模型

本节将初步介绍盒模型布局，并且讲解如何使用浏览器中的开发者工具查看元素的盒模型。

9.1.1 盒模型的构成

盒模型的构成如图 9-1 所示。使用外边距属性可以设置元素周围的边界宽度，内边距属性用于设置边框和元素内容之间的距离。它们的值都是一样的，都为数值，单位可以是长度单位，也可以是百分比单位。

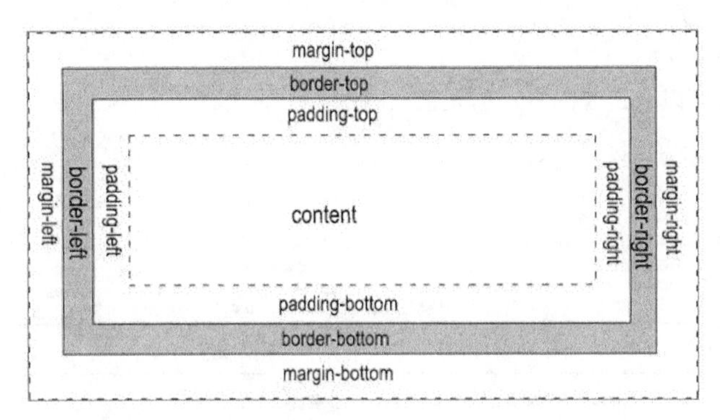

图9-1 盒模型

9.1.2 查看元素的盒模型

打开 Chrome 浏览器，按快捷键 F12，打开开发者模式，选中元素，单击【Elements】选项卡，就可以在【Styles】选项卡底部或【Computed】中查看选中元素的盒模型，如图 9-2 所示。

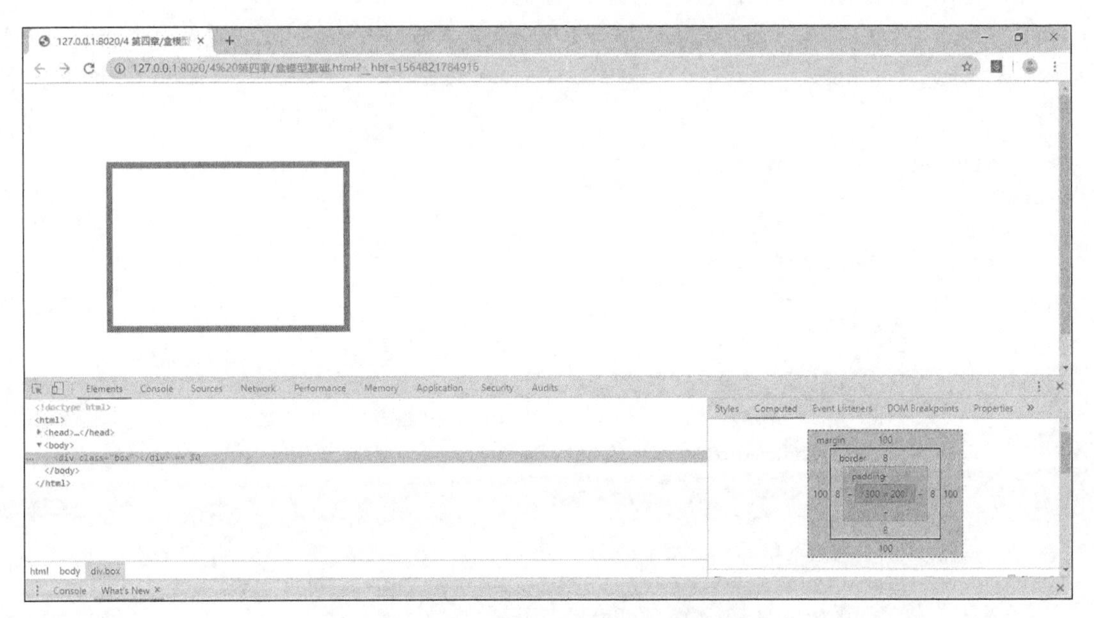

图9-2 在开发者模式下查看元素的盒模型

9.2　内容区content

内容区是盒模型的中心，它呈现了盒子的主要内容，这些内容可以是文本、图像等。内容区是盒模型必备的组成部分，其他部分都是可选的。

内容区有 3 个属性：height、width 和 overflow。使用 width 和 height 属性可以指定盒子内容区的宽度和高度，其值可以是长度值或百分比值。

语法：

```
width: 内容区的宽度;
height: 内容区的高度;
```

使用 overflow 属性可以规定当内容溢出元素框时的展现形式。

语法：

```
overflow: 值;
```

表 9-1 罗列了 overflow 的属性值。

表 9-1　overflow 的属性值

值	描述
visible	默认值。内容不会被剪裁，会呈现在元素框之外
hidden	内容会被剪裁，并且其余内容是不可见的
scroll	内容会被剪裁，但是浏览器会显示滚动条以便查看其余的内容
auto	如果内容被剪裁，则浏览器会显示滚动条以便查看其余的内容

【例 9-1】

本案例展示内容溢出元素框时的处理方法。

创建一个 div 元素，宽度、高度都是 200px；给 div 元素增加一个子元素，宽度为 300px，高度为 100px。因为子元素的宽度大于父元素，当未设置 overflow 属性时，子元素溢出。在浏览器中的显示效果如图 9-3 所示。

```
<!DOCTYPE html>
<html>
    <head>
        <meta charset="UTF-8">
        <title></title>
        <style>
            .fa{
                width:200px;
                height:200px;
                background-color: #FFD758;
            }
            .son{
                width:300px;
                height:100px;
                background-color: #6D6AF7;
```

```
            }
        </style>
    </head>
    <body>
        <div class="fa">
            <div class="son"></div>
        </div>
    </body>
</html>
```

图9-3 子元素溢出

为父元素设置 overflow:hidden，将超出的部分隐藏，在浏览器中的显示效果如图 9-4 所示。

```
.fa{
   width:200px;
   height:200px;
   background-color: #FFD758;
   overflow:hidden;
}
```

图9-4 子元素溢出（为父元素设置overflow:hidden）

9.3 边框border

边框的属性有 border-style、border-width 和 border-color，以及综合了以上 3 个属性的快捷边框属性 border。border-width 用于设置边框的宽度，border-color 用于设置边框的颜色，border-style 用于设置边框的样式。

9.3.1 边框样式border-style

使用边框样式属性可以定义边框的风格样式，这个属性必须用于指定可见的边框；可以分别设置上边框样式 border-top-style、下边框样式 border-bottom-style、左边框样式 border-left-style 和右边框样式 border-right-style。

语法：

```
border-style: 边框样式;
border-top-style: 上边框样式;
border-right-style: 右边框样式;
border-bottom-style:下边框样式;
border-left-style: 左边框样式;
```

说明：

在不同浏览器中，边框样式的显示效果可能会不一致。

border-top-width、border-right-width、border-bottom-width 和 border-left-width 属性分别用来设置上、右、下、左边框的宽度。

表 9-2 罗列了 border-style 的属性值。

表 9-2　border-style 的属性值

值	描述
none	定义无边框
hidden	与 none 相同，不过应用于表时除外；对于表，hidden 用于解决边框冲突
dotted	定义点状边框，在大多数浏览器中呈现为实线
dashed	定义虚线，在大多数浏览器中呈现为实线
solid	定义实线
double	定义双线，双线的宽度等于 border-width 的值
groove	定义 3D 凹槽边框，其效果取决于 border-color 的值
ridge	定义 3D 垄状边框，其效果取决于 border-color 的值
inset	定义 3D inset 边框，其效果取决于 border-color 的值
outset	定义 3D outset 边框，其效果取决于 border-color 的值

【例 9-2】

边框的各种样式如图 9-5 所示。

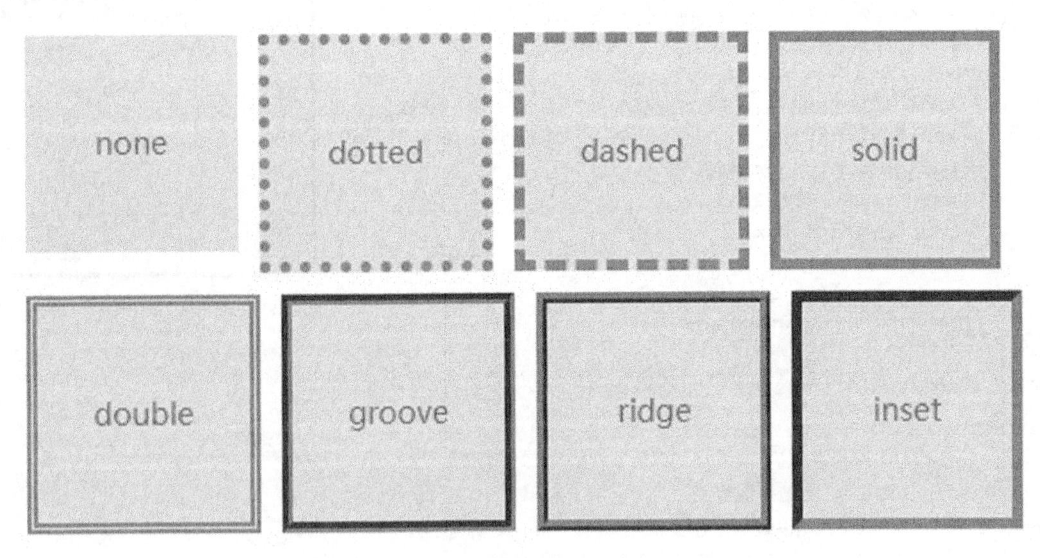

图9-5 边框样式

9.3.2 边框宽度border-width

边框宽度用于设置元素边框的宽度。

语法：

```
border-width: 边框宽度值;
border-top-width: 上边框宽度值;
border-right-width: 右边框宽度值;
border-bottom-width: 下边框宽度值;
border-left-width: 左边框宽度值;
```

说明：

使用 border-width 属性统一设置所有边框的宽度。

表 9-3 罗列了 border-width 的属性值。

表 9-3 border-width 的属性值

值	描述
thin	定义细的边框
medium	默认，定义中等的边框
thick	定义粗的边框
length	自定义边框的宽度

【例 9-3】

创建一个 div 元素，设置其边框颜色为灰色，设置其边框的宽度为 2px 并为实线。在浏览器中的显示效果如图 9-6 所示。

```
.box{
    width:200px;
    height:200px;
    background-color:#FFD758;
    border-style:solid;
    border-width:2px;
}
```

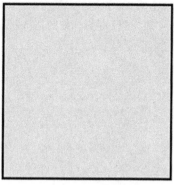

图9-6　边框宽度效果

9.3.3　边框颜色border-color

border-color 属性用来设置边框的颜色，可以用关键字或 RGB 值来设置。

语法：

```
border-color: 边框颜色值;
border-top-color: 上边框颜色值;
border-right-color: 右边框颜色值;
border-bottom-color: 下边框颜色值;
border-left-color: 左边框颜色值;
```

说明：

border-top-color、border-right-color、border-bottom-color 和 border-left-color 属性分别用来设置上、右、下、左边框的颜色，也可以使用 border-color 属性统一设置所有边框的颜色。

【例 9-4】

设置 div 元素的边框为蓝色，在浏览器中的显示效果如图 9-7 所示。

```
.box{
    width:200px;
    height:200px;
    background-color:#FFD758;
    border-style:solid;
    border-width:2px;
    border-color:dodgerblue;
}
```

图9-7　边框颜色效果

9.4　内边距padding

内边距是内容区和边框之间的空间。可以使用 padding 直接设置内容区与各方向边框的距离，也可以通过 padding-top、padding-bottom、padding-left、padding-right 分别设置上、下、左、右的内边距。

当给元素设置背景颜色时，内边距也在背景颜色的作用范围内。

9.4.1 分别设置4个方向的内边距

使用 padding-top、padding-bottom、padding-left、padding-right 分别设置 4 个方向的内边距。

语法：

```
padding-top: 上内边距值 ;
padding-bottom: 下内边距值 ;
padding-left: 左内边距值 ;
padding-right: 右内边距值 ;
```

说明：

间隔值可以设置为长度值或百分比。

【例 9-5】

创建一个 div 元素作为父级盒子，class 名为 box，设置 2px 的灰色边框；在元素内部创建 div 元素作为子元素，class 名为 son，设置子元素背景颜色为粉色。在浏览器中的显示效果如图 9-8 所示。

图9-8 边框颜色效果

```
<!DOCTYPE html>
<html>
    <head>
        <meta charset="UTF-8">
        <title></title>
        <style>
            .box{
                width:600px;
                height:600px;
                border:2px solid grey;
            }
            .son{
                width:200px;
                height:200px;
                background-color:pink;
            }
        </style>
    </head>
    <body>
        <div class="box">
            <div class="son"></div>
        </div>
    </body>
</html>
```

给粉色的子元素分别设置 4 个方向的内边距，在浏览器中可以发现子元素增大了，这说明内边距会影响元素的大小。按快捷键 F12 可以在开发者工具中查看元素的盒模型，在浏览器中的显示效果如图 9-9 所示。

```
    .son{
```

```
        width:200px;
        height:200px;
        background-color:pink;
        padding-top:50px;
        padding-right:100px;
        padding-bottom:150px;
        padding-left:200px;
    }
```

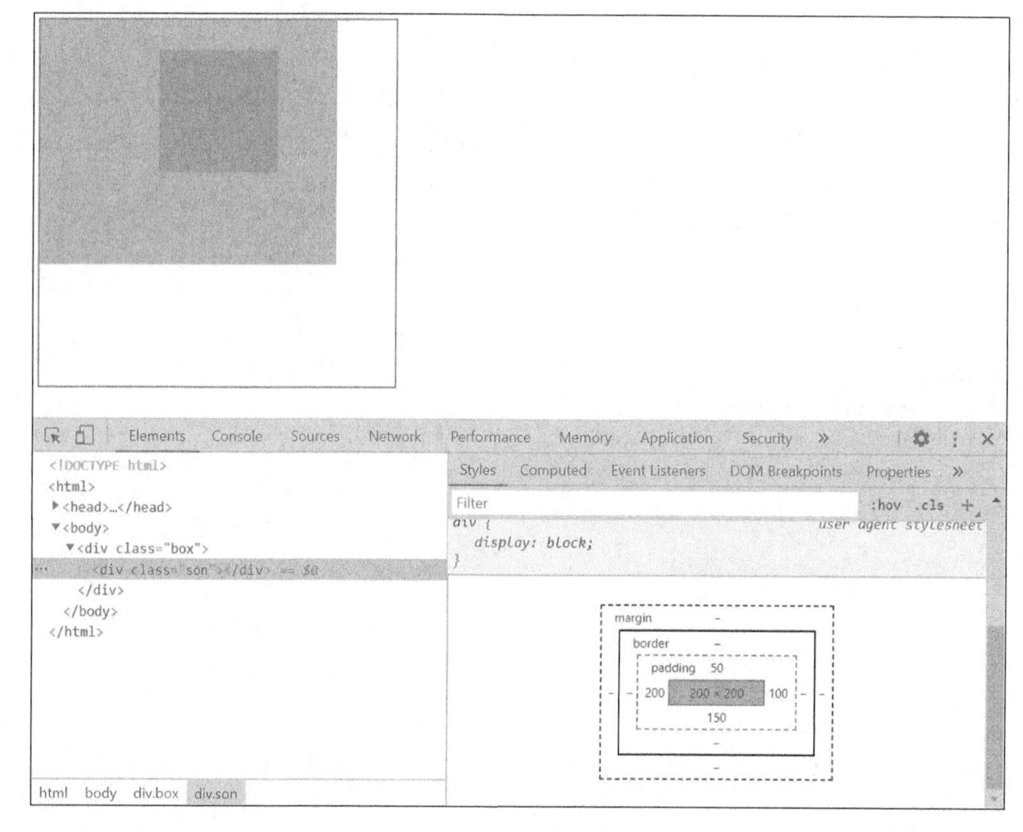

图9-9　分别设置内边距

9.4.2　内边距的复合属性padding

padding 属性可以在一个声明中设置所有方向的内边距，也就是把 padding-top、padding-right、padding-bottom、padding-left 合并为一条 CSS 样式。padding 属性可以有 1 ～ 4 个属性值。

下面的案例将分别演示当 padding 属性拥有 1 ～ 4 个属性值时，每个属性值代表的含义是什么。

【例 9-6】

创建一个 div 元素，高度为 70px，宽度为 200px，背景为紫色，内容为 padding。在初始情况下，可以看到文字和背景颜色范围基本相同，在浏览器中的显示效果如图 9-10 所示。

```
<!DOCTYPE html>
```

```
<html>
    <head>
        <meta charset="UTF-8">
        <title></title>
        <style>
            div{
                width:200px;
                height:70px;
                font-size:50px;
                line-height:50px;
                background-color:#848ccf;
                color:#ffffff;
            }
        </style>
    </head>
    <body>
        <div>padding</div>
    </body>
</html>
```

图9-10 初始状态

（1）设置一个属性值时，代表 4 个方向的 padding 值。CSS 代码如下，运行结果如图 9-11 所示。盒模型解析如图 9-12 所示。

```
padding:100px;
```

图9-11 一个属性值

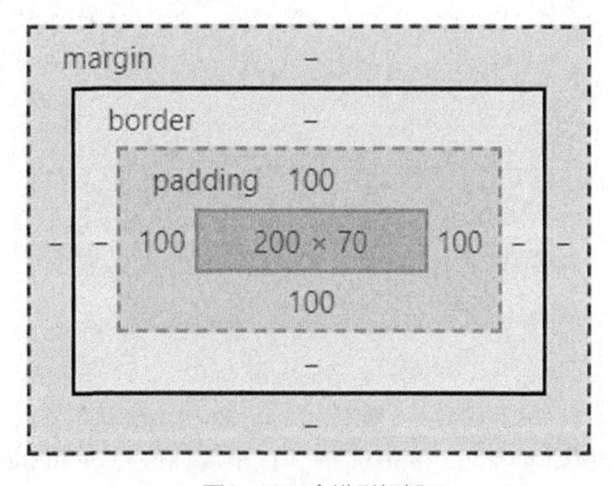

图9-12 盒模型解析1

（2）设置两个属性值时，第一个属性值设定 padding-top、padding-bottom 两个方向，第二个属性值设定 padding-right、padding-left 两个方向。CSS 代码如下，运行结果如图 9-13 所示。盒模型解析如图 9-14

所示。

```
padding:50px 100px;
```

图9-13　两个属性值

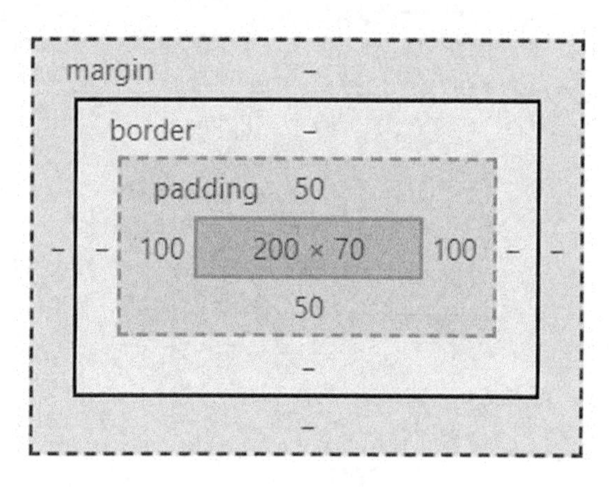

图9-14　盒模型解析2

（3）设置 3 个属性值时，第一个属性值设定 padding-top，第二个属性值设定 padding-right 和 padding-left，第三个属性值设定 padding-bottom。CSS 代码如下，运行结果如图 9-15 所示。盒模型解析如图 9-16 所示。

```
padding:50px 100px 150px;
```

图9-15　3个属性值

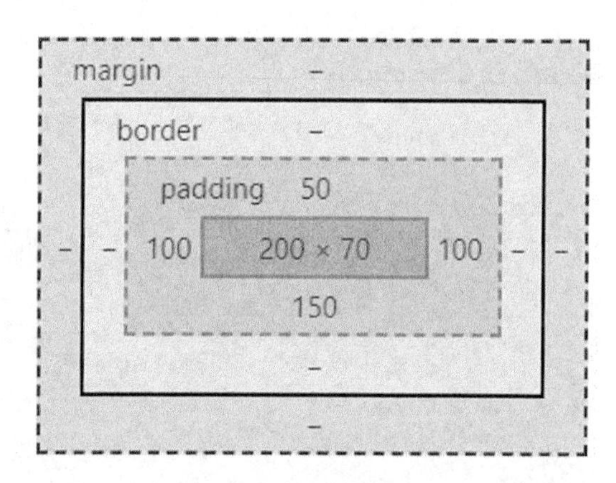

图9-16　盒模型解析3

（4）设置 4 个属性值时，第一个属性值为 padding-top，第二个属性值为 padding-right，第三个属性值为 padding-bottom，第四个属性值为 padding-left。CSS 代码如下，运行结果如图 9-17 所示。盒模型解析如图 9-18 所示。

```
padding:50px 100px 150px 200px;
```

图9-17 4个属性值

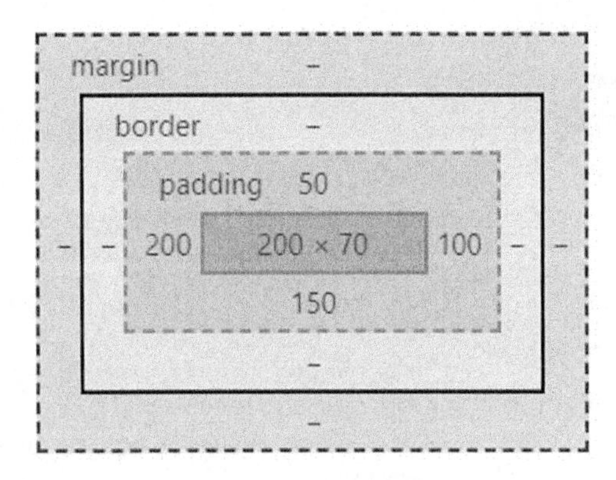

图9-18 盒模型解析4

内边距复合写法的顺序是从 padding-top 开始，顺时针方向设置，到 padding-left 结束。当复合写法中的值不足 4 个时，其他值采用上下对称、左右对称的方式补全。

9.5 外边距margin

外边距位于盒子的最外围，它不是一条边线，而是添加在边框外面的空间。外边距使元素盒子之间不必紧凑地连接在一起，是 CSS 布局的一个重要手段。

上侧和左侧的外边距使元素自身的位置发生改变，下侧和右侧的外边距使元素周围的其他元素发生移动。

9.5.1 分别设置4个方向的外边距

可以使用 margin 直接设置各方向的外边距，也可以通过 margin-top、margin-bottom、margin -left、margin -right 分别设置上、下、左、右 4 个方向的外边距。

语法：

```
margin-top: 上外边距值；
margin-right: 右外边距值；
margin-bottom: 下外边距值；
margin-left: 左外边距值；
```

说明：

间隔值可以设置为长度值或百分比值。百分比值是设置相对于上级元素宽度的百分比，允许使用负值。

margin-top 使元素自身向下移动；

margin-right 使元素右侧的其他元素向右移动；

margin-bottom 使元素下侧的其他元素向下移动；

margin-left 使元素自身向右移动。

【例 9-7】

创建一个 div 元素作为父级盒子，设置边框为橙色。在盒子中创建两个 div 元素，class 名分别为 first 和 second。设置 first 的宽和高为 200px，背景颜色为蓝色；设置 second 的宽和高为 100px，背景颜色为黄色。在浏览器中的显示效果如图 9-19 所示。

```
<!DOCTYPE html>
<html>
    <head>
        <meta charset="UTF-8">
        <title></title>
        <style>
            .box{
                width:600px;
                height:600px;
                border:6px solid #EC8C32;
            }
            .first{
               width:200px;
               height:200px;
               background-color:#AAB6E0;
            }
            .second{
                width:100px;
                height:100px;
                background-color:#F8DB51;
            }
        </style>
    </head>
    <body>
        <div class="box">
            <div class="first"></div>
            <div class="second"></div>
        </div>
    </body>
</html>
```

图9-19　创建元素

为 first(蓝色)设置外边距，分别设置上外边距为 100px，右外边距为 200px，下外边距为 150px，左外边距为 50px。在浏览器中的显示效果如图 9-20 所示。

```
.first{
   width:200px;
   height:200px;
   background-color:#AAB6E0;
   margin-top:100px;
   margin-right:200px;
   margin-bottom:150px;
   margin-left:50px;
}
```

图9-20 分别设置4个方向的外边距

9.5.2 外边距复合属性margin

外边距的复合属性为对 4 个边距设置的略写。margin 属性可以有 1 ～ 4 个属性值。

语法：

```
margin: 长度值 | 百分比 | auto
```

说明：

margin 的值可以取 1 ～ 4 个。属性值规则和 padding 相同。

如果规定一个值，比如 {margin: 10px}，表示所有的外边距都是 10px。

如果规定两个值，比如 {margin: 10px 20px}，表示上下外边距是 10px，左右外边距是 20px。

如果规定 3 个值，比如 {margin: 50px 10px 20px}，表示上外边距是 50px，而左右外边距是 10px，下外边距是 20px。

如果规定 4 个值，比如 {margin: 50px 10px 20px 30px}，表示上外边距是 50px，右外边距是 10px，下外边距是 20px，左外边距是 30px。

【例 9-8】

使用 margin 复合属性，得到与【例 9-7】相同的效果。在浏览器中的显示效果如图 9-21 所示。

```
margin:100px 200px 150px 50px;
```

图9-21 外边距复合属性

【例 9-9】

左右 margin 都为 auto 时，可以使块元素在父元素中水平居中，在浏览器中的显示效果如图 9-22 所示。

```
<!DOCTYPE html>
<html>
    <head>
        <meta charset="UTF-8">
        <title></title>
        <style>
            .box{
               width:600px;
               height:600px;
               border:6px solid #EC8C32;
            }
            .son{
               width:200px;
               height:200px;
               background-color:#AAB6E0;
```

```
            margin:100px auto 0 auto;
        }
    </style>
</head>
<body>
    <div class="box">
        <div class="son"></div>
    </div>
</body>
</html>
```

图9-22 块元素在父元素中水平居中

9.6 盒模型的大小

本节讲解盒模型大小的计算方法。

盒模型的实际宽度 = width + 左右 padding + 左右 border

盒模型的实际高度 = height + 上下 padding + 上下 border

【例 9-10】

div 元素的宽度为 100px，高度为 200px；设置 div 元素的上、右、下、左内边距分别为 10px、20px、30px、40px；设置 div 元素的上、右、下、左外边距分别为 100px、200px、300px、400px；设置 div 元素边框为 2px。解析如图 9-23 所示。

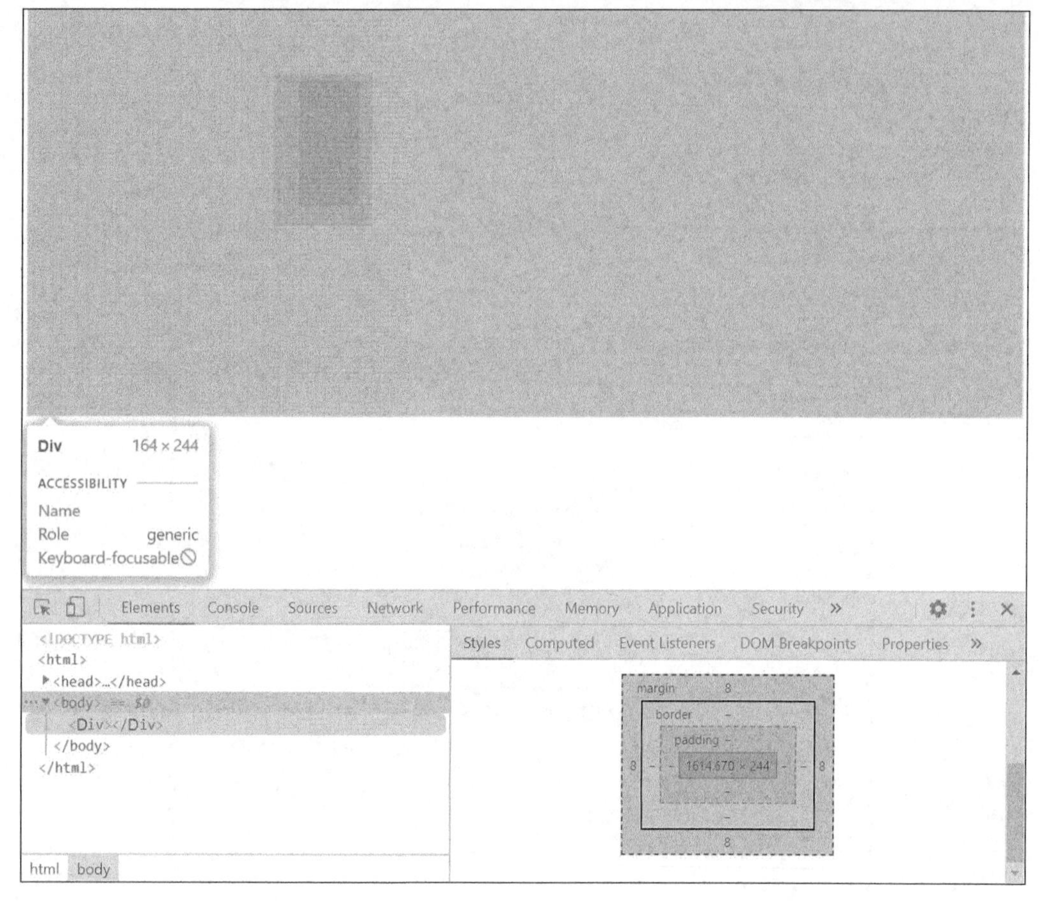

图9-23 盒模型的大小

此时，这个 div 元素的实际宽度 = 100px + 20px + 40px + 2px × 2 = 164px，实际高度 = 200px + 10px + 30px + 2px × 2 = 244px。

9.7 块元素和内联元素

每一个 HTML 元素都是一个盒子。在 CSS 中，盒子的显示方式有 3 种，分别是块元素、内联元素和行内块元素。本节总结这 3 种显示方式的特征和区别，并讲解不同类型盒子之间的转换方式。

9.7.1 块元素和内联元素的特点

本小节将分别讲解块元素和内联元素的特点。

1. 块元素

常见的块元素有 <p>、<div>、<h1>、<h2>、<h3>、<h4>、<h5>、<h6>、<ul>、<li> 等。块元素的 display 属性值默认为 block。块元素具有以下特点。

- 块元素默认独占一行，其后的元素也必须另起一行显示。
- 块元素可以设置高度、宽度、内边距与外边距。

- 当块元素的宽度为默认值（未设置width属性）时，宽度是其容器的100%。
- 块元素可以容纳块元素，也可以容纳内联元素。

2. 内联元素

常见的内联元素有 <a>、<em>、<img>、<i>、<span> 等，内联元素的 display 属性值默认为 inline。内联元素具有以下特点。

- 内联元素与相邻的内联元素同处一行。
- 内联元素不可以设置高度、宽度，其高度一般由字体的大小来决定，其宽度由内容的长度来决定。
- 内联元素中，垂直方向的border、padding、margin不会影响页面布局。
- 内联元素一般不可以包含块元素，如<span>元素中不能包含<div>元素。

【例 9-11】

创建块元素和内联元素，设置块元素的背景颜色为绿色，内联元素的背景颜色为粉色。在浏览器中，块元素和内联元素分别显示出不同的特性，如图 9-24 所示。

```
<!DOCTYPE html>
<html>
    <head>
        <meta charset="UTF-8">
        <title></title>
        <style>
            body{
                font-size:30px;
            }
            div,p,h1,h2,h3{
                background-color:#6ebfb5;
                margin:10px;
            }
            em,i,span,a{
                background-color:#ffc7c7;
                margin:10px;
            }
        </style>
    </head>
    <body>
        <div>div 元素是块元素 </div>
        <p>P 元素是块元素 </p>
        <h1>h1 元素是块元素 </h1>
        <h2>h2 元素是块元素 </h2>
        <h3>h3 元素是块元素 </h3>
        <em>em 元素是内联元素 </em>
        <i>i 元素是内联元素 </i>
        <span>span 元素是内联元素 </span>
        <a>em 元素是内联元素 </a>
    </body>
</html>
```

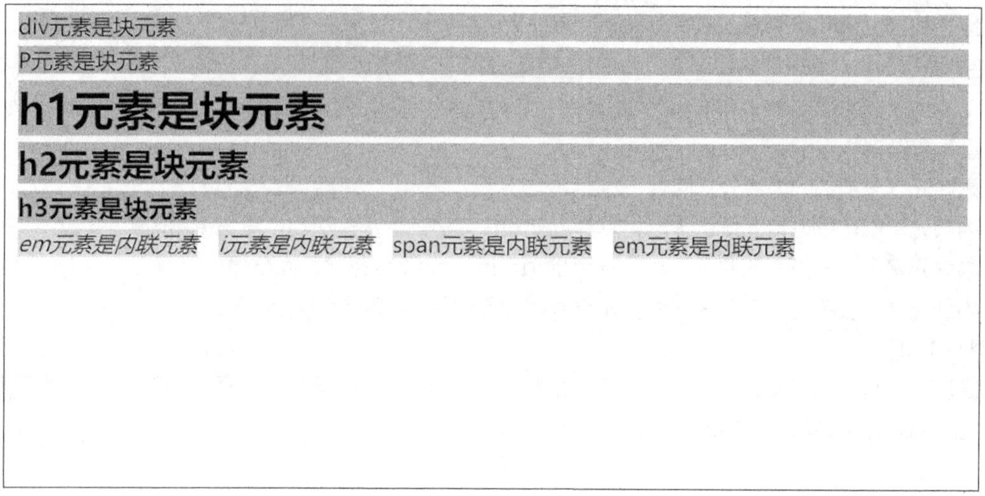

div元素是块元素

P元素是块元素

h1元素是块元素

h2元素是块元素

h3元素是块元素

em元素是内联元素　i元素是内联元素　span元素是内联元素　em元素是内联元素

图9-24　块元素和内联元素的特性

9.7.2　display属性规定元素的类型

使用 display 属性可以指定元素的类型。

语法：

```
display: 元素类型
```

表 9-4 罗列了 display 的常见属性值。

表 9-4　　display 的常见属性值

值	描述
none	元素不会被显示
block	元素将显示为块元素
inline	元素会被显示为内联元素
inline-block	元素会被显示为行内块元素（CSS2.1 新增的值）
list-item	此元素会作为列表显示

【例 9-12】

给 div 元素设置 display：inline，div 元素将显示为内联元素；给 span 元素设置 display:inline,span 元素将显示为块元素。在浏览器中的显示效果如图 9-25 所示。

```
<!DOCTYPE html>
<html>
    <head>
        <meta charset="UTF-8">
```

```
        <title></title>
        <style>
            body{
                font-size:30px;
            }
            div{
                background-color:#6ebfb5;
                margin:10px;
                display:inline;
            }
            span{
                background-color:#ffc7c7;
                margin:10px;
                display:block;
            }
        </style>
    </head>
    <body>
        <div>div 元素 </div>
        <div>div 元素 </div>
        <div>div 元素 </div>
        <span>span 元素 </span>
        <span>span 元素 </span>
        <span>span 元素 </span>
    </body>
</html>
```

div元素　div元素　div元素

span元素

span元素

span元素

图9-25　改变元素的类型

9.8　初始化页面样式

不同的元素有不同的初始样式，如 ul 元素有 list-style 默认样式，body 元素有默认的 margin。当使用 CSS 样式还原网页设计图时，这些默认样式会影响网页样式的准确性。因此，在制作网页之前，首先要清空元素的默认样式，这种行为一般称为 CSS 初始化设置。

常用的 CSS 初始化设置如下。

```
html, body, div, ul, li, h1, h2, h3, h4, h5, h6, p, dl, dt, dd, ol, form, input, textarea, th, td, select {margin: 0;padding: 0}
html, body {min-height: 100%;}
h1, h2, h3, h4, h5, h6{font-weight:normal;}
```

```
ul,ol {list-style: none;}
input,img,select{vertical-align:middle;border:none}
a {text-decoration: none;color: #232323;}
a:hover,a:active,a:focus{color:#c00;text-decoration:underline;}
input, textarea {outline: none;border: none;}
textarea {resize: none;overflow: auto;}
```

一般来讲，需要将常用的 CSS 初始化设置写成一个 reset.css 文件，在每个网页开始的位置引用这个文件即可。当网页引用多个 CSS 文件时，要将 reset.css 文件放在第一位，这是为了让网页自身的 CSS 样式覆盖初始化样式。

```
<link rel="stylesheet" href="css/reset.css">
<link rel="stylesheet" href="css/index.css">
```

9.9 练习题

1. 填空题

（1）CSS 属性________可为元素设置外边距。

（2）盒模型包括__________、__________、__________、__________几个部分。其中，__________不会影响盒模型大小。

参考答案：

（1）margin

（2）content、padding、border、margin、margin

2. 简答题

请分别写出块元素和内联元素的特点。

参考答案：

块元素具有以下特点。

- 块元素默认独占一行，其后的元素也必须另起一行显示。
- 块元素可以设置高度、宽度、内边距与外边距。
- 当块元素的宽度为默认值（未设置 width 属性）时，宽度是其容器的 100%。
- 块元素可以容纳块元素，也可以容纳内联元素。

内联元素具有以下特点。

- 内联元素与相邻的内联元素同处一行。
- 内联元素不可以设置高度、宽度，其高度一般由字体的大小来决定，其宽度由内容的长度来决定。
- 内联元素中，垂直方向的 border、padding、margin 不会影响网页布局。
- 内联元素一般不可以包含块元素，如 <span> 元素中不能包含 <div> 元素。

9.10 章节任务

使用盒模型相关属性，完成如图 9-26 所示的摄影博客网页。

图9-26 章节任务

任务素材及源代码可在 QQ 群中获取，群号：544028317。

第10章

浮动与定位

上一章讲解了元素最基础的盒模型布局。盒模型布局是页面布局中最常用的一种布局方式，也是一种标准状态下的布局方式。但是，仅仅依靠盒模型布局并不能完全满足网页编写的需求。本章将介绍两种新的布局方式——浮动布局与定位布局。

在浮动布局中，元素可以脱离文档流，实现将多个块元素同处一行的效果。使用浮动布局时可能会出现一些其他问题，所以本章将同时讲解清除浮动的方法。

定位布局功能强大，可以实现元素的嵌套。定位布局可以使元素相对于自身或父级元素，甚至浏览器出现在指定的位置上；还可以实现多个元素相互堆叠展示，并控制它们堆叠的顺序。

学习目标

- 了解文档流的排列方式
- 掌握浮动布局
- 掌握清除浮动的方法
- 掌握定位布局

10.1　文档流

文档流指当浏览器渲染 html 文档时，从顶部开始渲染，为元素分配所需要的空间。默认情况下，每一个块元素单独占一行，内联元素则按照顺序被水平渲染直到在当前行遇到了边界，然后换到下一行的起点继续渲染。

元素与文档流的关系如下。

- 元素在文档流中。
- 元素脱离文档流。

块元素在文档流中的特点如下。

- 独占一行，自上向下排列。
- 默认宽度为父元素宽度（撑满父元素）。
- 默认高度被内容撑开（被子元素撑开）。

内联元素在文档流中的特点如下。

- 默认内容撑开宽高。
- 一行可以有多个内联元素，从左向右排列，放不下的时候换行。

10.2　浮动属性float

在正常情况下，元素处于文档流中。在排版布局过程中，元素会默认自动从左往右、从上往下流式排列。

浮动是使元素脱离文档流并按照指定方向发生移动，遇到父级边界或相邻的浮动元素时停下来。用 float 属性来设置元素的浮动。

给元素设置浮动后，元素的特点会发生变化。块元素的特点是，默认宽度和高度都由内容撑开，不再独占一行。内联元素的特点是，变为块元素，支持宽和高属性。

语法：

```
float: 属性值
```

表 10-1 罗列了 float 的属性值。

表 10-1　float 的属性值

值	描述
left	元素向左浮动
right	元素向右浮动
none	默认值，元素不浮动，并会显示其在文本中出现的位置

【例 10-1】

创建一个 div 元素，作为父级的容器盒子。在盒子中创建 3 个 div 子元素，设置背景颜色为紫色。当处于标准文档流中时，效果如图 10-1 所示。

```
<!DOCTYPE html>
<html>
```

```
    <head>
        <meta charset="UTF-8">
        <title></title>
        <style>
            /*  float:right|left|none  */
            .box{
                width:600px;
                height:400px;
                border:6px solid #EC8C32;
            }
            .son{
                width:100px;
                height:100px;
                background-color:#AAB6E0;
                margin:10px;
                font-size:22px;
                color:#ffffff;;
                line-height:100px;
                text-align:center;
            }
        </style>
    </head>
    <body>
        <div class="box">
            <div class="son">1</div>
            <div class="son">2</div>
            <div class="son">3</div>
        </div>
    </body>
</html>
```

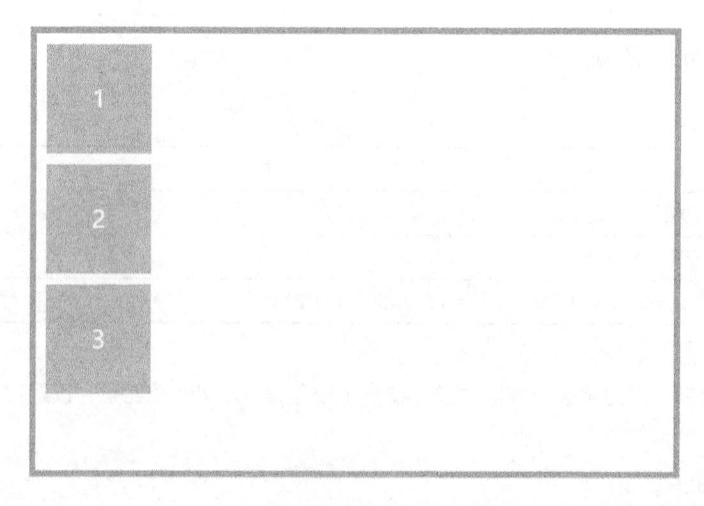

图10-1　标准文档流下的div元素

给子元素设置向左浮动，子元素将显示在同一行中，从左到右依次排列，效果如图 10-2 所示。

```
.son{
    width:100px;
    height:100px;
    background-color:#AAB6E0;
    margin:10px;
    font-size:22px;
    color:#ffffff;;
    line-height:100px;
    text-align:center;
    float:left;
}
```

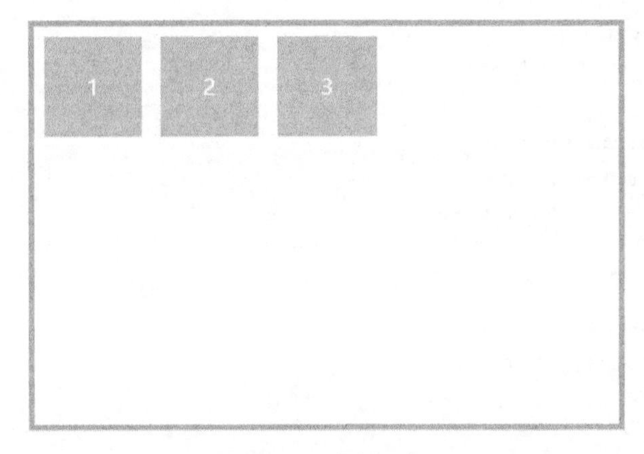

图10-2 向左浮动

给子元素设置向右浮动，子元素将显示在同一行中，从右到左依次排列，效果如图 10-3 所示。使用向右浮动的时候，要注意元素的排列顺序。

```
float:right;
```

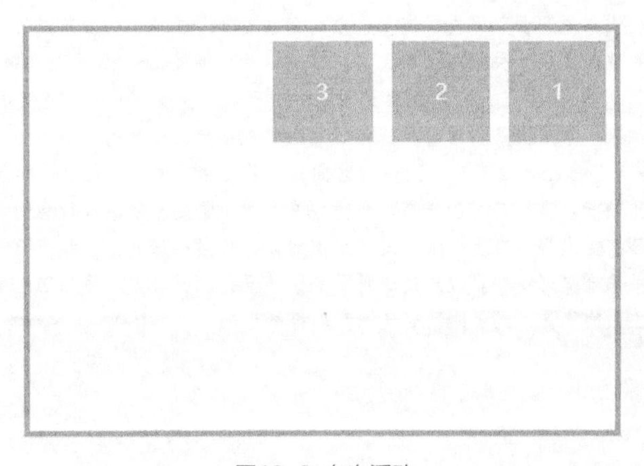

图10-3 向右浮动

10.3 图文环绕

浮动元素不会覆盖内联元素，当浮动元素周围有文字时，文字就会环绕浮动元素显示。利用这个特性，可以实现图文环绕的效果。

【例 10-2】

在页面中创建一个 img 元素和一个 p 元素，p 元素中包含一段文字。为 img 元素设置浮动属性，可实现图文环绕的效果，如图 10-4 所示。

```
<!DOCTYPE html>
<html>
    <head>
        <meta charset="UTF-8">
        <title></title>
        <style type="text/css">
            img{
                width:300px;
                float:left;
                margin:0 20px 20px 0;
            }
            p{
                font-size:18px;
                line-height:1.5;
            }
        </style>
    </head>
    <body>
        <img src="img/cat.jpg" alt="">
        <p>猫能在高墙上若无其事地散步，轻盈跳跃，让人不禁折服于它的平衡感。这主要得益于猫的出类拔萃的反应神经和平衡感。它只需轻微地改变尾巴的位置和高度就可取得身体的平衡，再利用后脚强健的肌肉和结实的关节就可敏捷地跳跃，即使在高空中落下也可在空中改变身体姿势，轻盈准确地落地。它善于爬高，却不善于从顶点下落。从高处掉下或者跳下来的时候，猫靠尾巴调整平衡，使带软垫的四肢着地。注意不要拽断猫的尾巴，否则会影响它的平衡能力，也会容易使猫腹泻，减短猫的寿命。关于睡觉状态，猫咪在一天中有 14 ～ 15 小时在睡眠中度过，还有的猫要睡 20 小时以上，所以猫就被称为“懒猫”。但是，仔细观察猫睡觉的样子就会发现，只要有点声响，猫的耳朵就会动，有人走近的话，猫就会腾的一下子醒来。本来猫是狩猎动物，为了能敏锐地感觉到外界的一切动静，它睡得不是很死，所以不应该称之为“懒”，因为猫只有 4 ～ 5 小时是真睡，大多数时间应该算是在“假寐”或者叫作闭目养神。但从小和人类待惯的猫睡得比较死，睡的时间比较长。猫显得有些任性，我行我素。本来猫是喜欢单独行动的动物，不像狗一样，听从主人的命令，集体行动。因而它不将主人视为君主，唯命是从。有时候，你怎么叫它，它都当没听见。猫和主人并不是主从关系，把它们看成平等的朋友关系会更好一些。也正是这种关系，才显得独具魅力。另外猫把主人看作父母，像小孩一样爱撒娇，它觉得寂寞时会爬上主人的膝盖，或者跳到随地摊开的报纸上坐着，尽显娇态。</p>
    </body>
</html>
```

猫能在高墙上若无其事地散步，轻盈跳跃，让人不禁折服于它的平衡感。这主要得益于猫的出类拔萃的反应神经和平衡感。它只需轻微地改变尾巴的位置和高度就可取得身体的平衡，再利用后脚强健的肌肉和结实的关节就可敏捷地跳跃，即使在高空中落下也可在空中改变身体姿势，轻盈准确地落地。它善于爬高，却不善于从顶点下落。从高处掉下或者跳下来的时候，猫靠尾巴调整平衡，使带软垫的四肢着地。注意不要拽断猫的尾巴，否则会影响它的平衡能力，也会容易使猫腹泻，减短猫的寿命。关于睡觉状态，猫咪在一天中有14 ~ 15 小时在睡眠中度过，还有的猫要睡20小时以上，所以猫就被称为"懒猫"。但是，仔细观察猫睡觉的样子就会发现，只要有点声响，猫的耳朵就会动，有人走近的话，猫就会腾的一下子醒来。本来猫是狩猎动物，为了能敏锐地感觉到外界的一切动静，它睡得不是很死，所以不应该称之为"懒"，因为猫只有4 ~ 5 小时是真睡，大多数时间应该算是在"假寐"或者叫作闭目养神。但从小和人类待惯的猫睡得比较死，睡的时间比较长。猫显得有些任性，我行我素。本来猫是喜欢单独行动的动物，不像狗一样，听从主人的命令，集体行动。因而它不将主人视为君主，唯命是从。有时候，你怎么叫它，它都当没听见。猫和主人并不是主从关系，把它们看成平等的朋友关系会更好一些。也正是这种关系，才显得独具魅力。另外猫把主人看作父母，像小孩一样爱撒娇，它觉得寂寞时会爬上主人的膝盖，或者跳到随地摊开的报纸上坐着，尽显娇态。

图10-4 图文环绕

10.4 清除浮动clear

clear 属性规定元素的某个方向上不允许出现其他浮动元素，由此达成清除浮动的效果。

语法：

```
clear : none | left | right | both;
```

表 10-2 罗列了 clear 的属性值。

表 10-2 clear 的属性值

值	描述
left	在左侧不允许出现浮动元素
right	在右侧不允许出现浮动元素
both	在左右两侧均不允许出现浮动元素
none	默认值，允许浮动元素出现在两侧

【例 10-3】

本例将示范如何使用 clear 属性来清除浮动。

首先，创建名为 box 的 div 元素作为父级盒子，在盒子中创建 3 个 div 子元素，背景为蓝色，通过子元素的高度来撑开父元素，在浏览器中的显示效果如图 10-5 所示。

```
<!DOCTYPE html>
<html>
    <head>
        <meta charset="UTF-8">
        <title></title>
        <style>
            .box{
                border:2px solid darkgrey;
            }
            .son{
                width:100px;
                height:100px;
                background-color:#5A66B4;
```

```
                margin:10px;
            }
        </style>
    </head>
    <body>
        <div class="box">
        <div class="son"></div>
        <div class="son"></div>
        <div class="son"></div>
       </div>
    </body>
</html>
```

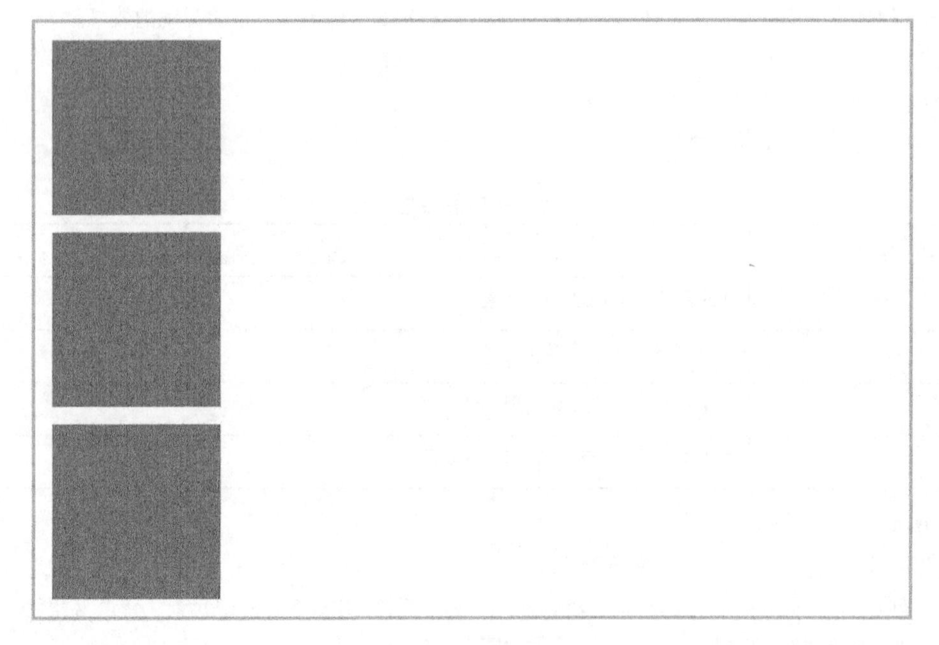

图10-5 子元素的高度撑开盒子

通过 float 属性使子元素向左浮动，此时，因为子元素浮动脱离了文档流，父元素高度塌陷。在子元素后面创建一个 p 元素，用来清除 div 子元素的浮动效果。当未使用 p 元素清除浮动时，在浏览器中的显示效果如图 10-6 所示。

```
<!DOCTYPE html>
<html>
    <head>
        <meta charset="UTF-8">
        <title></title>
        <style>
            .box{
               border:2px solid darkgrey;
```

```
            }
            .son{
                width:100px;
                height:100px;
                background-color:#5A66B4;
                margin:10px;
                float:left;
            }
            .clear{
               background-color:#F8DC3D;
            }
        </style>
    </head>
    <body>
        <div class="box">
            <div class="son"></div>
            <div class="son"></div>
            <div class="son"></div>
            <p class="clear">用来清除浮动的元素</p>
        </div>
    </body>
</html>
```

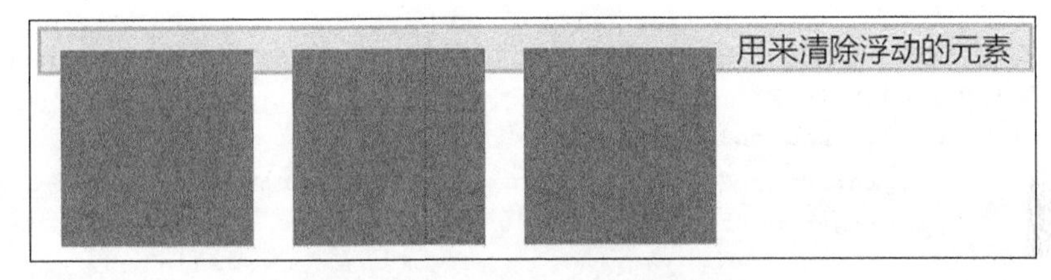

图10-6　浮动导致父元素高度塌陷

给 p 元素添加 clear:left，使 p 元素的左侧不存在浮动元素，这样就解决了父元素高度塌陷的问题，效果如图 10-7 所示。

```
.clear{
    background-color:#F8DC3D;
    clear:left;
}
```

图10-7　清除浮动

上面的案例已经演示了怎样通过清除浮动的方法，来解决父元素高度塌陷的问题。但是，上述过程中增加了新的元素，不符合 W3C 标准中结构与样式分离的标准。

经过总结，引入伪类的概念，得到下面清除浮动的“万能公式”。

```
.clearfix::after{
    display: block;
    content:"";
    clear:both;
}
```

在使用浮动之后，需要给浮动元素的父元素增加 clearfix 样式，来避免父元素高度塌陷，效果如图 10-8 所示。

```
<!DOCTYPE html>
<html>
    <head>
        <meta charset="UTF-8">
        <title></title>
        <style>
            .box{
                border:2px solid darkgrey;
            }
            .son{
                width:100px;
                height:100px;
                background-color:#5A66B4;
                margin:10px;
                float:left;
            }
            .clearfix::after{
                display: block;
                content:"";
                clear:both;
            }
        </style>
    </head>
    <body>
        <div class="box clearfix">
            <div class="son"></div>
            <div class="son"></div>
            <div class="son"></div>
        </div>
    </body>
</html>
```

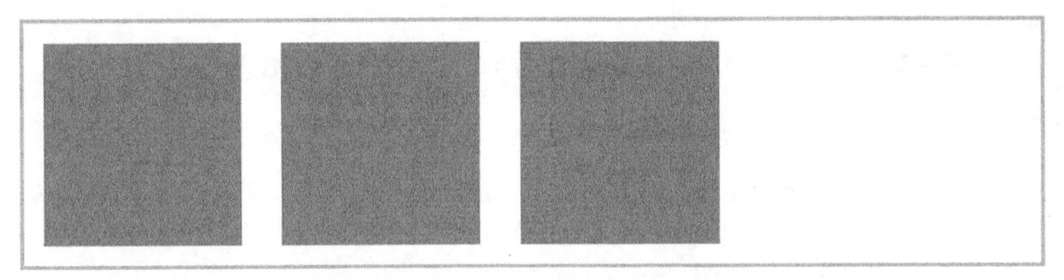

图10-8 清除浮动推荐使用的方法

10.5 定位方式position

定位是一种高级的布局方式，使用定位属性可以控制元素的位置，还可以指定元素的堆叠顺序。定位一般指的是相对定位、绝对定位和固定定位。元素默认不开启定位，使用 position 属性可以指定元素的定位类型。

语法：

```
position:static | absolute | fixed | relative;
```

表 10-3 罗列了 position 的属性值。

表 10-3 position 的属性值

值	描述
absolute	生成绝对定位的元素，相对于 static 定位以外的第一个父元素进行定位
fixed	生成绝对定位的元素，相对于浏览器窗口进行定位
relative	生成相对定位的元素，相对于其正常位置进行定位
static	默认值

说明：

- absolute 表示采用绝对定位，元素脱离文档流，需要同时使用 left、right、top 和 bottom 等属性进行绝对定位。
- fixed 表示当页面滚动时，元素不随着滚动。
- relative 表示采用相对定位，对象不可层叠。
- static 表示默认值，元素出现在文档流中。

10.6 元素位置top、right、bottom、left

元素位置属性与定位方式共同设置元素的具体位置。

语法：

```
top: auto | 长度值 | 百分比 ;
right: auto | 长度值 | 百分比 ;
bottom: auto | 长度值 | 百分比 ;
left: auto | 长度值 | 百分比 ;
```

说明：

auto 表示采用默认值；长度值包含数字和单位，也可以使用百分比来设置。

10.7　相对定位

本节讲解相对定位的特性和用法。

语法：

```
position: relative;
```

相对定位的特点如下。

- 如果没有设置定位偏移量，对元素本身没有任何影响。
- 不影响元素本身的特性。
- 不会使元素脱离文档流。
- 提升元素的层级。

【例 10-4】

创建一个 div 元素作为父级的盒子，边框为紫色；在盒子中创建 3 个 div 元素作为子元素，设置子元素的背景颜色为黄色，在浏览器中的显示效果如图 10-9 所示。

```
<!DOCTYPE html>
<html>
    <head>
        <meta charset="UTF-8">
        <title></title>
        <style>
            .box{
                width:400px;
                height:400px;
                border:3px solid #916B84;
            }
            .son{
                width:98px;
                height:98px;
                background-color:#EBCD51;
                text-align:center;
                line-height:98px;
                font-size:20px;
                color:#916B84;
                border:1px solid #916B84;
            }
        </style>
    </head>
    <body>
        <div class="box">
            <div class="son">1</div>
            <div class="son">2</div>
            <div class="son">3</div>
```

```
        </div>
    </body>
</html>
```

给第二个子元素设置相对定位属性，设定左侧偏移量为 100px，上方偏移量为 0。此时，元素向右移动 100px，在浏览器中的显示效果如图 10-10 所示。

```
.son:nth-of-type(2){
   position:relative;
   left:100px;
   top:0;
}
```

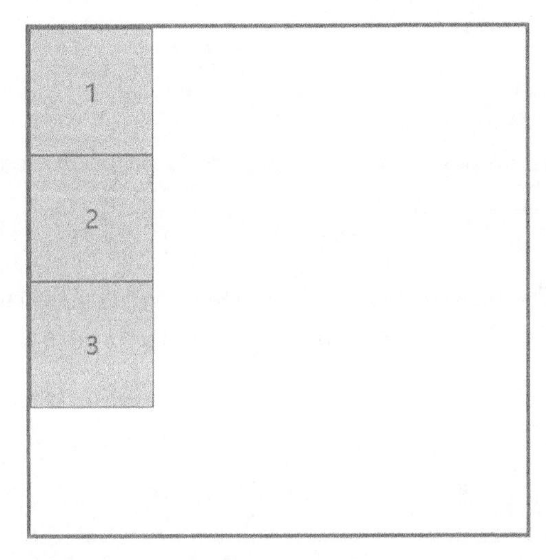

图10-9 素材

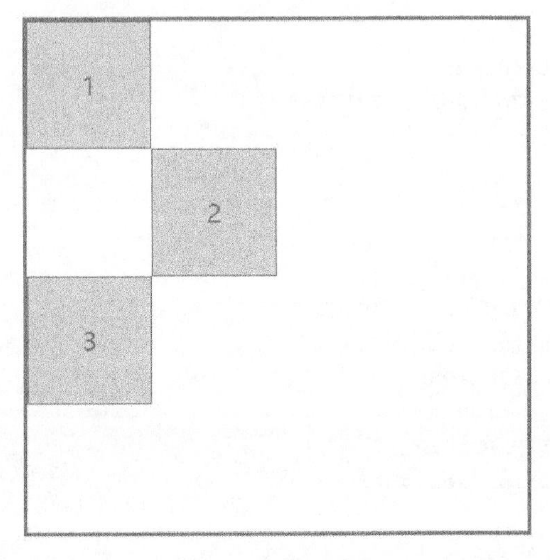

图10-10 相对定位

10.8 绝对定位

本节讲解绝对定位的特点和用法。

语法：

```
position: absolute;
```

绝对定位的特点如下。

- 使元素完全脱离文档流（原始位置不保留）。
- 块元素由内容撑开宽度。
- 相对于最近的定位父级发生偏移——如果没有定位父级相对于 document（<html> 元素）发生偏移。
- 相对定位元素一般都是配合绝对定位元素使用。
- 提升元素的层级。

提示

定位父级指的是 position 属性不为 static 的父元素，一般使用相对定位 position:relative 来指定定位父级。

【例 10-5】

给父级增加相对定位属性，使其成为定位父级。为第二个子元素设置绝对定位，设定左侧偏移量为 100px，上方偏移量为 0。此时，第二个子元素相对于父级向右移动 100px，上边界与父级边界相接，在浏览器中的显示效果如图 10-11 所示。

```
<!DOCTYPE html>
<html>
    <head>
        <meta charset="UTF-8">
        <title></title>
        <style>
            .box{
                width:400px;
                height:400px;
                border:3px solid #916B84;
                position:relative;
            }
            .son{
                width:98px;
                height:98px;
                background-color:#EBCD51;
                text-align:center;
                line-height:98px;
                font-size:20px;
                color:#916B84;
                border:1px solid #916B84;
            }
            .son:nth-of-type(2){
                position:absolute;
```

```
                left:100px;
                top:0px;
            }
        </style>
    </head>
    <body>
        <div class="box">
        <div class="son">1</div>
        <div class="son">2</div>
        <div class="son">3</div>
      </div>
    </body>
</html>
```

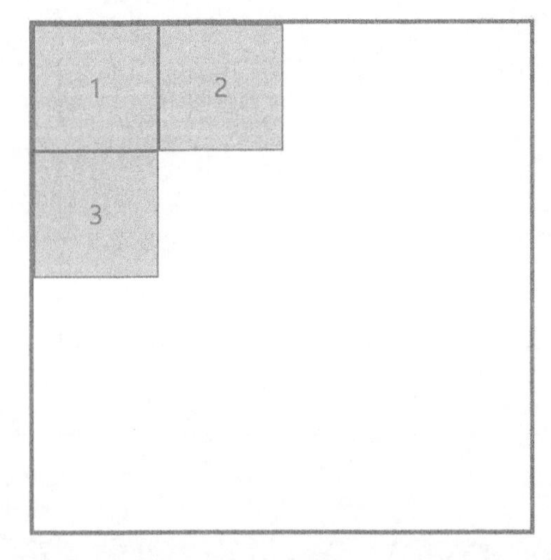

图10-11　绝对定位

10.9　固定定位

本节讲解固定定位的特点和用法。

语法：

```
position: fixed;
```

固定定位的特点如下。

固定定位属于绝对定位中的一种，所以固定定位的大部分特性与绝对定位相同。

唯一不同的是，固定定位永远参照浏览器的视口进行定位，固定定位的元素不会随网页的滚动条滚动。

【例 10-6】

为第二个子元素设置固定定位，设定左侧偏移量为 100px，上方偏移量为 0。此时，第二个子元素相对于浏览器向右移动 100px，上边界与浏览器可视区域相接，在浏览器中的显示效果如图 10-12 所示。

```
.son:nth-of-type(2){
      position:fixed;
```

```
        left:100px;
        top:0px;
    }
```

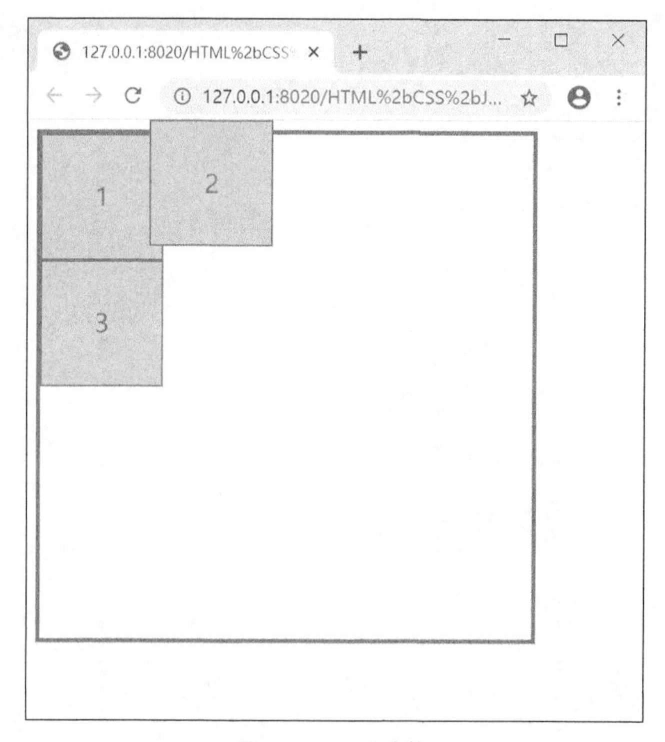

图10-12　固定定位

10.10　层叠顺序z-index

使用层叠顺序可以设置层的先后顺序和覆盖关系。默认情况下，z-index 值为 auto。

语法：

```
z-index：auto | 数字；
```

说明：

auto 遵从其父对象的定位；数字必须是无单位的整数值，可以取负值。

【例 10-7】

创建一个 div 元素作为父级盒子，为其设定 position:relative 相对定位，使它成为子元素的定位父级。在盒子中创建一个图片元素 img 和一个段落元素 p，给这两个子元素都设置 position:absolute 绝对定位。没有层级区分时，后面的图片显示在前面的文字上层，在浏览器中的显示效果如图 10-13 所示。

```
<!DOCTYPE html>
<html>
    <head>
        <meta charset="UTF-8">
        <title></title>
```

```
        <style>
            .box{
                border:3px solid grey;
                position:relative;
                width:300px;
                height:200px;
            }
            p{
                width:100%;
                font-size:22px;
                color:#ffffff;
                text-align:center;
                font-family:"微软雅黑";
                height:30px;
                line-height:30px;
                position:absolute;
                top:20px;
            }
            img{
                position:absolute;
                width:300px;
            }
        </style>
    </head>
    <body>
        <div class="box">
            <p>微阳下乔木</p>
            <img src="img/sunset2.jpg" alt="落日">
        </div>
    </body>
</html>
```

图10-13 没有层级区分，图片位于文字上层

> **提示**
>
> 没有层级区分时，靠后的元素显示在上层。

使用 z-index 属性，提高文字的层级，文字即可显示在图片的上层，在浏览器中的显示效果如图 10-14 所示。

```
p{
    width:100%;
    font-size:22px;
    color:#ffffff;
    text-align:center;
    font-family:"微软雅黑";
    height:30px;
    line-height:30px;
    position:absolute;
    top:20px;
    z-index:2;
}
```

图10-14　提高文字的层级

10.11　练习题

1. 填空题

（1）浮动是使元素脱离文档流并按照指定方向发生移动，遇到父级边界或相邻的浮动元素时停下来，用________属性来设置元素的浮动。

（2）浮动布局中，元素可以脱离文档流，实现将多个块元素同处一行的效果，使用浮动布局时可能会出现一些其他问题，使用________属性可以清除浮动。

（3）写出 position 的 4 个属性值及其含义：________、________、________、________。

参考答案：

（1）float

（2）clear

（3）默认值 static、相对定位 relative、绝对定位 absolute、固定定位 fixed

2．简答题

写出浮动对于块元素和内联元素的影响。

参考答案：

给元素设置浮动后，元素的特性会发生变化。块元素：默认宽度和高度都由内容撑开，不再独占一行。内联元素：变为块元素，支持设置宽度和高度。

10.12 章节任务

制作图像遮罩效果。默认状态下图像上面有黑色半透明遮罩，显示效果如图 10-15 所示。当鼠标指针移入第一张图像的时候，黑色半透明遮罩消失，如图 10-16 所示。

图10-15 图像遮罩效果

图10-16 鼠标指针移入效果

任务素材及源代码可在 QQ 群中获取，群号：544028317。

第 11 章

Web标准与CSS网页布局实例

前面的章节讲述了 CSS 基本语法。CSS 可以设置字体大小、设置字体样式，以及 CSS 的盒模型、浮动和定位布局方式。本章将通过实例讲述 CSS 布局网页中的元素的方法。本章以 CSS 布局为重点，探讨 CSS 布局的入门知识和布局网页元素的实用技巧。

学习目标

- 掌握Web标准
- 掌握DIV+CSS布局
- 完成案例练习
- 用CSS改变表格和表单样式
- 用CSS设置链接样式

11.1 Web标准

Web 标准是网站开发中一系列标准的集合，包括 XHTML、XML、CSS、DOM 和 ECMAScript 等。制订这些标准是为了使网站便于维护，代码更加简洁，降低带宽的运行成本，更容易被搜索引擎搜索到，改版方便，不需要变动页面内容，提高网站易用性等。

Web 标准由一系列规范组成，目前的 Web 标准主要由 3 个部分组成：结构、表现、行为。真正符合 Web 标准的网页设计是指编写网页时能够灵活使用 Web 标准对 Web 内容进行结构、表现与行为的分离。

1. 结构

结构用于对网页中用到的信息进行分类与整理。在结构中用到的技术主要包括 HTML、XML 和 XHTML。

2. 表现

表现用于对信息进行版式、颜色、大小等形式的控制。在表现中用到的技术主要是 CSS 。

3. 行为

行为是指文档内部的模型定义及交互行为的编写，用于编写交互式的文档。在行为中用到的技术主要包括 DOM 和 ECMAScript。

- DOM（Document Object Model' 文档对象模型）：DOM 是浏览器与内容结构之间沟通的接口，使浏览者可以访问页面上的标准组件。
- ECMAScript 脚本语言：ECMAScript 是标准脚本语言，用于实现具体界面上对象的交互操作。

11.2 DIV+CSS布局网页基础

DIV+CSS 是现在最流行的网页布局格式之一，其优点在于可以使 HTML 代码更整齐，更容易让人理解。本小节将讲解 DIV+CSS 布局常用的几种情况。

11.2.1 认识DIV

DIV 指 HTML 中的 <div> 标签，<div> 标签本身就是容器性质的，不但可以内嵌 <div> 标签自身，还可以内嵌文本和其他 HTML 标签。<div> 标签用来为 HTML 文档内大块的内容提供结构和背景。

DIV 是 CSS 布局方式的核心对象，做一个简单的布局只需要依赖 DIV 与 CSS，因此也称 CSS 布局为 DIV + CSS 布局。

11.2.2 一列固定宽度

一列式布局是所有布局的基础，也是最简单的布局形式。一列固定宽度中，宽度的属性值是固定的像素。本小节将举例说明一列固定宽度的布局方法。

【例 11-1】

在页面中创建一个 div 元素，设置其宽度为固定值 1190px，设置其高度为 600px。设置 div 元素的背景颜色为黄色，边框为蓝色，使用 margin:0 auto，使元素在水平方向上居中，在浏览器中的显示效果如图 11-1 所示。

```
<!DOCTYPE html>
<html>
    <head>
        <meta charset="UTF-8">
        <title></title>
        <style>
            .page{
                width:1190px;
                height:600px;
                border:6px solid #66A0DC;
                background-color:#F2BE25;
                margin:0 auto;
            }
        </style>
    </head>
    <body>
        <div class="page"></div>
    </body>
</html>
```

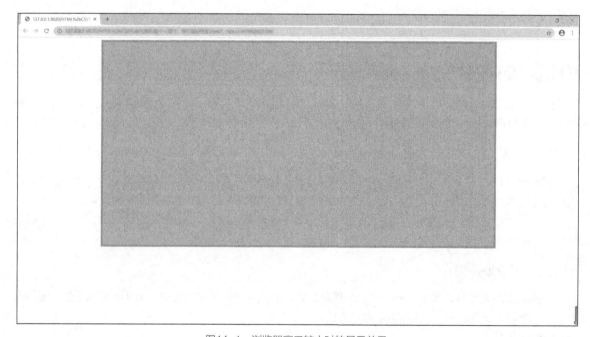

图11-1　浏览器窗口较大时的显示效果

当浏览器窗口的尺寸缩小时，div 元素不会变化，如图 11-2 所示。

图11-2　浏览器窗口缩小后的显示效果

提示

页面整体居中是网页设计中常见的形式，一列居中布局在实际应用中常常用于网站大框架的建立。整体居中的设计可以使网页在不同分辨率的显示器中，始终将重要内容全面、居中地展示出来。

某些电商网站主体部分就采用了一列固定宽度居中布局，将网站整体锁定在浏览器窗口的正中间，如图 11-3 所示。

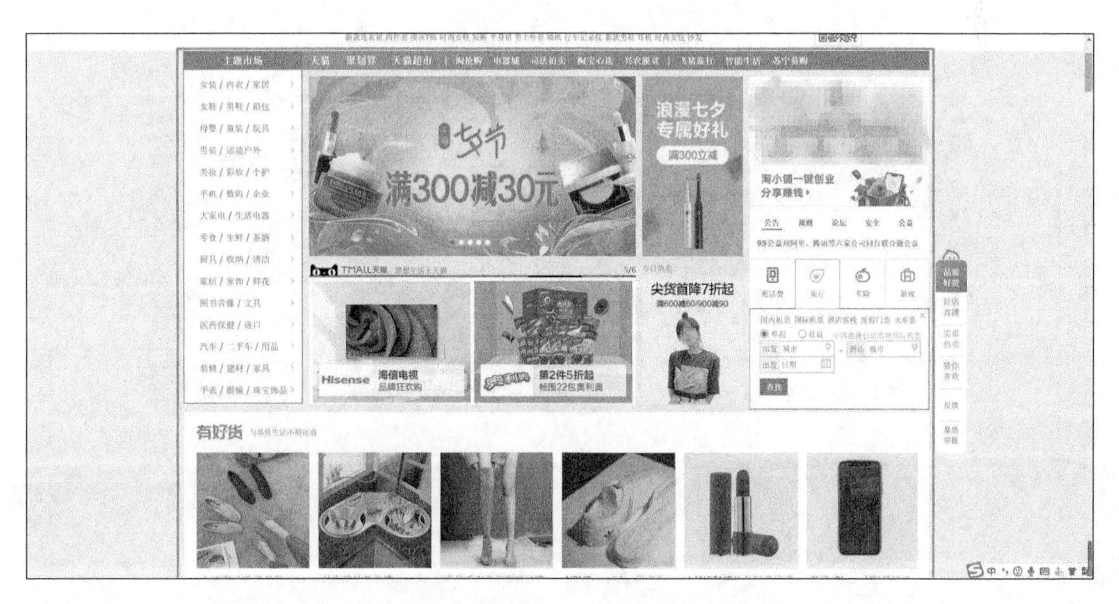

图11-3　网站外部大框架采用一列固定宽度居中布局

11.2.3　一列自适应

自适应布局是网页设计中常见的一种布局形式，自适应布局能够根据浏览器窗口的大小，自动改变其宽度值或高度值，是一种非常灵活的布局形式。良好的自适应布局网站对不同分辨率的显示器都能提供最好的显示效果。

自适应布局需要将宽度由固定值改为百分比，本小节将举例说明一列自适应的布局方法。

【例 11-2】

将 div 元素的宽度值设置为 80%，从浏览效果可以看到，div 元素的宽度已经变为浏览器窗口宽度的 80%，效果如图 11-4 所示。当扩大或缩小浏览器窗口大小时，div 元素的宽度和高度还将维持在浏览器窗口当前宽度的 80%，如图 11-5 所示。

```
<!DOCTYPE html>
<html>
    <head>
        <meta charset="UTF-8">
        <title></title>
        <style>
            .page{
                width:80%;
                height:600px;
                border:6px solid #66A0DC;
                background-color:#F2BE25;
                margin:0 auto;
            }
        </style>
    </head>
    <body>
        <div class="page"></div>
    </body>
</html>
```

图11-4　一列自适应布局

图11-5 浏览器窗口缩小后的显示效果

11.2.4 两列固定宽度

两列固定宽度布局非常简单，两列的布局需要用到两个 div 元素，分别为两个 div 元素设置固定宽度，并设置浮动，从而形成两列式布局。两列式布局是应用广泛的布局方式，在整体布局和局部布局中都发挥着重要的作用。两列式布局经常用于商品详情页，如图 11-6 所示。

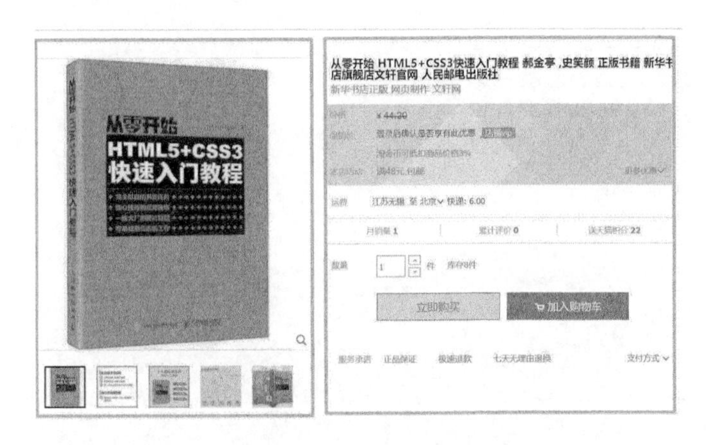

图11-6 商品详情页常使用两列式布局

【例 11-3】

创建两个 div 元素，分别设置类名为 left 和 right，分别为 div 元素设置固定的宽度并使它们同时向左浮动，效果如图 11-7 所示。

```
<!DOCTYPE html>
<html>
    <head>
        <meta charset="UTF-8">
```

```
        <title></title>
        <style>
            .clearfix::after{
             content:'';
             display:block;
             clear:both;
            }
            .left{
                background-color:#ffcc33;
                border:1px solid #66A0DC;
                width:200px;
                height:250px;
                float:left;
            }
            .right{
                background-color:#ffcc33;
                border:1px solid #66A0DC;
                width:250px;
                height:250px;
                float:left;
            }

        </style>
    </head>
    <body>
        <div class="clearfix">
            <div class="left"></div>
            <div class="right"></div>
        </div>
    </body>
</html>
```

图11-7　两列式固定宽度布局

提示

大部分 div 元素布局都是通过 float 设置来实现的。设置固定宽度和浮动是两列式布局的关键。

11.2.5 两列宽度自适应

下面使用两列宽度自适应布局实现左右栏宽度自动适应效果。自适应主要通过设置宽度的百分比值实现。本小节将举例说明两列宽度自适应的布局方法。

【例 11-4】

修改【例 11-3】中 div 元素的宽度，设置左侧 div 元素的宽度为 20%，右侧宽度为 60%。在浏览器中预览，效果如图 11-8 和图 11-9 所示，无论怎样改变浏览器窗口的大小，左右两栏的宽度与浏览器窗口的百分比都不改变。

```
.left{
    background-color:#ffcc33;
    border:1px solid #66A0DC;
    width:20%;
    height:250px;
    float:left;
}
.right{
    background-color:#ffcc33;
    border:1px solid #66A0DC;
    width:60%;
    height:250px;
    float:left;
}
```

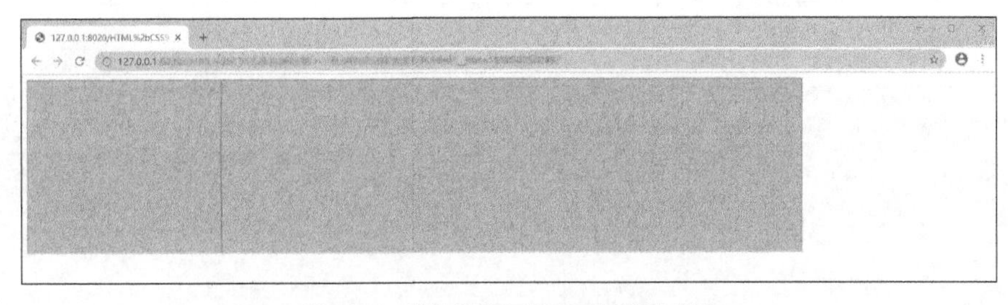

图11-8 浏览器窗口较大时的显示效果

图11-9 浏览器窗口缩小时的显示效果

11.2.6　两列布局右列宽度自适应

在实际应用中，有时候需要左栏固定宽度，右栏根据浏览器窗口大小自动适应的布局方式。下面的案例给出了这种布局的两种实现方式。

【例 11-5】

在【例 11-4】中，左右栏都采用百分比值实现宽度自适应，这里将左侧 div 元素的宽度设定为固定值 300px 并浮动。右侧 div 元素不设置宽度，且不设置浮动。通过 margin 属性，使右侧 div 元素向右移动 302px（left 的宽度 +border 的宽度 ×2）。CSS 样式代码如下。

```
.left{
    background-color:lightgrey;
    border:1px solid #66A0DC;
    width:300px;
    height:250px;
    float:left;
}
.right{
    background-color:peachpuff;
    border:1px solid #66A0DC;
    height:250px;
    margin-left:302px;
}
```

这样，左栏设置为 300px 的固定宽度，而右栏将根据浏览器窗口大小自动适应，如图 11-10 和图 11-11 所示。

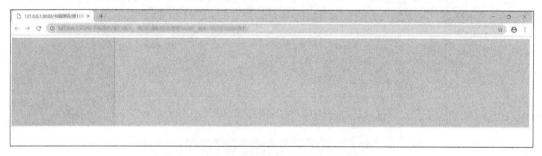

图11-10　浏览器窗口较大时的显示效果

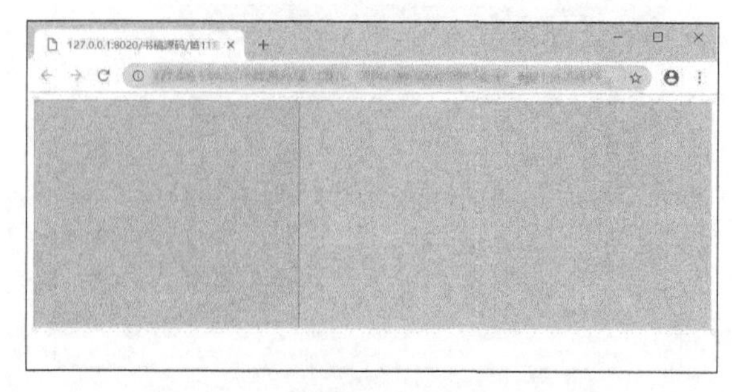

图11-11　浏览器窗口缩小时的显示效果

实现这种布局的另一种方式是创建 BFC（Block Formatting Context，块格式化上下文）。给右侧 div 元素设置 overflow:hidden，创建 BFC 环境，也可以达到同样的效果。

```
.right{
    background-color:peachpuff;
    border:1px solid #66A0DC;
    height:250px;
    overflow:hidden;
}
```

提示

BFC 是一个相对独立的布局环境，它内部元素的布局不受外面布局的影响。它可以通过以下任何一种方式来创建。

- float 的值不为 none。
- position 的值不为 static 或不为 relative。
- display 的值为 table-cell、table-caption、inline-block、flex 或 inline-flex 中的一个。
- overflow 的值不为 visible。

11.3 使用CSS设计网站导航栏

网站导航是网站中最重要的元素之一，是网站提供给浏览者最直接、最方便的访问网站内容的工具。总体来说，导航的核心目标是设计一个简单快捷的操作入口，帮助浏览者快速找到网站中的内容。网站创建者应当根据网站类型及内容的需求，设计合理的导航形式。本小节将讲解两种常用的导航栏样式。

11.3.1 有鼠标指针移入效果的导航栏

导航也是一种列表，每个列表数据就是导航中的一个导航频道。使用 ul 元素以及 li 元素可以创建一个导航栏，使用 CSS 样式可以实现鼠标指针移入时样式的变化。本小节将通过案例展示怎样完成鼠标指针移入的效果。

【例 11-6】

创建 ul 元素，ul 元素内部的每一个 li 元素都可以看作导航中的一个频道。设置导航的样式如图 11-12 所示。

```
<!DOCTYPE html>
<html>
    <head>
        <meta charset="UTF-8">
        <title></title>
        <link rel="stylesheet" href="CSS/reset.CSS">
        <style>
            .nav{
                margin:100px;
                width:200px;
            }
            .nav li {
                height:56px;
```

```
                padding:0 0 0 30px;
                line-height:56px;
                background-color:rgb(84, 92, 100);
                margin: 0;
                font-size:14px;
                color: #fff;
            }
        </style>
    </head>
    <body>
        <ul class="nav">
            <li><span> 首页 </span></li>
            <li><span> 最新动态 </span></li>
            <li><span> 插画库 </span></li>
            <li><span> 图标管理 </span></li>
            <li><span> 作品合集 </span></li>
            <li><span> 收藏 </span></li>
        </ul>
    </body>
</html>
```

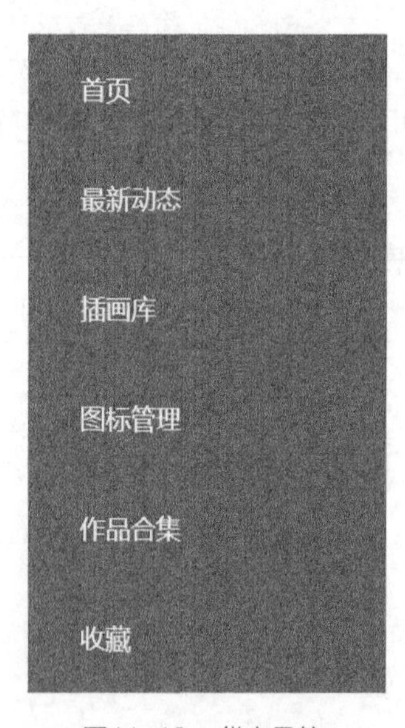

图11-12　纵向导航

使用 :hover 伪类，在鼠标指针移入时改变 li 元素的字体颜色和背景颜色，以区分鼠标指针移入前后的效果，如图 11-13 所示。

```
.nav li:hover {
    background-color:rgb(67, 74, 80);
    color: rgb(255, 208, 75);
}
```

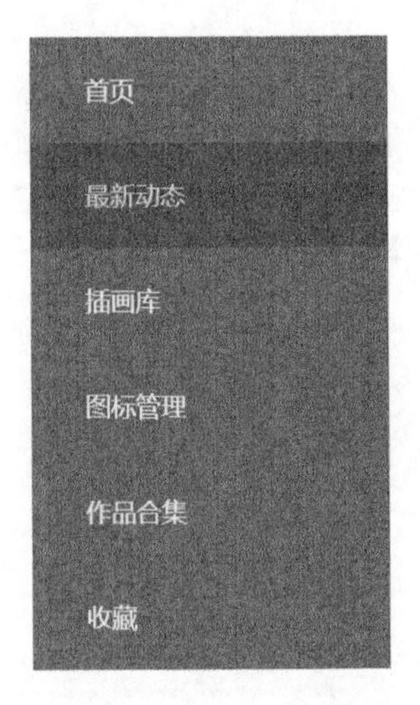

图11-13 鼠标指针移入时的效果

11.3.2 横向导航

网页中常常使用横向的导航栏，并且网站 Logo 和导航内容分别在页面的左右两侧显示。当缩小页面的时候，Logo 和导航栏依然呈现左右两侧布局的效果。本小节将通过案例详细讲解这种布局的实现方式。

【例 11-7】

开始之前，首先引入 reset.css 文件，清除 HTML 元素的默认样式，并在 <style> 和 </style> 之间输入浮动及清除浮动的样式。

```
<!DOCTYPE html>
<html>
    <head>
        <meta charset="UTF-8">
        <title></title>
        <link rel="stylesheet"href="CSS/reset.CSS">
        <style>
            .fl{
               float:left;
            }
            .fr{
                float:right;
            }
            .clearfix::after{
                content:'';
                clear:both;
                display:block;
            }

       </style>
    </head>
```

```
    <body>
    </body>
</html>
```

创建 div 元素作为最外层的盒子，内部使用 div 元素和 ul 元素来分别表示 Logo 图像和导航的区域。设置 Logo 图像向左浮动，导航部分向右浮动。使用 CSS 样式进一步调整字体大小、颜色等属性，效果如图 11-14 所示。缩小浏览器窗口的尺寸，左 Logo 右导航的布局依然不会改变，如图 11-15 所示。

CSS 代码如下。

```
.header{
    border-bottom:2px solid #e8e8e8;
    min-width:900px;
    font-family: " 微软雅黑 ";
}
.logo{
    height:88px;
    line-height:88px;
    margin-left:80px;
}
.logo img{
    height:88px;
}
.nav{
    height:88px;
    line-height:88px;
    margin-right:60px;
}
.nav li{
    margin:0 20px;
}
```

HTML 代码如下。

```
<body>
    <div class="header clearfix">
        <div class="logo fl">
            <img src="img/logo.png" alt="">
        </div>
        <ul class="nav fr">
            <li class="fl"> 品牌讯息 </li>
            <li class="fl"> 服务指南 </li>
            <li class="fl"> 商场信息 </li>
            <li class="fl"> 公司简介 </li>
            <li class="fl"> 招聘 </li>
        </ul>
    </div>
</body>
```

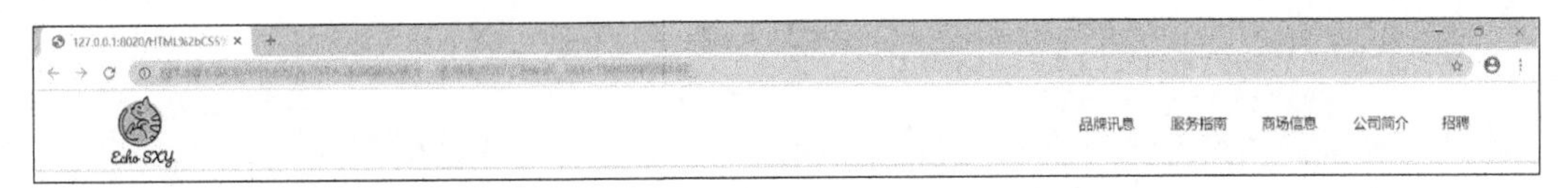

图11-14 左侧Logo，右侧导航

图11-15 缩小浏览器窗口，布局不变

提示

在本案例中，最外层盒子 header 有一个样式，为 min-width:900px;。 min-width 表示元素的最小宽度，设置 min-width 可以避免 header 部分在宽度过小时发生布局上的错乱。当浏览器窗口的宽度小于 900px 时，header 的宽度保持 900px 不变，浏览器窗口出现横向滚动条，如图 11-16 所示。

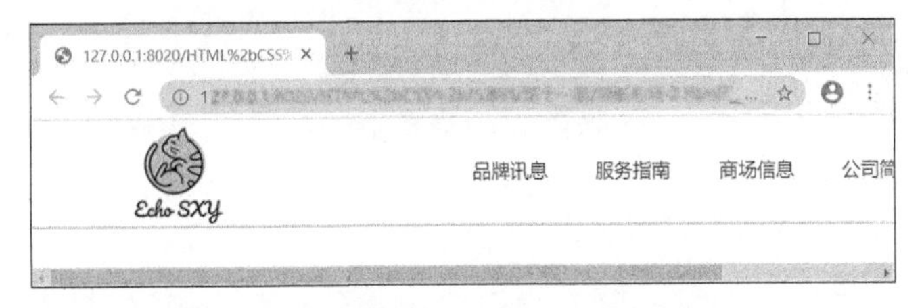

图11-16 浏览器窗口宽度过小时出现滚动条

11.4 使用CSS设计表单样式

表单是交互式网页中经常用到的元素。在网站中，表单是实现网页中数据传输的基础，其作用就是能实现浏览者与网站之间的交互功能。利用表单，服务器可以根据浏览者输入的信息，自动生成页面反馈给浏览者。默认的表单对象外观都是非常简单的，利用 CSS 可以美化表单对象。

11.4.1 改变按钮的背景颜色和文字颜色

按钮是表单中必不可少的对象，使用按钮可以将输入到表单中的数据提交给服务器或重置该表单，还可以将其他已经在脚本中定义的处理任务分配给按钮。利用 CSS 可以改变按钮的背景颜色和文字颜色，本小节将通过案例详细讲解。

【例 11-8】

创建 input 元素，设置 type 为 button（按钮）。设置按钮的样式，在浏览器中的显示效果如图 11-17 所示。

```
<!DOCTYPE html>
<html>
    <head>
        <meta charset="UTF-8">
        <title></title>
```

```
            <style>
                .btn {
                    width: 112px;
                    height: 40px;
                    line-height: 41px;
                    color:#ffffff;
                   background-color: #4e6ef2;
                    border-radius: 10px;
                    font-size: 17px;
                    border: 0;
                    outline: 0;
                    cursor: pointer;
                }
            </style>
        </head>
        <body>
            <input type="button"class="btn" value=" 搜索 ">
        </body>
    </html>
```

搜索

图11-17　设计按钮样式

> **提示**
>
> 使用 border-radius: 10px; 给按钮设置圆角，使用 cursor: pointer; 让鼠标指针移入时显示手型光标，使用 outline: 0; 去掉按钮默认的外框。

11.4.2　设计文本框的样式

文本框是表单对象中最常见的元素，默认的文本框样式在浏览器中不太美观，本小节将使用 CSS 改变文本框样式。

【例 11-9】

设计文本框的样式，效果如图 11-18 所示。输入文字效果如图 11-19 所示。

```
<!DOCTYPE html>
<html>
    <head>
        <meta charset="UTF-8">
        <title></title>
        <style>
            input{
                height:30px;
                width:400px;
                padding:10px;
```

```
                outline:none;
                border:2px solid #c4c7ce;
                border-radius:10px;
                font-size:18px;
            }
        </style>
    </head>
    <body>
        <input type="text">
    </body>
</html>
```

提示

使用 border-radius: 10px; 给文本框设置圆角，使用 outline: none; 去掉文本框默认的外框。

图11-18 文本框样式

输入内容

图11-19 输入文字效果

11.4.3 设计文本框中的提示文字

placeholder 是 HTML5 中的新属性，用于为文本框设置默认提示文字。通过 ::placeholder 伪类选择器可以为这些文字设置样式。本小节将为文本框添加提示文字，并设计提示文字的样式。

【例 11-10】

给 <input> 标签增加 placeholder 属性，增加文本框中的提示文字，效果如图 11-20 所示。

<input type="text" placeholder=" 请输入要搜索的内容 ">

请输入要搜索的内容

图11-20 增加提示文字

使用 ::placeholder 伪类选择器，设置提示文字的字体颜色与边框颜色相同，设置字体大小为 14px。效果如图 11-21 所示。

```
input::placeholder{
    color:#c4c7ce;
}
/* WebKit browsers */
input::-webkit-input-placeholder {
  color: #c4c7ce;
  font-size: 14px;
}
/* Mozilla Firefox 4 to 18 */
input:-moz-placeholder {
```

```
    color:#c4c7ce;
    font-size: 14px;
  }
  /* Mozilla Firefox 19+ */
  input::-moz-placeholder {
    color: #c4c7ce;
    font-size: 14px;
  }
  /* Internet Explorer 10+ */
  input:-ms-input-placeholder {
    color: #c4c7ce;
    font-size: 14px;
  }
```

请输入要搜索的内容

图11-21　设计文本框中的提示文字

提示

::placeholder 伪类选择器并不能兼容所有浏览器，在使用的时候，需要使用多种形式去匹配不同的浏览器。需要注意的是，除了 Firefox 使用 ::[prefix]placeholder，其他浏览器都使用 ::[prefix]input-placeholder。

11.5　使用CSS设计表格样式

在制作网页时，使用表格可以更清晰地排列数据。默认的表格样式比较简陋，不够美观。本节将使用 CSS 设计表格的样式，使它更好地发挥数据展示的功能。

【例 11-11】

用表格的形式实现一张课程表，如图 11-22 所示。

```
<!DOCTYPE html>
<html>
    <head>
        <meta charset="UTF-8">
        <title></title>
    </head>
    <body>
        <table border="1">
            <thead>
                <tr>
                    <th> </th>
                    <th> 星期一 </th>
                    <th> 星期二 </th>
                    <th> 星期三 </th>
                    <th> 星期四 </th>
```

```
                <th> 星期五 </th>
            </tr>
        </thead>
        <tbody>
            <tr>
                <th rowspan="2"> 上午 </th>
                <td> 离散数学 </td>
                <td> 大学物理 </td>
                <td> 高数 </td>
                <td> 大学英语 </td>
                <td>Web 编程技术 </td>
            </tr>
            <tr>
                <td> 马克思主义哲学 </td>
                <td> 高数 </td>
                <td> 计算机基础 </td>
                <td> 高数 </td>
                <td> 物理实验 </td>
              </tr>
            <tr>
                <th> 下午 </th>
                <td> 线性代数 </td>
                <td> 大学物理 </td>
                <td> 电子电路 </td>
                <td> 马克思主义哲学 </td>
                <td> 心理学 </td>
              </tr>
        </tbody>
    </table>
  </body>
</html>
```

	星期一	星期二	星期三	星期四	星期五
上午	离散数学	大学物理	高数	大学英语	Web编程技术
	马克思主义哲学	高数	计算机基础	高数	物理实验
下午	线性代数	大学物理	电子电路	马克思主义哲学	心理学

图11-22　一张课程表

11.5.1　折叠边框

表格默认状态下具有双线条边框，这是由于 <table>、<th> 以及 <td> 标签都有独立的边框。

使用 border-collapse 属性可以使表格显示为单条线的边框。表 11-1 中罗列了 border-collapse 可能的值。

语法：

```
border-collapse:collapse;
```

表 11-1　　border-collapse 可能的值

值	描述
separate	默认值，边框会被分开
collapse	如果可能，会合并为一个单一的边框

【例 11-12】

为课程表中的 table 元素设置 border-collapse 属性，表格的双线边框变为单线边框，效果如图 11-23 所示。

```
table{
    border-collapse:collapse;
}
```

	星期一	星期二	星期三	星期四	星期五
上午	离散数学	大学物理	高数	大学英语	Web编程技术
	马克思主义哲学	高数	计算机基础	高数	物理实验
下午	线性代数	大学物理	电子电路	马克思主义哲学	心理学

图11-23　单线边框

11.5.2　设计表格的字体样式

清晰、整洁的排版能够给读者提供更好的阅读体验。本小节将使用 CSS 设计表格的字体样式。

【例 11-13】

设置表格的字体样式，效果如图 11-24 所示。

```
table{
    border-collapse:collapse;
    border:1px solid gainsboro;
    font-family:" 楷体 ";
}
th,td{
    padding:10px;
    width:100px;
    text-align:center;
}
```

	星期一	星期二	星期三	星期四	星期五
上午	离散数学	大学物理	高数	大学英语	Web编程技术
	马克思主义哲学	高数	计算机基础	高数	物理实验
下午	线性代数	大学物理	电子电路	马克思主义哲学	心理学

图11-24　设计表格的字体样式

11.6 使用CSS设置链接样式

整个网站都是由超链接链接而成的，本节讲述利用 CSS 设置超链接样式的方法。

【例 11-14】

创建一个超链接，效果如图 11-25 所示。

```
<a href="https://www.baidu.com/">百度一下</a>
```

百度一下

图11-25 超链接默认样式

11.6.1 去掉超链接的下画线

使用 text-decoration 可以设置文本的修饰线。超链接默认有一条下画线，本小节将通过设置 text-decoration 属性去掉超链接的下画线。

【例 11-15】

设置 text-decoration 的属性值为 none，效果如图 11-26 所示。

```
a{
    text-decoration:none;
}
```

百度一下

图11-26 去掉超链接的下画线

11.6.2 改变鼠标指针的类型

cursor 属性规定要显示的鼠标指针的类型。cursor 的属性值如表 11-2 所示。

语法：

```
cursor: 鼠标指针样式;
```

表 11-2 cursor 的属性值

值	描述
url	需使用的自定义鼠标指针的 URL 提示：请始终定义一种普通的鼠标指针，以防由 URL 定义的鼠标指针无法正常显示
default	默认鼠标指针（通常是一个箭头）
auto	默认值，浏览器设置的鼠标指针
crosshair	鼠标指针呈现为十字线
pointer	鼠标指针呈现为指示链接的指针（手型）
move	此鼠标指针指示某对象可被移动
e-resize	此鼠标指针指示矩形框的边缘可被向右（东）移动

续表

值	描述
ne-resize	此鼠标指针指示矩形框的边缘可被向上及向右（北 / 东）移动
nw-resize	此鼠标指针指示矩形框的边缘可被向上及向左（北 / 西）移动
n-resize	此鼠标指针指示矩形框的边缘可被向上（北）移动
se-resize	此鼠标指针指示矩形框的边缘可被向下及向右（南 / 东）移动
sw-resize	此鼠标指针指示矩形框的边缘可被向下及向左（南 / 西）移动
s-resize	此鼠标指针指示矩形框的边缘可被向下（南）移动
w-resize	此鼠标指针指示矩形框的边缘可被向左（西）移动
text	此鼠标指针指示文本
wait	此鼠标指针指示程序正忙（通常是一只表或沙漏）
help	此鼠标指针指示可用的帮助（通常是一个问号或一个气球）

【例 11-16】

使用 cursor 属性，使鼠标指针移至超链接的时候显示手型，这也是链接或按钮通常使用的鼠标指针类型。效果如图 11-27 所示。

```
a{
    text-decoration:none;
    cursor:pointer;
}
```

百度一下

图11-27　改变鼠标指针样式

11.6.3　设置超链接不同状态的样式

超链接的特殊之处在于可以根据它的不同状态设置相应的样式，本小节将讲解超链接的不同状态。

超链接有以下 4 种状态。

- a:link 为普通的、未被访问的链接。
- a:visited 为用户已访问的链接。
- a:hover 为鼠标指针位于链接的上方。
- a:active 为链接被单击的时刻。

提示

当为链接的不同状态设置样式时，请遵循以下次序规则。

- a:hover 必须位于 a:link 和 a:visited 之后。
- a:active 必须位于 a:hover 之后。

【例 11-17】

设置超链接 4 种状态下不同的样式，效果如图 11-28 ～图 11-31 所示。

```
a{
    text-decoration:none;
    cursor:pointer;
    background-color:#ffe300;
    display:block;
    padding:20px;
    width:100px;
    text-align:center;
    color:#000;
}
a:visited {
    color:grey;
}
a:hover {
    background-color:#000;
    color:#ffe300;
    font-weight:bold;
}
a:active {text-decoration:underline;}
```

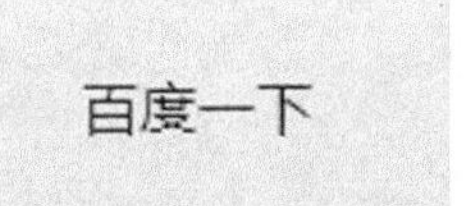

图11-28　普通的、未被访问的链接

图11-29　鼠标指针位于链接的上方

图11-30　链接被单击的时刻

图11-31　用户已访问的链接

11.7 练习题

1. 填空题

（1）Web 标准由一系列规范组成，目前的 Web 标准主要由 3 个部分组成：________、________、________。真正符合 Web 标准的网页设计是指编写网页时能够灵活使用 Web 标准对 Web 内容进行结构、表现与行为的分离。

（2）使用________可以去掉超链接的下画线，使用________可以设置超链接的鼠标指针为手型。

（3）表格默认状态下具有双线条边框，这是由于 <table>、<th> 以及 <td> 标签都有独立的边框。使用________________可以使表格显示为单条线的边框。

参考答案：

（1）结构、表现、行为

（2）text-decoration:none;cursor:pointer

（3）border-collapse:collapse

2. 简答题

（1）写出超链接的 4 种状态及其对应的含义。

（2）一行中有两个块元素，左侧元素 class 名为 left，固定宽度为 300px ；右侧元素 class 名为 right，且宽度不固定，随着浏览器窗口宽度的变化而变化。请写出 .left 和 .right 的一种 CSS 布局。

参考答案：

（1）

- a:link 为普通的、未被访问的链接。
- a:visited 为用户已访问的链接。
- a:hover 为鼠标指针位于链接的上方。
- a:active 为链接被单击的时刻。

（2）

```
.left{
    border:1px solid #66A0DC;
    width:300px;
    height:250px;
    float:left;
}
.right{
    border:1px solid #66A0DC;
    height:250px;
    overflow:hidden;
}
```

11.8　章节任务

使用 CSS 设计表单的样式，实现图 11-32 所示的登录页面。

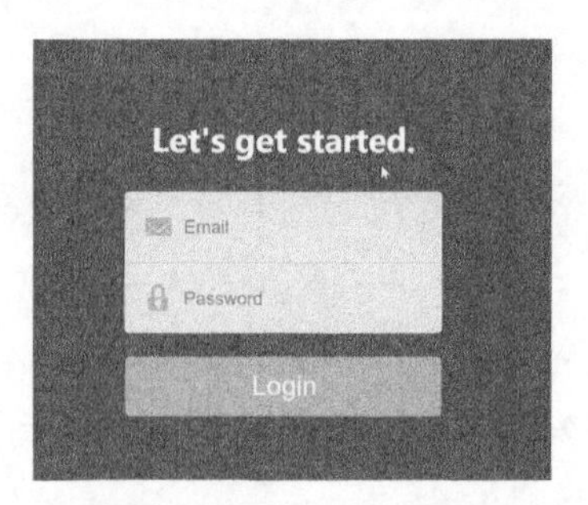

图 11-32　登录页面

任务素材及源代码可在 QQ 群中获取，群号：544028317。

第 12 章

HTML5新增元素

HTML5 是一种网络标准，相比早期的 HTML4.01 和 XHTML1.0，它可以实现更强的页面表现能力，同时充分调用本地的资源，实现不输 App 的功能效果。HTML5 带给了浏览者更强的视觉冲击，同时也让网站程序员可以更好地与 HTML“沟通”。

学习目标

- 认识HTML5
- 掌握HTML5的基本结构
- 简单了解HTML5废除的元素
- 掌握HTML5新增的结构元素
- 掌握HTML5新增的多媒体元素
- 了解HTML5新增的画布元素

12.1　认识HTML5

HTML5 是一种用来组织 Web 内容的语言，其目的是通过创建一种标准和直观的标签语言来让 Web 设计和开发变得容易起来。HTML5 提供了各种切割和划分页面的手段，允许切割组件不仅能用来有逻辑地组织站点，而且能够赋予网站聚合的能力。这是 HTML5 富于表现力的语义和实用性美学的基础，HTML5 赋予设计者和开发者各种层面的能力来向外发布各式各样的内容，从简单的文本内容到丰富的交互式多媒体全部包括在内。图 12-1 中，使用 HTML5 中的 canvas 功能实现了“月亮围绕地球转，地球围绕太阳转”的动画效果。

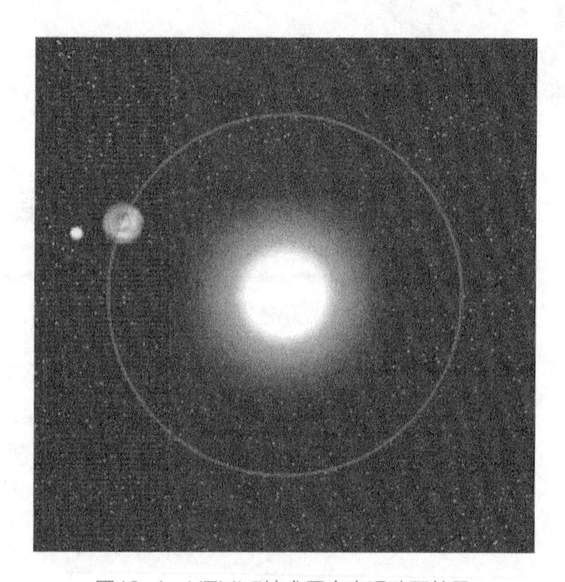

图12-1　HTML5技术用来实现动画效果

HTML5 提供了高效的数据管理、绘制、视频和音频工具，促进了网页和移动设备跨浏览器应用的开发。HTML5 拥有强大的灵活性，支持开发非常精彩的交互式网站。它还引入了新的元素和增强性的功能，其中包括了表单控制、API（Application Programming Interface，应用程序接口）、多媒体、数据库支持和显著提升处理速度等。图 12-2 所示为用 HTML5 制作的抽奖游戏。

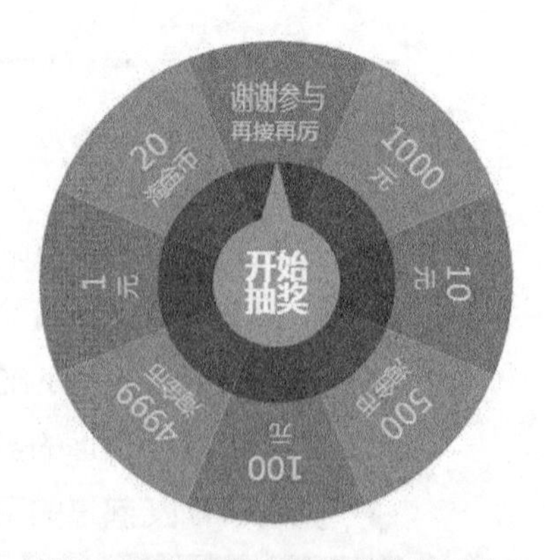

图12-2　用HTML5制作的抽奖游戏

12.2 HTML5与HTML4的区别

HTML5 是最新的 HTML 标准，语言更加精简，解析规则更加详细。前面的章节均使用 HTML5 最新标准，本节内容将列出一些 HTML4 和 HTML5 之间主要的不同之处，简单阅读即可。

12.2.1 HTML5的文件特征

本小节对比 HTML5 与 HTML4 文件之间的不同点。

1. 内容类型

HTML5 的文件扩展名与内容类型保持不变，也就是说，扩展名仍然为 .html 或 .htm，内容类型（ContentType）仍然为 text/HTML。

2. DOCTYPE声明

DOCTYPE 声明是 HTML 文件中必不可少的，它位于文件第一行。在 HTML 4.01 中有 3 种形式的 <!DOCTYPE> 声明，它的声明方法如下。

```
<!DOCTYPE HTML PUBLIC "-//W3C//DTD HTML 4.01//EN" "http://www.w3.org/TR/html4/strict.dtd">
<!DOCTYPE HTML PUBLIC "-//W3C//DTD HTML 4.01 Transitional//EN" "http://www.w3.org/TR/html4/loose.dtd">
<!DOCTYPE HTML PUBLIC "-//W3C//DTD HTML 4.01 Frameset//EN" "http://www.w3.org/TR/html4/frameset.dtd">
```

在 HTML5 中只有一种：<!DOCTYPE html>

3. 指定字符编码

在 HTML4 中，使用 meta 元素的形式指定文件中的字符编码，代码如下。

```
<meta http-equiv="Content-Type" content="text/HTML;charset=UTF-8">
```

在 HTML5 中，可以使用对元素直接追加 charset 属性的方式来指定字符编码，代码如下。

```
<meta charset="UTF-8">
```

在 HTML5 中这两种方法都可以使用，但是不能混合使用。

12.2.2 HTML5的SEO

随着 HTML5 的普及，传统的 DIV 布局将被更具可读性的语义化元素取代，如用 header 元素表示网页的头部内容，用 main 元素表示网页的主体内容。

图 12-3 左图所示为传统的 DIV+CSS 写法，右图所示为 HTML5 的写法，可以看出，右图中 HTML5 的代码可读性更高了，也更简洁了。虽然二者内容的结构一致，但 HTML5 的代码中，每个元素有一个明确清晰的定义，搜索引擎也可以更容易地抓取网页上的内容。

那么，HTML5 标准对于 SEO（Search Engine Optimization，搜索引擎优化）有什么优势呢？

1. 使搜索引擎更加容易抓取和索引

对于一些网站，特别是那些严重依赖 Flash 的网站，HTML5 更有优势。如果整个网站都是 Flash，就一定会看到转换成 HTML5 的好处。首先，搜索引擎蜘蛛将能够抓取站点内容。所有嵌入动画中的内容将全部可以被搜索引擎读取。

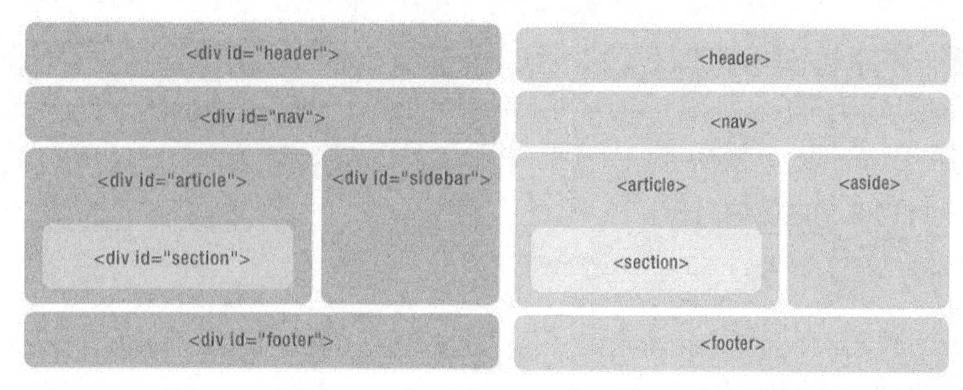

图12-3

2. 提供更多的功能

使用 HTML5 的另一个好处就是它有更加丰富的功能。对于 HTML5 的功能性问题，我们从全球几个主流站点对它的青睐就可以看出。社交网络大亨 Facebook 已经推出用户期待已久的基于 HTML5 的 iPad 应用平台，每天都有基于 HTML5 的网站推出。

3. 可用性提高，提升用户体验

保持站点处于新技术的前沿，也可以很好地提高用户体验。从可用性的角度看，HTML5 可以更好地促进用户与网站间的互动。多媒体网站可以获得更多的改进，特别是在移动平台上的应用，使用 HTML5 可以提供更多高质量的视频和音频流。

12.3　HTML5废除的元素和属性

HTML5 取消了 HTML4.01 中可以被 CSS 取代的元素，提供了新的元素和属性。部分元素对于搜索引擎更加友好，对于小屏幕的设置和视障人士也更有帮助。HTML5 采用了最新的表单输入对象，还引入了微数据。

12.3.1　废除的元素

在 HTML5 中废除了很多元素，具体如下。

1. 能使用CSS替代的元素

对于 basefont、big、center、font、s、strike、tt、u 这些元素，由于它们的功能都是纯粹为网页样式服务的，而 HTML5 中提倡把网页样式功能放在 CSS 中编辑，所以将这些元素废除了。

2. frame框架元素

对于 frameset 元素、frame 元素与 noframes 元素，由于 frame 框架对网页可用性存在负面影响，在 HTML5 中已不支持 frame 框架，只支持 iframe 框架，同时将以上这 3 个元素废除。

3. 只有部分浏览器支持的元素

对于 applet、bgsound、blink、marquee 等元素，由于只有部分浏览器支持这些元素，特别是 bgsound 元素和 marquee 元素，只被 IE 浏览器所支持，所以在 HTML5 中被废除。其中 applet 元素可由 embed 元素或 object 元素替代，bgsound 元素可由 audio 元素替代，marquee 可以由 JavaScript 编程的方式替代。

4. 其他被废除的元素

其他被废除的元素如下。

- 废除acronym元素，使用abbr元素替代。
- 废除dir元素，使用ul元素替代。
- 废除isindex元素，使用form元素与input元素相结合的方式替代。
- 废除listing元素，使用pre元素替代。
- 废除xmp元素，使用code元素替代。
- 废除nextid元素，使用GUIDS替代。
- 废除plaintext元素，使用text/plian MIME类型替代。

12.3.2 废除的属性

HTML4 中的一些属性在 HTML5 中被废除，并被其他属性或以其他方式替代，如表 12-1 所示。

表 12-1 在 HTML5 中被废除的属性

HTML4 中使用的属性	使用该属性的元素	HTML5 替代方案
rev	link、a	rel
charset	link、a	在被链接的资源中使用 HTTP Content-type 头元素
shape、coords	a	使用 area 元素代替 a 元素
longdesc	img、iframe	使用 a 元素链接到较长描述
target	link	多余属性，被省略
nohref	area	多余属性，被省略
profile	head	多余属性，被省略
version	HTML	多余属性，被省略
name	img	id
scheme	meta	只为某个表单域使用 scheme
archive、chlassid_、codebose、codetype、declare、standby	object	使用 data 与 type 属性类调用插件，需要使用这些属性来设置参数时，使用 param 属性
valuetype、type	param	使用 name 与 value 属性，不声明值的 MIME 类型
axis、abbr	td、th	使用以明确简洁的文字开头后跟详述文字的形式，可以对更详细的内容使用 title 属性，使单元格的内容变得简短
scope	td	在被链接的资源中使用 HTTP Content-type 头元素
align	caption、input、legend、div、h1、h2、h3、h4、h5、h6、p	使用 CSS 替代
alink、link、text、vlink、background、bgcolor	body	使用 CSS 替代

续表

HTML4 中使用的属性	使用该属性的元素	HTML5 替代方案
align、bgcolor、border、cellpadding、cellspacing_、frame、rules、width	table	使用 CSS 替代
align、char、charoff、height、nowrap、valign	tbody、thead、tfoot	使用 CSS 替代
align、bgcolor、char、charoff、height、nowrap、valign、width	td、th	使用 CSS 替代
align、bgcolor、char、charoff、valign	tr	使用 CSS 替代
align、char、charoff、valign、width	col、colgroup	使用 CSS 替代
align、border、hspace、vspace	object	使用 CSS 替代
clear	br	使用 CSS 替代
compace、type	ol、ul、li	使用 CSS 替代
compace	dl	使用 CSS 替代
compace	menu	使用 CSS 替代
width	pre	使用 CSS 替代
align、hspace、vspace	img	使用 CSS 替代
align、noshade、size、width	Hr	使用 CSS 替代
align、frameborder、scrolling、marginheight、marginwidth	iframe	使用 CSS 替代
autosubmit	menu	使用 submit 替代

12.4 HTML5新增的结构元素

在 DIV+CSS 布局的网页中，通常使用 div 元素作为外部容器，用 CSS 调整网页样式，这导致网页中存在大量 div 元素。在 HTML5 中，新增的结构元素主要就是为了解决 div 元素泛滥的情况，增强网页内容的语义性。HTML5 中新增的结构元素如表 12-2 所示。

表 12-2　　HTML5 新增的结构元素

元素	描述
header	页面的头部，通常是一些引导和导航信息。常常包含 nav 元素
nav	页面的导航
section	页面中的一个内容区块，通常由内容及其标题组成
article	代表一个独立的、完整的相关内容块，可独立于页面其他内容使用
aside	非正文的内容，与页面的主要内容是分开的，被删除而不会影响到网页的内容
footer	页面或页面中某一个区块的脚

> **提示**
>
> 元素语义化的意义有 4 点。
>
> - 提高代码的可读性，使代码易于维护。
> - 利于 SEO，提高网站在有关搜索引擎内的自然排名。
> - 当 CSS 不起作用时，不容易出现错乱。
> - 利于仪器（如屏幕阅读器、盲人阅读器、移动设备）的解析，以语义的方式渲染网页。

【例 12-1】

网页中的结构元素如图 12-4 所示。

图12-4　结构元素

12.5　HTML5新增的多媒体元素

在 HTML5 之前，大多数音频和视频都是通过插件（如 Flash）来显示的，这就需要用户在浏览器中安装各种插件。

HTML5 的出现使这一局面得到了改变。HTML5 提供了音频和视频的标准接口，不再需要安装插件了，只需要一个支持 HTML5 的浏览器就可以了。

本节将介绍 video 和 audio 元素，它们分别用来处理视频与音频数据。目前，Safari 3 以上、Firefox 4 以上、Opera 10 以上，以及 Google Chrome 3.0 以上的浏览器都实现了对这两个媒体元素的支持。

12.5.1　视频元素video

以前网页中的大多数视频是通过插件来显示的，然而并非所有浏览器都拥有同样的插件。HTML5 规定了一种通过 video 元素来包含视频的标准方法。

当前，video 元素支持以下 3 种视频格式。

- OGG：带有 Theora 视频编码和 Vorbis 音频编码的 OGG 文件。
- MP4：带有 H.264 视频编码和 AAC 音频编码的 MP4 文件。
- WEBM：带有 VP8 视频编码和 Vorbis 音频编码的 WEBM 文件。

各浏览器对 3 种格式的支持情况如表 12-3 所示，video 元素的属性如表 12-4 所示。

表 12-3　　各浏览器对 video 元素的支持情况

格式	IE	Firefox	Opera	Chrome	Safari
OGG		√	√	√	
MPEG4	√	√	√	√	√
WEBM		√	√	√	

表 12-4　　video 元素的属性

属性	值	描述
autoplay	autoplay	视频准备好后马上播放
controls	controls	向用户显示控件，比如播放按钮
loop	loop	视频文件完成播放后再次重复播放
preload	preload	如果出现该属性，则视频在页面加载时进行加载，并预备播放 如果使用 autoplay，则忽略该属性
src	url	要播放的视频文件地址
width	pixels	设置视频播放器的宽度
height	pixels	设置视频播放器的高度

语法：

```
<video src=" 视频文件的地址 " controls="controls"></video>
```

【例 12-2】

创建一个 video 元素，其中 src 属性表示视频地址，width 表示视频控件的宽度，controls 属性表示播放按钮。在浏览器中的显示效果如图 12-5 所示。

图12-5 视频页面

```
<video src="video/show.mp4" width="320" height="240" controls="controls">
</video>
```

12.5.2 链接不同的视频文件

source 元素用于给媒体指定多个可选择的文件地址，且只能在媒体标签没有使用 src 属性时使用。source 元素可以链接不同格式的视频文件。浏览器检测并使用第一个可识别的格式。

source 元素的属性如表 12-5 所示。

表 12-5 source 元素的属性

属性	值	描述
media	media query	规定媒体资源的类型。不设置时默认值为 all，表示支持所有媒介
src	url	规定媒体文件的 url
type	numeric value	用于说明媒体的类型，在获取媒体前帮助浏览器判断是否支持此类别的媒体格式

【例 12-3】

使用下面的代码，浏览器如果支持 WebM 格式则播放视频，不支持 WebM 格式则无法播放视频。在 IE 浏览器中的显示效果如图 12-6 所示。

```
<video src="video/rain.webm" controls="controls" width="500px"></video>
```

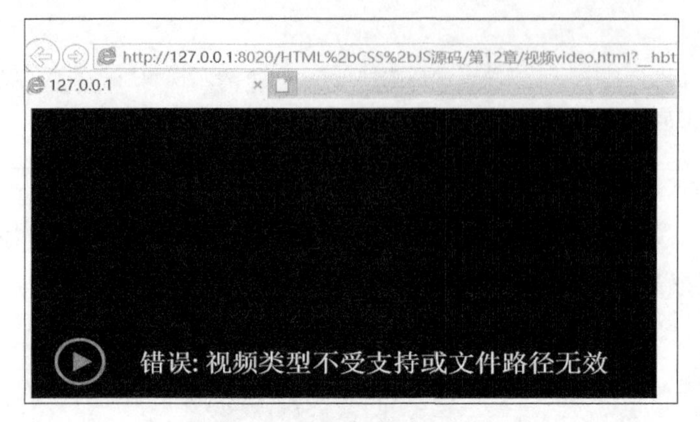

图12-6 视频类型不受支持

如果像下面这样指定了多个媒体源的话，当浏览器支持 WebM 格式时会直接播放，不支持 WebM 格式时会按顺序播放下面的 MP4 格式的视频。在 IE 浏览器中的显示效果如图 12-7 所示。

```
<!DOCTYPE html>
<html>
    <head>
        <meta charset="UTF-8">
        <title></title>
    </head>
    <body>
        <video controls="controls" width="500px">
        <source src="video/rain.webm" type="video/webm">
        <source src="video/rain.mp4" type="audio/mp4">
        </video>
    </body>
</html>
```

图12-7 播放第二个媒体源

12.5.3　音频元素audio

audio 元素能够播放声音或音频流。audio 元素支持 3 种格式：Ogg Vorbis、MP3 和 WAV。各浏览器对 3 种格式的支持情况如表 12-6 所示。audio 元素的属性如表 12-7 所示。

表 12-6　各浏览器对 Ogg Vorbis、MP3、WAV 的支持情况

格式	IE 9	Firefox 3.5	Opera 10.5	Chrome 3.0	Safari 3.0
Ogg Vorbis		√	√	√	
MP3	√	√	√	√	√
WAV		√	√	√	√

语法：

```
<audio src=" 音频文件的地址 "></audio>
```

表 12-7　audio 元素的属性

属性	值	描述
src	url	要播放的音频的 URL
autoplay	autoplay	音频自动播放
controls	controls	显示控件，比如播放按钮
loop	loop	循环播放
preload	preload	音频在页面加载时进行加载，并准备播放，如果使用 autoplay，则忽略该属性

【例 12-4】

在网页上引入音频 song.mp3，浏览器显示效果如图 12-8 所示。

```
<audio src="audio/song.mp3" controls="controls"></audio>
```

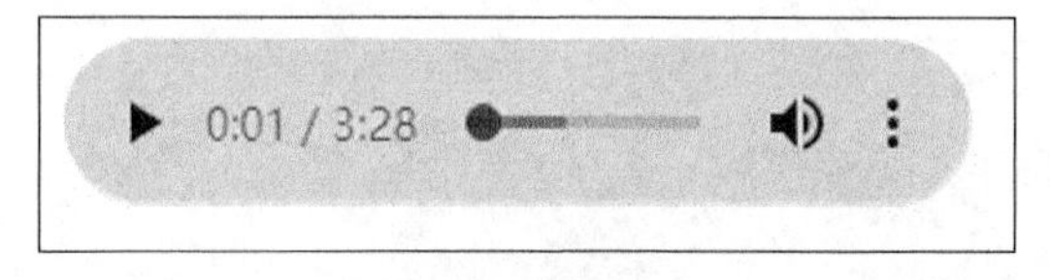

图12-8　音频页面

12.6　HTML5新增的画布元素canvas

在 HTML5 中，canvas 元素用于在网页上绘制图形，其强大之处在于程序员可以直接在 HTML 上进行图形操作。本节将介绍 canvas 元素的简单应用。因为 canvas 元素的绘制涉及部分 JavaScript 知识，如果阅读有困难的话，读者可以学完 JavaScript 之后再学习本节。

12.6.1　创建canvas元素

canvas 元素可以说是 HTML5 元素中功能最强大的一个它使用 JavaScript 在网页上绘制图像。画布是一个矩形区域，程序员可以控制其每一个像素。canvas 元素拥有多种绘制路径、矩形、圆形、字符和添加图像的方法。

除一些过时的浏览器不支持 canvas 元素外，目前主流浏览器都支持 canvas 元素。canvas 元素只有两个

属性：width 和 height。当没有设置宽度和高度的时候，canvas 元素的默认宽度为 300px，高度为 150px。

canvas 元素可以使用 CSS 来定义大小，但在绘制时图像会伸缩以适应它的框架尺寸。如果 CSS 的尺寸与初始画布的比例不一致，它会出现扭曲。

提示

如果你绘制出来的图像是扭曲的，尝试用 width 和 height 属性为 canvas 元素明确规定宽和高，而不是使用 CSS。

【例 12-5】

创建一个 canvas 元素，使用 CSS 样式设置画布的宽度为 500px，高度为 500px，背景颜色为粉色，在浏览器中的显示效果如图 12-9 所示。

```
<!DOCTYPE html>
<html>
    <head>
        <meta charset="UTF-8">
        <title>canvas</title>
        <style>
            #canvas {
            width:500px;
            height:500px;
            background:#FFDCDA;
            }
        </style>
    </head>
    <body>
        <canvas id='canvas'>
        Canvas not supported
        </canvas>
    </body>
</html>
```

图12-9　canvas画布

12.6.2 绘制矩形

canvas 元素只支持两种形式的图形绘制：矩形和路径（由一系列点连成的线段）。所有其他类型的图形都是通过一条或多条路径组合而成的。

canvas 提供了以下 3 种方法绘制矩形。

（1）绘制一个填充的矩形。

```
fillRect(x, y, width, height)
```

（2）绘制一个矩形的边框。

```
strokeRect(x, y, width, height)
```

（3）清除指定矩形区域，让清除部分完全透明。

```
clearRect(x, y, width, height)
```

提示

上面介绍的每一个方法都包含了相同的参数。x 与 y 指定了在 canvas 画布上所绘制的矩形的左上角（相对于原点）的坐标。width 和 height 设置了矩形的尺寸。

【例 12-6】

使用 canvas 元素绘制一个矩形。矩形的起点为（50,50），宽度为 200px，高度为 200px，边框为黑色，在浏览器中的显示效果如图 12-10 所示。

```
<!DOCTYPE html>
<html>
    <head>
        <meta charset="UTF-8">
        <title>canvas</title>
        <style>
            #canvas {
            background:#FFDCDA;
            }
        </style>
        <script>
            function draw() {
              var canvas = document.getElementById('canvas');
              if (canvas.getContext) {
                var ctx = canvas.getContext('2d');
                ctx.strokeRect(50, 50, 200, 200);
              }
            }
        </script>
    </head>
    <body onload="draw()">
        <canvas id='canvas' width="500" height="500">
        Canvas not supported
```

```
        </canvas>
    </body>
</html>
```

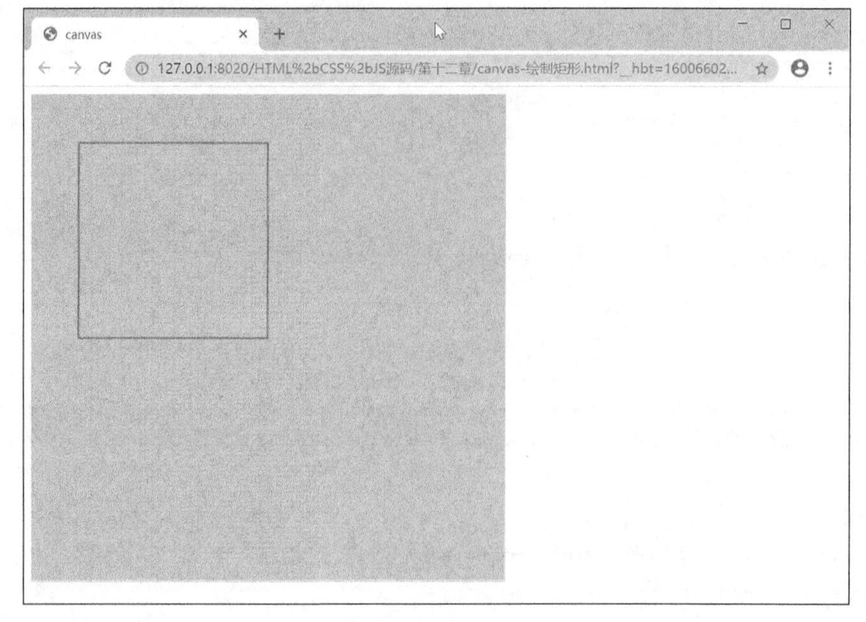

图12-10　绘制矩形

12.6.3　绘制路径

图形的基本元素是路径。路径是通过不同颜色和宽度的线段或曲线相连形成的不同形状的点的集合。除矩形之外，其他类型的图形都是通过一条或多条路径组合而成的。

（1）绘制路径的步骤如下。

- 需要创建路径起始点。
- 使用画图命令去画出路径。
- 封闭路径。
- 一旦路径生成，就能通过描边或填充路径区域来渲染图形。

（2）绘制路径要用到以下 4 种函数。

- 新建一条路径，生成之后，图形绘制命令被指向生成的路径。

```
beginPath()
```

- 闭合路径之后图形绘制命令又重新指向上下文。

```
closePath()
```

- 通过线条来绘制图形轮廓。

```
stroke()
```

- 通过填充路径的内容区域生成实心的图形。

```
fill()
```

【例 12-7】

使用 canvas 元素，通过绘制路径，绘制一个三角形，在浏览器中的显示效果如图 12-11 所示。

```
<!DOCTYPE html>
<html>
    <head>
        <meta charset="UTF-8">
        <title>canvas</title>
        <style>
              #canvas {
            background:#FFDCDA;
              }
        </style>
        <script>
            function draw() {
              var canvas = document.getElementById('canvas');
              if (canvas.getContext) {
                var ctx = canvas.getContext('2d');
                ctx.beginPath();
                ctx.moveTo(75, 50);
                ctx.lineTo(100, 75);
                ctx.lineTo(100, 25);
                ctx.fill();
              }
            }
        </script>
    </head>
    <body onload="draw()">
        <canvas id='canvas' width="200" height="200">
        Canvas not supported
        </canvas>
    </body>
</html>
```

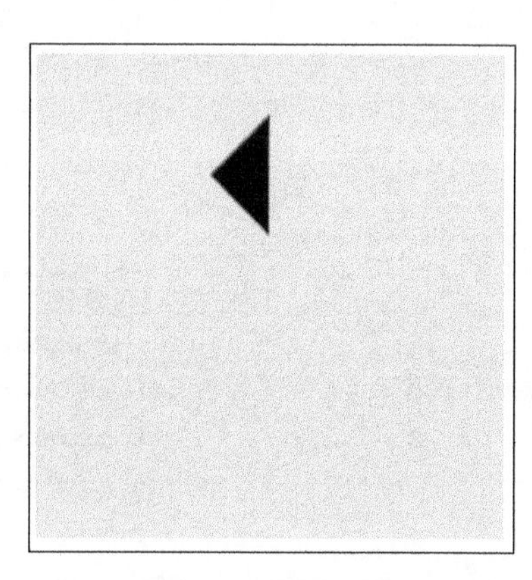

图12-11 绘制三角形

12.6.4 颜色渐变

线性渐变沿着一条直线路径，从一种颜色过渡到另外一种颜色。一个线性渐变可以具有多种颜色设置，每一种颜色设置在路径上具有一个不同的位置。这种设置为呈现线性渐变的效果提供了多种可能性。

渐变用到的 3 种函数如下。

（1）线性渐变：createLinearGradient 函数接受 4 个参数，表示渐变的起点 (x1,y1) 与终点 (x2,y2)。

```
createLinearGradient(x1, y1, x2, y2)
```

（2）径向渐变：createRadialGradient 函数接受 6 个参数，前 3 个定义一个以 (x1,y1) 为原点，r1 为半径的圆；后 3 个参数则定义另一个以 (x2,y2) 为原点，r2 为半径的圆。

```
createRadialGradient(x1, y1, r1, x2, y2, r2)
```

（3）设置渐变颜色：addColorStop 函数接受两个参数，position 参数必须是一个 0 ~ 1.0 的数值，表示渐变中颜色所在的相对位置。例如，0.5 表示颜色会出现在正中间。color 参数必须是一个有效的 CSS 颜色值，如 #FFF、rgba(0,0,0,1) 等。

```
gradient.addColorStop(position, color)
```

【例 12-8】

使用 canvas 元素创建矩形，宽度为 230px，高度为 50px。使用函数 createLinearGradient（0,0,230,50）为矩形设置线性渐变，渐变的起点为（0,0），渐变的终点为（230,50）。使用函数 addColorStop() 设置渐变颜色为浅蓝色（#4FC2F0）、粉色（#F89DC0）、橙色（#F74819）。在浏览器中的显示效果如图 12-12 所示。

```
<!DOCTYPE html>
<html>
    <head>
        <meta charset="UTF-8">
        <title>canvas</title>
        <style>
            #canvas {
                border:1px solid grey;
            }
        </style>
        <script>
            function draw() {
              var c=document.getElementById("canvas");
                var cxt=c.getContext("2d");
                var grd=cxt.createLinearGradient(0,0,230,50);
                grd.addColorStop(0,"#4FC2F0");
                grd.addColorStop(.5,"#F89DC0");
                grd.addColorStop(1,"#F74819");
                cxt.fillStyle=grd;
                cxt.fillRect(0,0,230,50);
              }

        </script>
    </head>
    <body onload="draw()">
        <canvas id='canvas' width="300" height="100">
            Canvas not supported
        </canvas>
    </body>
</html>
```

图12-12 线性渐变

12.7 练习题

1. 填空题

（1）HTML5 增加的新的结构元素有________、________、________、________、________、________。

（2）在 HTML5 之前，大多数音频和视频都是通过插件（比如 Flash）来显示的，使用起来很麻烦。HTML5 的出现使这一局面得到了改观，________和________元素分别用来处理视频与音频数据。

（3）在 HTML5 中________元素用于在网页上绘制图形，该元素的强大之处在于可以直接在 HTML 上进行图形操作，具有极大的应用价值。

参考答案：

（1）header、nav、section、article、aside、footer

（2）video、audio

（3）canvas

2. 简述题

HTML5 标准对于 SEO 有什么优势？

参考答案：

使搜索引擎更加容易抓取和索引；提供更多的功能；可用性提高，提升用户体验。

12.8 章节任务

完成一个包含视频和背景音乐播放的页面。

任务素材及源代码可在 QQ 群中获取，群号：544028317。

第 13 章

CSS3新增属性

CSS3 是 CSS 规范的最新版本，在 CSS2.1 的基础上增加了很多强大的新属性，例如圆角、多背景、透明度、阴影等属性，以帮助开发人员解决一些问题。CSS2.1 是单一的规范，而 CSS3 被划分成几个模块组，每个模块组都有自己的规范。这样整个 CSS3 规范的发布不会因为难缠的部分而影响其他模块的推进。

学习目标

- 掌握边框属性的相关知识
- 掌握背景属性的相关知识
- 掌握文本属性的相关知识
- 了解多列属性的相关知识
- 掌握2D转换属性的相关知识
- 掌握过渡属性的相关知识
- 掌握动画属性的相关知识
- 了解用户界面属性的相关知识

13.1 边框

通过 CSS3，能够创建圆角边框、向矩形添加阴影、使用图像来绘制边框。CSS3 的 border-image 属性使元素边框的样式变得丰富起来，还可以使用该属性实现类似 background 的效果，对边框进行扭曲、拉伸和平铺等。

13.1.1 圆角边框border-radius

圆角是 CSS3 中使用最多的一个属性，原因很简单：圆角比直角更美观，而且不会与设计产生任何冲突。在 CSS2 中，需要使用多张圆角图像作为背景，分别应用到每个角上，制作起来非常麻烦。

CSS3 不需要添加辅助元素与图像，也不需要借用任何 JavaScript 脚本，一个 border-radius 属性就能搞定圆角。

语法：

```
border-radius: none | length | % ;
```

说明：

border-radius 的属性值可以有 1~4 个，规律与 margin 和 padding 一致。下面是 border-radius 分别设置 1~4 个值时的具体情况。

（1）border-radius 设置一个值：4 个角具有相同的圆角设置，其效果是一致的。

【例 13-1】

创建一个 div 元素，设置宽度为 400px，高度为 200px，设置元素的圆角为 50px，在浏览器中的显示效果如图 13-1 所示。

```
<!DOCTYPE html>
<html>
    <head>
        <meta charset="UTF-8">
        <title></title>
        <style>
            .box{
                width:400px;
                height:200px;
                background-color:#8EE3C8;
                border-radius:50px;
            }
        </style>
    </head>
    <body>
        <div class="box"></div>
    </body>
</html>
```

图13-1　设置一个值

（2）border-radius 设置两个值，第一个值代表左上角和右下角，第二个值代表右上角和左下角。

语法：

```
border:border-top-left/border-bottom-right border-top-right/border-bottom-left;
```

【例 13-2】

设置 border-radius 的两个值分别为 50px 和 0px，在浏览器中的显示效果如图 13-2 所示。

```
border-radius:50px 0px;
```

图13-2　设置两个值

（3）border-radius 设置 3 个值：此时第一个值代表左上角，第二个值代表右上角和左下角，第三个值代表右下角。

语法：

```
border:border-top-left border-top-right/border-bottom-left border-bottom-right;
```

【例 13-3】

设置 border-radius 的 3 个值分别为 50px、0px 和 100px，在浏览器中的显示效果如图 13-3 所示。

```
border-radius:50px 0 100px;
```

等价于：

```
border-top-left-radius: 50px;
border-top-right-radius: 0px;
border-bottom-right-radius: 100px;
border-bottom-left-radius: 0px;
```

图13-3　设置3个值

（4）border-radius 设置 4 个值：此时第一个值表示左上角，第二个值表示右上角，第三个值表示右下角，第四个值表示左下角。

【例 13-4】

设置 border-radius 的 4 个值分别为 0px、20px、50px 和 100px，在浏览器中的显示效果如图 13-4 所示。

```
border-radius:0px 20px 50px 100px;
```

等价于：

```
border-top-left-radius: 0px;
border-top-right-radius: 20px;
border-bottom-right-radius: 50px;
border-bottom-left-radius: 100px;
```

图13-4 设置4个值

综合上面 4 种情况可以得出：圆角的取值顺序是从左上角开始，按照顺时针方向逐个匹配属性值。当属性值的个数小于 4 时，没有值的角会取自己对角线的值。如【例 13-3】中只有 3 个值，所以左下角取右上角的圆角值。

13.1.2 边框图像border-image

border-image 可以说是 CSS3 中的重量级属性。从字面意思上看，可以理解为"边框图像"，通俗来说也就是使用图像作为边框。这样一来，边框的样式就不像以前只有实线、虚线、点状线那样单调了。

border-image 属性是一个简写属性，可以用于设置多个属性，如表 13-1 所示。IE 11、Firefox、Opera 15、Chrome 以及 Safari 6 都支持 border-image 属性。

表 13-1 border-image 可能的值

值	描述
border-image-source	用在边框的图像的路径
border-image-slice	图像边框向内偏移
border-image-width	图像边框的宽度
border-image-outset	边框图像区域超出边框的量
border-image-repeat	确定图像边框是否应平铺 (repeated)、铺满 (rounded) 或拉伸 (stretched)

【例 13-5】

创建 div 元素，设置 div 元素的宽度为 300px，高度为 100px。设置边框的宽度为 30px，并设置边框图像，在浏览器中的显示效果如图 13-5 所示。

```
<!DOCTYPE html>
<html>
    <head>
        <meta charset="UTF-8">
        <title></title>
        <style>
            .box{
                width:300px;
                height:100px;
                border:30px solid transparent;
                border-image:url(img/border.png) 30px;
            }
        </style>
    </head>
    <body>
        <div class="box"></div>
    </body>
</html>
```

图13-5　边框图像border-image

13.1.3　边框阴影box-shadow

以前为了给一个块元素设置阴影，只能通过给该块元素设置背景来实现。但是 CSS3 的 box-shadow 属性的出现使这一问题变得简单了。在 CSS3 中，box-shadow 用于给方框添加阴影。

语法：

```
box-shadow: h-shadow v-shadow blur spread color inset;
```

说明：

box-shadow 为框添加一个或多个阴影。该属性是由空格分隔的阴影列表，每个阴影由 2 ～ 4 个长度值、可选的颜色值以及可选的 inset 关键词来决定，省略长度的值是 0。box-shadow 的属性值如表 13-2 所示。

表 13-2 box-shadow 的属性值

值	描述
h-shadow	必要，水平阴影的位置，允许负值
v-shadow	必要，垂直阴影的位置，允许负值
blur	可选，模糊距离
spread	可选，阴影的尺寸
color	可选，阴影的颜色，请参阅 CSS 颜色值
inset	可选，将外部阴影 (outset) 改为内部阴影

【例 13-6】

创建 div 元素，设置 div 元素的宽度为 300px，高度为 100px，设置元素的背景颜色为橙色。使用 border-shadow 设置水平、垂直方向偏移量都为 10px，模糊距离为 15px，颜色为 #888888，在浏览器中的显示效果如图 13-6 所示。

```
<!DOCTYPE html>
<html>
    <head>
        <meta charset="UTF-8">
        <title></title>
        <style>
            .box{
               width:300px;
               height:100px;
               background-color:#ff9900;
               box-shadow: 10px 10px 15px #888888;
            }
        </style>
    </head>
    <body>
        <div class="box"></div>
    </body>
</html>
```

图13-6 边框阴影

13.2 背景

CSS3 不再局限于背景色、背景图像的运用，新特性中添加了多个新的属性值，例如 background-origin、background-clip 和 background-size。此外，还可以在一个元素上设置多张背景图像。这样，如果要设计比较复杂的 Web 页面效果，就不再需要使用其他元素来辅助实现了。

13.2.1 背景图像尺寸background-size

在 CSS3 之前，背景图像的尺寸是由图像的实际尺寸决定的。在 CSS3 中，可以通过 background-size 属性来设置背景图像的尺寸，这使在不同的环境中使用背景图像变得非常方便。background-size 的属性值详情如表 13-3 所示。

表 13-3　background-size 的属性值

值	描述
length	设置背景图像的高度和宽度。第一个值设置宽度，第二个值设置高度。如果只设置一个值，则第二个值会被设置为 auto
percentage	以父元素的百分比值来设置背景图像的宽度和高度。第一个值设置宽度，第二个值设置高度。如果只设置一个值，则第二个值会被设置为 auto
cover	将背景图像等比缩放到完全覆盖容器，背景图像有可能超出容器
contain	将背景图像等比缩放到宽度或高度与容器的宽度或高度相等，背景图像始终被包含在容器内

语法：

```
background-size: length | percentage | cover | contain;
```

【例 13-7】

下面的例子分别规定了背景图像的尺寸，其代码如下。这里使用 background-size 设置了背景图像的显示尺寸，在浏览器中的显示效果如图 13-7 所示。

```
<!DOCTYPE html>
<html>
    <head>
        <meta charset="UTF-8">
        <title></title>
        <style>
            div{
                width:500px;
                height:400px;
                border:2px solid lightgrey;
                color:grey;
                background-image:url(img/sea.jpg);
                background-repeat:no-repeat;
            }
            .bg-small{
                background-size:200px;
            }
```

```
            .bg-big{
               background-size:contain;
            }
        </style>
    </head>
    <body>
        <div class="bg-small">这是较小的背景图像</div>
        <div class="bg-big">这是较大的背景图像</div>
    </body>
</html>
```

图13-7　设置背景图像尺寸

13.2.2　背景图像定位区域background-origin

background-origin 属性规定背景图像的定位区域。background-origin 的属性值如表 13-4 所示。

表 13-4　background-origin 的属性值

值	描述
padding-box	背景图像相对于内边距框来定位
border-box	背景图像相对于边框盒来定位
content-box	背景图像相对于内容框来定位

语法：

```
background-origin: padding-box | border-box | content-box;
```

【例 13-8】

创建 div 元素，给 div 元素设置宽度为 20px 的边框，边框颜色为黑色，透明度为 0.2。给 div 元素添加背景图像，设置背景图像大于元素大小。默认状态下，背景图像位于边框的内部，在浏览器中的显示效果如图 13-8 所示。

```
<!DOCTYPE html>
<html>
    <head>
        <meta charset="UTF-8">
        <title>background-origin</title>
        <style>
            div{
                width:300px;
                height:300px;
                padding:100px;
                border:20px solid rgba(0,0,0,.2);
                background-image:url(img/sheep.jpg);
                background-repeat: no-repeat;
                background-size:700px;
            }
        </style>
    </head>
    <body>
        <div></div>
    </body>
</html>
```

图13-8　background-origin为默认值

当设置 background-origin 相对于边框定位时，在浏览器中的显示效果如图 13-9 所示。

```
background-origin:border-box;
```

图13-9　background-origin相对于边框定位

使用 background-origin 设置背景图像相对于内容框来定位，在浏览器中的显示效果如图 13-10 所示。

```
background-origin:content-box;
```

图13-10　background-origin相对于内容框定位

13.2.3　背景绘制区域background-clip

background-clip 属性指定了背景在哪些区域可以显示，但与背景开始绘制的位置无关。背景的绘制位置可以出现在不显示背景的区域，这时就相当于背景图像被不显示背景的区域裁剪了一部分。background-clip 的属性值如表 13-5 所示。

表 13-5　　background-clip 的属性值

值	描述
border-box	背景被裁剪到边框盒
padding-box	背景被裁剪到内边距框
content-box	背景被裁剪到内容框

语法：

```
background-clip: border-box | padding-box | content-box;
```

【例 13-9】

下面介绍 background-clip 的 3 个属性值——border-box、padding-box、content-box——在实际应用中的效果。为了更好地区分它们，先创建一个共同的实例，在浏览器中的显示效果如图 13-11 所示。

图13-11　没有应用background-clip

```
<!DOCTYPE html>
<html>
    <head>
        <meta charset="UTF-8">
        <title>background-origin</title>
```

```
        <style>
            div{
                width:300px;
                height:300px;
                padding:100px;
                border:20px solid rgba(0,0,0,.2);
                background-image:url(img/sheep.jpg);
                background-repeat: no-repeat;
                background-size:700px;
            }
        </style>
    </head>
    <body>
        <div></div>
    </body>
</html>
```

在前面的实例基础上，在 CSS 中添加 background-clip:border-box 属性，在浏览器中的显示效果如图 13-12 所示。CSS 代码如下。

```
background-clip:border-box;
```

图13-12　background-clip:border-box

通过图 13-12 可以看出，当 background-clip 取值为 border-box 时，背景图像的效果不发生变化。这是因为 background-clip 的默认值为 border-box。

在前面实例的基础上稍微修改一下，把前边代码中的 border-box 换成 padding-box ，此时在浏览器中的显示效果如图 13-13 所示。可以看出，图 13-13 与图 13-11 有明显区别，只要是超过 padding 边缘的背景都被裁剪掉了，此时的裁剪并不是让背景成比例裁剪，而是直接将超过 padding 边缘的背景剪切掉。

```
background-clip:padding-box;
```

图13-13　background-box:padding-box

使用同样的方法，将 padding-box 换成 content-box，在浏览器中的显示效果如图 13-14 所示。可以看出，背景只在内容区域显示，超过内容边缘的背景直接被裁剪掉了。

图13-14　background-box:content-box

13.3 文本

文本也同样是不可忽视的因素。在 CSS3 出现之前，通常使用 Photoshop 编辑一些漂亮的样式，并插入文本。现在，CSS3 同样可以实现一些文本的效果，并且更方便。CSS3 增加了多个新的文本属性，如表 13-6 所示。

表 13-6 CSS3 新增文本属性

属性	描述
hanging-punctuation	规定标点字符是否位于线框之外
punctuation-trim	规定是否对标点字符进行修剪
text-emphasis	向元素的文本应用重点标记以及重点标记的前景色
text-justify	规定当 text-align 设置为 justify 时所使用的对齐方法
text-outline	规定文本的轮廓
text-overflow	规定当文本溢出包含元素时发生的事情
text-shadow	向文本添加阴影
text-wrap	规定文本的换行规则
word-break	规定非中日韩文本的换行规则
word-wrap	允许对不可分割的长单词进行分割并换行

13.3.1 文本阴影text-shadow

在 CSS3 中，text-shadow 可为文本应用添加阴影，可以设置水平阴影、垂直阴影、模糊距离，以及阴影的颜色。text-shadow 的属性值如表 13-7 所示。

表 13-7 text-shadow 的属性值

值	描述
h-shadow	必要，水平阴影的位置，允许负值
v-shadow	必要，垂直阴影的位置，允许负值
blur	可选，模糊的距离
color	可选，阴影的颜色

语法：

```
text-shadow: h-shadow v-shadow blur color;
```

【例 13-10】

使用 text-shadow: 8px 8px 6px #FF0000; 设置文本的阴影位置和颜色，在浏览器中的显示效果如图 13-15 所示。

```
<!DOCTYPE html>
<html>
    <head>
```

```
        <meta charset="UTF-8">
        <title></title>
        <style>
          p{
              color:#6894C8;
              font-size:30px;
              font-weight:bold;
              text-shadow:8px 8px 6px #F5C43B;
          }
          </style>
    </head>
    <body>
        <p> 文本阴影效果！ </p>
    </body>
</html>
```

文本阴影效果！

图13-15　文本阴影

13.3.2　强制换行word-wrap

word-wrap 属性允许长单词或 url 地址换行到下一行。word-wrap 的属性值如表 13-8 所示。

表 13-8　　word-wrap 的属性值

值	描述
normal	只在允许的断字点换行（浏览器保持默认处理）
break-word	在长单词或 url 地址内部进行换行

语法：

```
word-wrap: normal | break-word;
```

【例 13-11】

下面是使用 word-wrap 换行的实例，图 13-16 所示为没有换行的效果，使用 word-wrap:break-word; 就可以将长单词换行，如图 13-17 所示。

```
<!DOCTYPE html>
<html>
    <head>
        <meta charset="UTF-8">
        <title></title>
        <style>
          p{
              width:200px;
              border:1px solid #F5C43B;
              word-wrap:break-word;
```

```
            }
        </style>
    </head>
    <body>
        <p> 这个很长的单词将会被分开并且强制换行：
pneumonoultramicroscopicsilicovolcanoconiosis .</p>
    </body>
</html>
```

这个很长的单词将会被分开
并且强制换行:
pneumonoultramicroscopicsilicovolcanoconiosis
.

图13-16 没有换行

这个很长的单词将会被分开
并且强制换行:
pneumonoultramicroscop
icsilicovolcanoconiosis .

图13-17 将长单词换行

13.3.3 文本溢出text-overflow

text-overflow 属性规定了当文本溢出包含元素时的处理方式。test-overflow 的属性值如表 13-9 所示。

表 13-9 text-overflow 的属性值

值	描述
clip	修剪文本
ellipsis	显示省略符号来代表被修剪的文本
string	使用给定的字符串来代表被修剪的文本

语法：

```
text-overflow: clip | ellipsis | string;
```

【例 13-12】

本实例中，文本的长度大于其包含元素，并设置 white-space:nowrap 使文本不能换行。当设置 text-overflow:clip 时，不显示省略标记，而是简单地裁切掉多余的文字；设置 text-overflow:ellipsis 时，当对象内文本溢出时显示省略标记，在浏览器中的显示效果如图 13-18 所示。

```
<!DOCTYPE html>
<html>
    <head>
        <meta charset="UTF-8">
        <title>text-overflow </title>
        <style>
            div{
                overflow:hidden;
                white-space:nowrap;
                width:200px;
                background:#FC9;
            }
            .clip {
```

```
                text-overflow:clip;
            }
            .ellipsis {
                text-overflow:ellipsis;
            }
            </style>
        </head>
        <body>
            <h2>text-overflow:clip</h2>
            <div class="clip">不显示省略标记，而是简单裁切掉</div>
            <h2>text-overflow:ellipsis </h2>
            <div class="ellipsis">当对象内文本溢出时显示省略标记</div>
    </body>
</html>
```

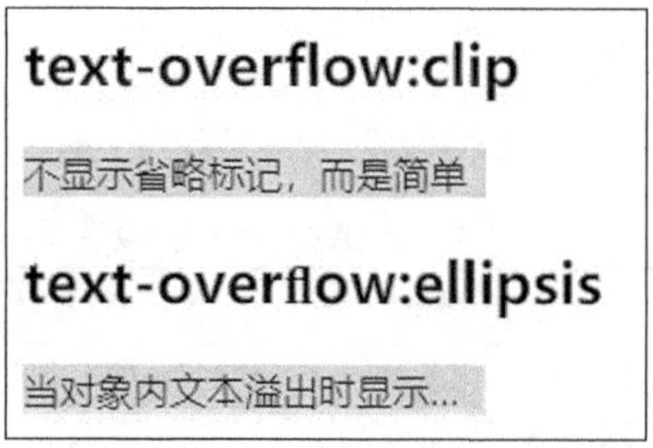

text-overflow:clip

不显示省略标记，而是简单

text-overflow:ellipsis

当对象内文本溢出时显示...

图13-18　text-overflow实例

13.4　多列

通过 CSS3 中的多列属性，能够创建多个列对文本进行布局。多列相关的属性如表 13-10 所示。本节将介绍以下多列属性：column-count、column-gap、column-rule。

表 13-10　　多列属性

属性	描述
column-count	规定元素应该被分隔的列数
column-fill	规定如何填充列
column-gap	规定列之间的间隔
column-rule	设置所有 column-rule-* 属性的简写属性
column-rule-color	规定列之间规则的颜色
column-rule-style	规定列之间规则的样式
column-rule-width	规定列之间规则的宽度
column-span	规定元素应该横跨的列数
column-width	规定列的宽度
columns	规定设置 column-width 和 column-count 的简写属性

13.4.1 创建多列column-count

column-count 属性规定元素应该被分隔的列数。

语法：

```
column-count: number | auto;
```

说明：

length ：元素内容将被划分的最佳列数。

auto ：由其他属性决定列数，比如 column-width。

【例 13-13】

创建一段长文本，使用 column-count:3 将整段文字分成 3 列，在浏览器中的显示效果如图 13-19 所示。

```
<!DOCTYPE html>
<html>
    <head>
        <meta charset="UTF-8">
        <title>column-count</title>
        <style>
            p{
                -moz-column-count:3; /* Firefox */
                -webkit-column-count:3; /* Safari and Chrome */
                column-count:3;
            }
        </style>
    </head>
    <body>
    <p>蔚蓝的大海上，漂浮着几座迷人的岛屿，那就是长岛！长岛一直是我向往的地方，那里是中国北方最美海岛。那里远离大陆，空气清新，没有工厂，因此更谈不上污染。而且长岛旅游资源十分丰富，素有"海上仙山"之称，是理想的旅游休闲避暑胜地。去过长岛，特别留恋那里的天蓝、海碧、岛秀、礁奇、湾美、滩洁、林密，那里的自然景观非常迷人，是一个不加人工修饰的天然海上公园。下午游览的第一站选择了九丈崖，这是长岛最值得去的地方。九丈崖是全岛风景最好的地方，既有沙滩，可以戏水，也有悬崖峭壁，可以登高望远，还可下到悬崖下面的礁石滩，在海边寻找各色海里小螃蟹、贝类等，海水非常清，可以看见鱼儿穿梭在海水中。
            </p>
    </body>
</html>
```

蔚蓝的大海上，漂浮着几座迷人的岛屿，那就是长岛！长岛一直是我向往的地方，那里是中国北方最美海岛。那里远离大陆，空气清新，没有工厂，因此更谈不上污染。而且长岛旅游资源十分丰富，素有“海上仙山”之称，是理想的旅游休闲避暑胜地。去过长岛，特别留恋那里的天蓝、海碧、岛秀、礁奇、湾美、滩洁、林密，那里的自然景观非常迷人，是一个不加人工修饰的天然海上公园。下午游览的第一站选择了九丈崖，这是长岛最值得去的地方。九丈崖是全岛风景最好的地方，既有沙滩，可以戏水，也有悬崖峭壁，可以登高望远，还可下到悬崖下面的礁石滩，在海边寻找各色海里小螃蟹、贝类等，海水非常清，可以看见鱼儿穿梭在海水中。

图13-19 将长文本分成3列

13.4.2　列的宽度column-width

column-width 设置对象每列的宽度。

语法：

```
column-width : length | auto;
```

说明：

length ：用长度值来定义列宽。

auto ：默认值，根据 column-width 确定分配宽度。

【例 13-14】

使用 column-width 属性。这里使用 column-width:200px; 设置每列的宽度为 200px，当改变浏览器窗口的宽度时，可以看到每列宽度都是固定的 200px，如图 13-20 和图 13-21 所示。

```
p{
    column-width:200px;
    -moz-column-width:200px; /* Firefox */
    -webkit-column-width:200px; /* Safari and Chrome */
}
```

蔚蓝的大海上，漂浮着几座迷人的岛屿，那就是长岛！长岛一直是我向往的地方，那里是中国北方最美海岛。那里远离大陆，空气清新，没有工厂，因此更谈不上污染。而且长岛旅游资源十分丰富，素有“海上仙山”之称，是理想的旅游休闲避暑胜地。去过长岛，特别留恋那里的天蓝、海碧、岛秀、礁奇、湾美、滩洁、林密，那里的自然景观非常迷人，是一个不加人工修饰的天然海上公园。下午游览的第一站选择了九丈崖，这是长岛最值得去的地方。九丈崖是全岛风景最好的地方，既有沙滩，可以戏水，也有悬崖峭壁，可以登高望远，还可下到悬崖下面的礁石滩，在海边寻找各色海里小螃蟹、贝类等，海水非常清，可以看见鱼儿穿梭在海水中。

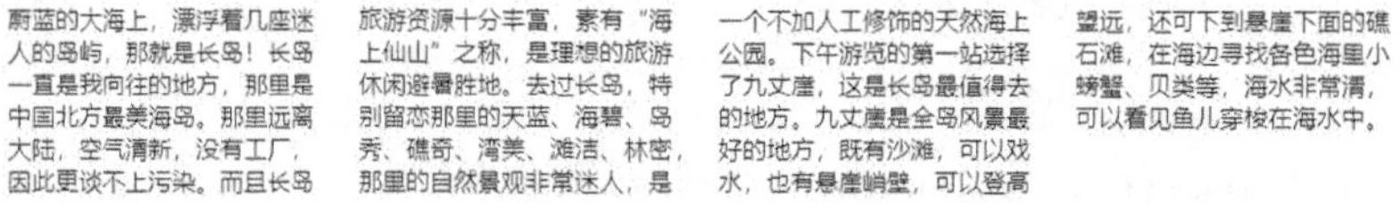

图13-20　浏览器窗口宽度较小

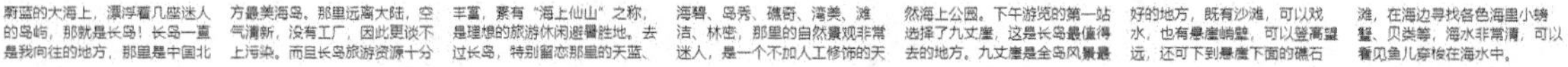

蔚蓝的大海上，漂浮着几座迷人的岛屿，那就是长岛！长岛一直是我向往的地方，那里是中国北方最美海岛。那里远离大陆，空气清新，没有工厂，因此更谈不上污染。而且长岛旅游资源十分丰富，素有“海上仙山”之称，是理想的旅游休闲避暑胜地。去过长岛，特别留恋那里的天蓝、海碧、岛秀、礁奇、湾美、滩洁、林密，那里的自然景观非常迷人，是一个不加人工修饰的天然海上公园。下午游览的第一站选择了九丈崖，这是长岛最值得去的地方。九丈崖是全岛风景最好的地方，既有沙滩，可以戏水，也有悬崖峭壁，可以登高望远，还可下到悬崖下面的礁石滩，在海边寻找各色海里小螃蟹、贝类等，海水非常清，可以看见鱼儿穿梭在海水中。

图13-21　浏览器窗口宽度增大

13.4.3　列的间隔column-gap

column-gap 属性规定列之间的间隔。

语法：

```
column-gap: length | normal;
```

说明：

length ：把列间的间隔设置为指定长度。

normal ：规定列间间隔为一个常规间隔。

【例 13-15】

这里使用 column-gap:50px; 设置每列的间隔是 50px，在浏览器中的显示效果如图 13-22 所示。

```
p{
    column-width:200px;
    -moz-column-width:200px; /* Firefox */
    -webkit-column-width:200px; /* Safari and Chrome */

    -moz-column-gap:50px; /* Firefox */
```

```
    -webkit-column-gap:50px; /* Safari and Chrome */
    column-gap:50px;
}
```

蔚蓝的大海上，漂浮着几座迷人的岛屿，那就是长岛！长岛一直是我向往的地方，那里是中国北方最美海岛。那里远离大陆，空气清新，没有工厂，因此更谈不上污染。而且长岛旅游资源十分丰富，素有“海上仙山”之称，是理想的旅游休闲避暑胜地。去过长岛，特别留恋那里的天蓝、海碧、岛秀、礁奇、湾美、滩洁、林密，那里的自然景观非常迷人，是一个不加人工修饰的天然海上公园。下午游览的第一站选择了九丈崖，这是长岛最值得去的地方。九丈崖是全岛风景最好的地方，既有沙滩，可以戏水，也有悬崖峭壁，可以登高望远，还可下到悬崖下面的礁石滩，在海边寻找各色海里小螃蟹、贝类等，海水非常清，可以看见鱼儿穿梭在海水中。

图13-22 每列的间隔是50px

13.4.4 列的规则column-rule

column-rule 规定列之间的宽度、样式和颜色规则。

语法：

```
column-rule: column-rule-width column-rule-style column-rule-color;
```

说明：

column-rule-width：设置列之间的宽度规则。

column-rule-style：设置列之间的样式规则。

column-rule-color：设置列之间的颜色规则。

【例 13-16】

使用 column-rule:4px solid lightblue; 设置了列之间的宽度、样式和颜色规则。column-rule 属性的用法类似于边框 border 属性，在浏览器中的显示效果如图 13-23 所示。

```
p{
    column-width:200px;
    -moz-column-width:200px; /* Firefox */
    -webkit-column-width:200px; /* Safari and Chrome */

    -moz-column-gap:50px; /* Firefox */
    -webkit-column-gap:50px; /* Safari and Chrome */
    column-gap:50px;

    column-rule: column-rule-width column-rule-style column-rule-color;
    -webkit-column-rule: 4px solid lightblue; /* Chrome, Safari, Opera */
    -moz-column-rule: 4px solid lightblue; /* Firefox */
    column-rule: 4px solid lightblue;
}
```

蔚蓝的大海上，漂浮着几座迷人的岛屿，那就是长岛！长岛一直是我向往的地方，那里是中国北方最美海岛。那里远离大陆，空气清新，没有工厂，因此更谈不上污染。而且长岛旅游资源十分丰富，素有“海上仙山”之称，是理想的旅游休闲避暑胜地。去过长岛，特别留恋那里的天蓝、海碧、岛秀、礁奇、湾美、滩洁、林密，那里的自然景观非常迷人，是一个不加人工修饰的天然海上公园。下午游览的第一站选择了九丈崖，这是长岛最值得去的地方。九丈崖是全岛风景最好的地方，既有沙滩，可以戏水，也有悬崖峭壁，可以登高望远，还可下到悬崖下面的礁石滩，在海边寻找各色海里小螃蟹、贝类等，海水非常清，可以看见鱼儿穿梭在海水中。

图13-23 列间的宽度、样式和颜色规则

13.5 2D转换

transform 字面上就是变形、转换的意思。在 CSS3 中 transform 主要包括以下几种：旋转、扭曲、缩放和移动。transform 的属性值如表 13-11 所示。

表 13-11 transform 的属性值

值	描述
matrix(n,n,n,n,n,n)	定义 2D 转换，使用 6 个值的矩阵
translate(x,y)	定义 2D 转换，沿着 X 和 Y 轴移动元素
translateX(n)	定义 2D 转换，沿着 X 轴移动元素
translateY(n)	定义 2D 转换，沿着 Y 轴移动元素
scale(x,y)	定义 2D 缩放转换，改变元素的宽度和高度
scaleX(n)	定义 2D 缩放转换，改变元素的宽度
scaleY(n)	定义 2D 缩放转换，改变元素的高度
rotate(angle)	定义 2D 旋转，在参数中规定角度
skew(x-angle,y-angle)	定义 2D 倾斜转换，沿着 X 和 Y 轴
skewX(angle)	定义 2D 倾斜转换，沿着 X 轴
skewY(angle)	定义 2D 倾斜转换，沿着 Y 轴

语法：

```
transform: none | transform-functions;
```

13.5.1 移动translate()

通过 translate()，元素从其当前位置根据给定的 left 和 top 位置参数移动。

语法：

```
transform:translate(x,y);
transform:translateX(x);
transform:translateY(y);
```

说明：

移动 translate 分为以下 3 种情况。

（1）translate(x,y) 水平方向和垂直方向同时移动。

（2）translateX(x) 仅水平方向移动（沿 X 轴移动），当 x 为正数时，元素向右移动；当 x 为负数时，元素向左移动。

（3）translateY(y) 仅垂直方向移动（沿 Y 轴移动），当 y 为正数时，元素向下移动；当 y 为负数时，元素向上移动。

【例 13-17】

创建两个 div 元素，父元素的宽、高均为 500px，子元素宽、高为 100px，初始位置如图 13-24 所示。使用 translate() 方法移动子元素，将子元素向右移动 150px，向下移动 100px，效果如图 13-25 所示。

```
<!DOCTYPE html>
<html>
    <head>
        <meta charset="UTF-8">
        <title></title>
        <style>
            .fa{
               width:500px;
               height:500px;
               border:2px solid #425066;
            }
            .son{
                width:100px;
                height:100px;
                background-color:rgba(255,181,73,1);
                transform:translate(150px,100px);
            }
        </style>
    </head>
    <body>
        <div class="fa">
            <div class="son"></div>
        </div>
    </body>
</html>
```

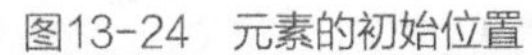
图13-24 元素的初始位置

图13-25 移动子元素

13.5.2 旋转rotate()

rotate() 通过指定的角度参数对原元素设置一个 2D 旋转。如果设置的值为正数，表示顺时针旋转；如果设置的值为负数，则表示逆时针旋转。

语法：

```
transform:rotate(旋转角度);
```

【例 13-18】

创建 div 元素，设置其长度、宽度均为 100px，如图 13-26 所示。使用 rotate() 方法将 div 元素顺时针旋转 30° ，在浏览器中的显示效果如图 13-27 所示。

```
<!DOCTYPE html>
<html>
    <head>
        <meta charset="UTF-8">
        <title></title>
        <style>
            .box{
                width:100px;
                height:100px;
                margin:100px;
                background-color:rgba(255,181,73,1);
                transform:rotate(30deg);
            }
        </style>
    </head>
    <body>
        <div class="box"></div>
    </body>
</html>
```

图13-26　初始位置

图13-27　使用rotate()方法顺时针旋转30度

13.5.3　缩放scale()

通过 scale()，根据给定的宽度和高度参数，元素的尺寸会增大或缩小。

语法：

```
transform: scale(x,y);
transform: scaleX(x);
transform: scaleY(y);
```

说明：

缩放 scale() 和移动 translate() 极其相似，具有以下 3 种情况。

（1）scale(x,y) 使元素水平方向和垂直方向同时缩放（也就是 X 轴和 Y 轴同时缩放）。

（2）scaleX(x) 元素仅水平方向缩放（X 轴缩放）。

（3）scaleY(y) 元素仅垂直方向缩放（Y 轴缩放）。

它们具有相同的缩放中心点和基数，其中心点就是元素的中心位置，缩放基数为 1。如果其值大于 1，元素就放大；反之其值小于 1，元素缩小。

【例 13-19】

创建两个 div 元素，内容为为文本“使用 scale() 进行缩放”。使用 transform:scale(1.5,3)，把第二个 div 元素的宽度转换为原始尺寸的 1.5 倍，把高度转换为原始高度的 2 倍，如图 13-28 和缩放后的尺寸如图 13-29 所示。

图13-28 原始尺寸

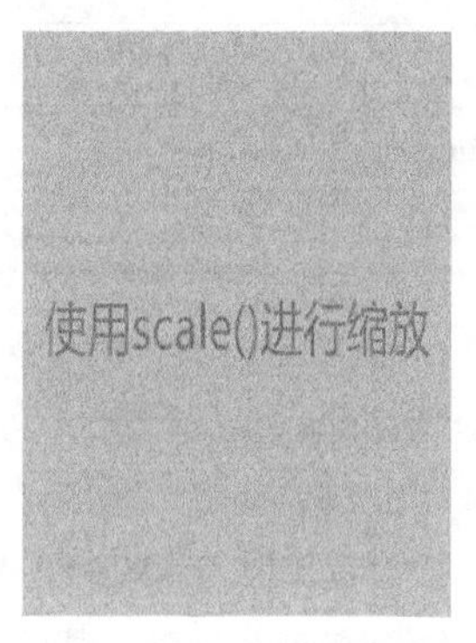

图13-29 缩放后尺寸

```
<!DOCTYPE html>
<html>
    <head>
        <meta charset="UTF-8">
        <title></title>
        <style>
            div{
                width:200px;
                height:200px;
                text-align:center;
                font-size:20px;
                line-height:200px;
                color:dimgrey;
                margin:300px;
                background-color:#d5a4cf;
                transform: scale(1.5,2);
            }
        </style>
    </head>
    <body>
        <div>使用 scale() 进行缩放 </div>
    </body>
</html>
```

13.6 过渡

CSS3 的“过渡”(transition)特性用于在网页制作中实现一些简单的动画效果，让某些效果变得更流畅、平滑。transition 的属性值如表 13-12 所示。

表 13-12　　　　　　　　　　　　　　transition 的属性值

值	描述
transition	简写属性，用于在一个属性中设置 4 个过渡属性
transition-property	规定应用过渡的 CSS 属性的名称
transition-duration	定义过渡效果花费的时间，默认值是 0
transition-timing-function	规定过渡效果的时间曲线，默认值是 ease
transition-delay	规定过渡效果何时开始，默认值是 0

语法：

```
transition: property duration timing-function delay;
```

【例 13-20】

创建 div 元素，设置长度和宽度均为 100px。当鼠标指针移入的时候，使 div 元素的长度变为 400px；使用 trasition 属性为 div 元素设置过渡效果，使 div 元素的宽度经过 2s 后，从 100px 渐变为 400px。效果如图 13-30 所示。

```
<!DOCTYPE html>
<html>
    <head>
        <meta charset="UTF-8">
        <title></title>
        <style>
            div{
                width:100px;
                height:100px;
                background-color:#d5a4cf;
                transition:width 2s;
            }
            div:hover{
                width:400px;
            }
        </style>
    </head>
    <body>
        <div></div>
    </body>
</html>
```

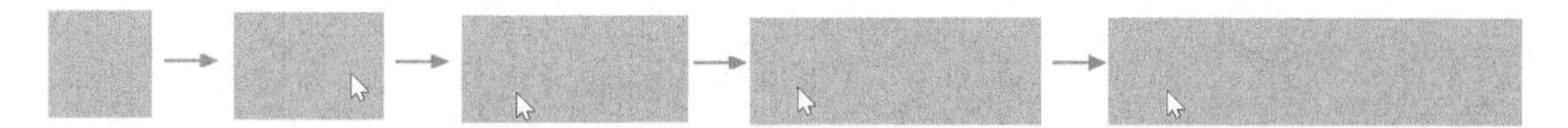

图13-30 过渡效果

13.7 动画

CSS3 的“动画”特性能够实现更复杂的样式变化，以及一些交互效果，而不需要使用任何 Flash 或 JavaScript 代码。

13.7.1 @keyframes规则声明动画

如需在 CSS3 中创建动画，需要学习 @keyframes 规则。@keyframes 规则用于创建动画，在 @keyframes 中规定某项 CSS 样式，就能创建由当前样式逐渐改为新样式的动画效果。

不同的浏览器要给 @keyframes 添加不同的前缀，为使动画在所有浏览器中都能正常工作，可以同时声明多个不同前缀的同名动画。

【例 13-21】

当前动画样式表示背景颜色从粉色变为蓝色，效果如图 13-31 所示。

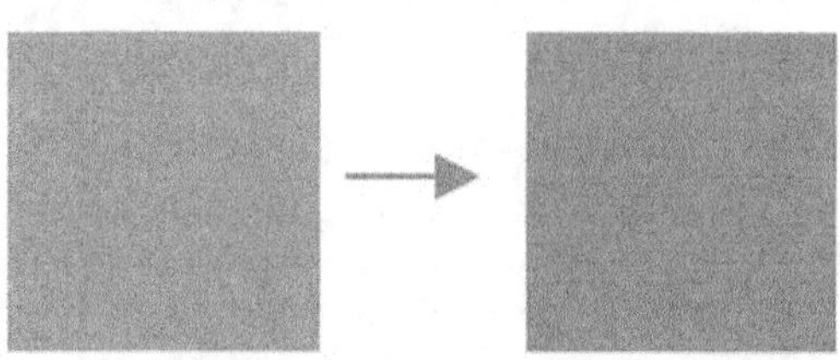

图13-31 粉色变为蓝色

```
@keyframes myfirst
{
    from {background: hotpink;}
    to {background: dodgerblue;}
}

@-moz-keyframes myfirst /* Firefox */
{
    from {background: hotpink;}
    to {background: dodgerblue;}
}

@-webkit-keyframes myfirst /* Safari 和 Chrome */
{
    from {background: hotpink;}
    to {background: dodgerblue;}
}

@-o-keyframes myfirst /* Opera */
{
    from {background: hotpink;}
    to {background: dodgerblue;}
}
```

动画也可以用百分比设置，from 和 to 就等同于 0% 和 100%。用百分比可以设置动画在各个阶段的样式。

【例 13-22】

当前动画表示背景颜色由粉变蓝，再变绿，再变黄，效果如图 13-32 所示。

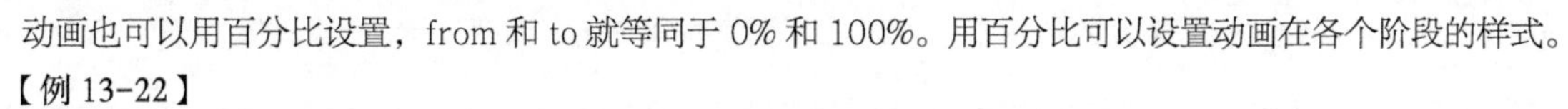

```
@keyframes myfirst
{
    0% {background: hotpink;}
    25% {background: dodgerblue;}
    50% {background: forestgreen;}
    100% {background: yellow;}
}
@-moz-keyframes myfirst /* Firefox */
{
    0% {background: hotpink;}
    25% {background: dodgerblue;}
    50% {background: forestgreen;}
    100% {background: yellow;}
}
@-webkit-keyframes myfirst /* Safari 和 Chrome */
{
    0% {background: hotpink;}
    25% {background: dodgerblue;}
    50% {background: forestgreen;}
    100% {background: yellow;}
}
@-o-keyframes myfirst /* Opera */{
    0% {background: hotpink;}
    25% {background: dodgerblue;}
    50% {background: forestgreen;}
    100% {background: yellow;}
}
```

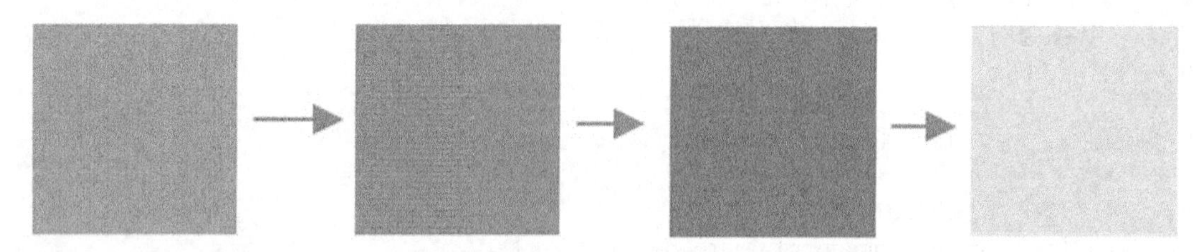

图13-32 粉色→蓝色→绿色→黄色

13.7.2 animation动画

animation 只应用在页面中已存在的 DOM 元素上，使用 CSS3 的 animation 制作动画可以省去复杂的代码。CSS3 的 animation 类似于 transition 属性，它们都是随着时间改变元素的属性值；二者的主要区别是 transition 需要触发一个事件（hover 事件或 click 事件）才会随时间改变其 CSS 属性；而 animation 在不触发任何事件的情况下也可以显式地随时间变化来改变元素 CSS 的属性值，从而实现动画效果。

animation 属性是一个简写属性，用于设置 6 个动画属性。animation 的属性值如表 13-13 所示。

表 13-13　　animation 的属性值

属性	描述
animation-name	规定 @keyframes 动画的名称
animation-duration	规定动画完成一个周期所花费的时间（单位 s 或 ms），默认是 0
animation-timing-function	规定动画的速度曲线，默认是 ease
animation-delay	规定动画何时开始，默认是 0
animation-iteration-count	规定动画被播放的次数，默认是 1
animation-direction	规定动画是否在下一周期逆向播放，默认是 normal
animation-play-state	规定动画是否正在运行，默认是 running
animation-fill-mode	规定对象动画时间之外的状态

语法：

```
animation: name duration timing-function delay iteration-count direction fill-mode | play-state;
```

下面来看看怎么给一个元素调用 animation 属性。

【例 13-23】

创建一个 div 元素，使用 animation 属性，将【例 13-22】中设定好的动画挂在这个 div 元素上，效果如图 13-33 所示。

```
div{
    width:200px;
    height:200px;
    border-radius:200px;
    background-color:gold;
    animation:myfirst 2s;
}
```

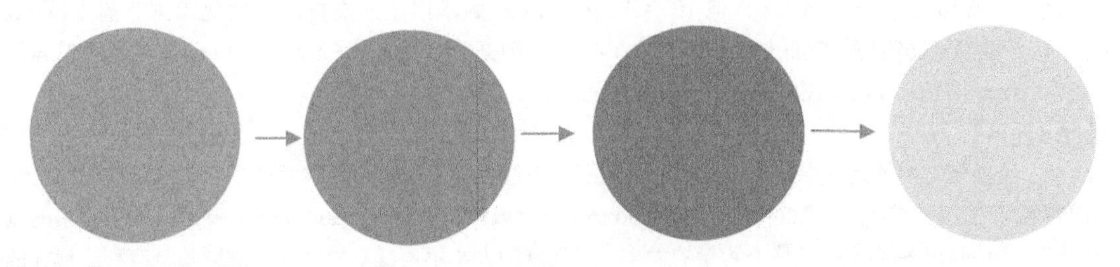

图13-33　动画效果

13.8　用户界面

在 CSS3 中，新的用户界面特性包括重设元素尺寸、盒尺寸以及轮廓等。用户界面的属性如表 13-14 所示。

表 13-14　　用户界面的属性

属性	描述
box-sizing	允许用户以确切的方式定义适应某个区域的具体内容
outline-offset	对轮廓进行偏移，并在超出边框边缘的位置绘制轮廓
resize	规定是否可由用户对元素的尺寸进行调整

说明：

兼容性：Firefox、Chrome 以及 Safari 支持 resize 属性。

Internet Explorer（IE）、Chrome、Safari 以及 Opera 支持 box-sizing 属性；Firefox 需要前缀 -moz-。

几乎所有主流浏览器都支持 outline-offset 属性，除了 Internet Explorer。

13.8.1　box-sizing

box-sizing 是 CSS3 的 box 属性之一。box-sizing 属性允许用户以确切的方式定义适应某个区域的具体内容。box-sizing 的属性值如表 13-15 所示。

表 13-15　　box-sizing 的属性值

值	描述
content-box	宽度和高度分别应用到元素的内容框。在宽度和高度之外绘制元素的内边距和边框
border-box	为元素设定的宽度和高度决定了元素的边框盒。也就是说，为元素指定的任何内边距和边框都将在已设定的宽度和高度内进行绘制
inherit	规定应从父元素继承 box-sizing 属性的值

语法：

```
box-sizing: content-box | border-box | inherit;
```

说明：

现代浏览器都支持 box-sizing，但 IE 家族只有 IE 8 版本以上才支持。虽然现代浏览器支持 box-sizing，但有些浏览器还是需要加上自己的前缀；Mozilla 浏览器需要加上 -moz-，Webkit 内核浏览器需要加上 -webkit-，Presto 内核浏览器加 -o-,IE 8 浏览器加 -ms-。

【例 13-24】

要在一个固定宽度的元素中并排放置两个带边框和内边距的子元素，要求两个子元素共同撑满整个父元素的内容区。在这种情况下，建议将子元素的 box-sizing 属性设置为 border-box。此时，设置元素的宽度 width 和高度 height 相当于指定整个元素的大小。子元素的大小不再受盒模型内部的影响，有利于尺寸的计算。实例效果如图 13-34 所示。

```
<!DOCTYPE html>
<html>
    <head>
        <meta charset="UTF-8">
        <title></title>
```

```
        <style>
            .fl{
              float:left
            }
            .clerafix::after{
            content: "";
            display:block;
            clear:both;
        }
        .box{
            width:600px;
            height:300px;
            border:3px solid grey;
        }
        .box div{
            box-sizing:border-box;
            -moz-box-sizing: border-box;
            -webkit-box-sizing: border-box;
            -o-box-sizing: border-box;
            -ms-box-sizing: border-box;
        }
        .son1{
            width:200px;
            height:300px;
            border:4px solid #8ac6d1;
            padding:30px;
             background-color:#ffb6b9;
        }
        .son2{
            width:400px;
            height:300px;
            border:14px solid #bbded6;
            padding:50px;
            background-color:#fae3d9;

        }
            </style>
    </head>
    <body>
        <div class="box clearfix">
            <div class="son1 fl">子元素内容区的位置</div>
            <div class="son2 fl">子元素内容区的位置</div>
        </div>
    </body>
</html>
```

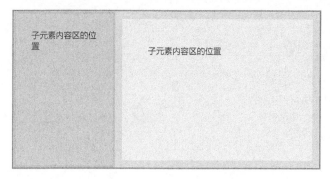

图13-34　box-sizing实例

13.8.2　resize

在 CSS3 中，resize 属性规定是否可由用户调整元素尺寸。resize 的属性值如表 13-16 所示。

表 13-16　resize 的属性值

值	描述
none	用户无法调整元素的尺寸
both	用户可调整元素的高度和宽度
horizontal	用户可调整元素的宽度
vertical	用户可调整元素的高度

语法：

```
resize: none | both | horizontal | vertical;
```

说明：

Firefox 4+、Chrome 以及 Safari 不支持 resize。另外，如果希望此属性生效，需要设置元素的 overflow 属性，值可以是 auto、hidden 或 scroll。

【例 13-25】

创建 div 元素，设置 resize 属性为 both，使用户可以调整元素的高度和宽度，在浏览器中的显示效果如图 13-35 所示。要使 resize 属性生效，必须设置 overflow 属性，本实例中设置 overflow 属性为 auto。在浏览器中拖动元素的右下角，可以改变元素的宽度和高度，效果如图 13-36 所示。

```
<!DOCTYPE html>
<html>
    <head>
        <meta charset="UTF-8">
        <title></title>
        <style>
            .box{
                width:400px;
                height:200px;
                border:2px solid #2E94B9;
```

```
            resize:both;
            overflow:auto;
        }
    </style>
</head>
<body>
    <div class="box">resize 属性规定是否可由用户调整元素尺寸</div>
</body>
</html>
```

resize 属性规定是否可由用户调整元素尺寸

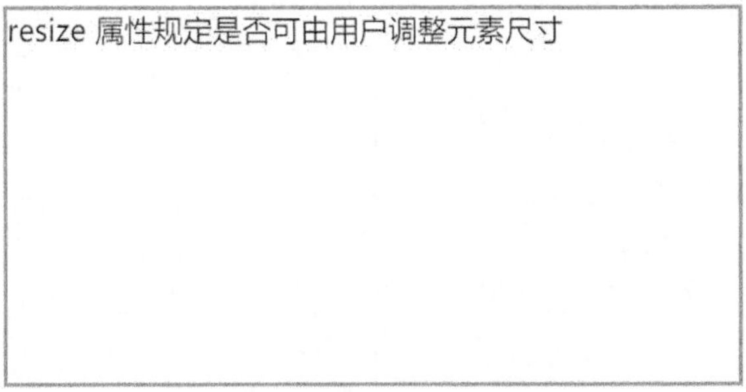

图13-35 初始大小

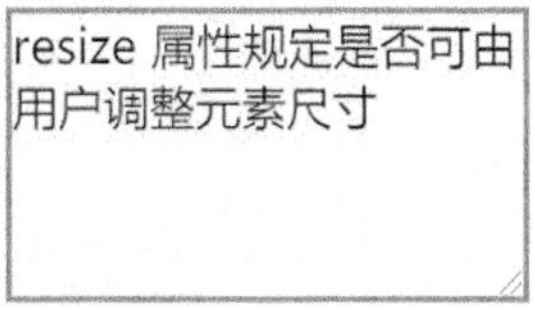

resize 属性规定是否可由用户调整元素尺寸

图13-36 用户调整元素的大小

13.9 实例应用

CSS3 是现在 Web 开发领域的技术热点，它给 Web 开发带来了革命性的影响。下面介绍 CSS3 的应用实例，读者从中可以体会到 CSS3 中许多让人欣喜的特性。

13.9.1 使用移动方法实现完全居中

本小节讲解怎样巧妙使用移动方法，使未知尺寸的元素达成绝对居中的效果。

【例 13-26】

父元素的类名为 box，子元素的类名为 son，父和子元素的宽度与高度均为未知状态，原始位置如图 13-37 所示。要求移动子元素，使子元素在水平和垂直方向都处于居中的位置。

图13-37 元素的原始位置

首先使用绝对定位，使子元素向右、向下移动父元素宽度、高度的 50%。效果如图 13-38 所示。

```
.box{
    position:relative;
}
.son{
    position:absolute;
    left:50%;
    top:50%;
}
```

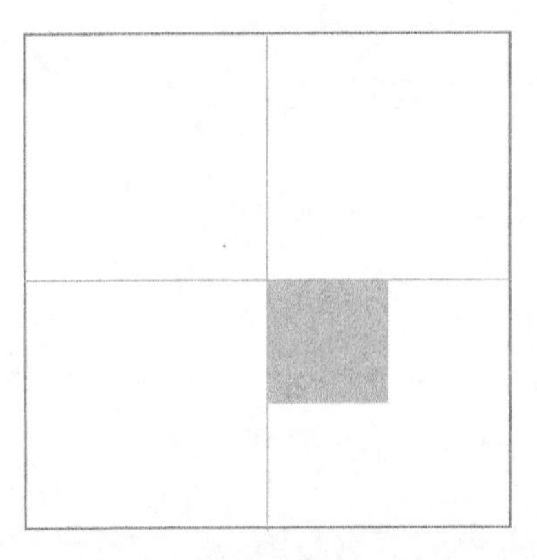

图13-38　使用绝对定位移动元素

使用 translate() 方法，将子元素向上移动自身高度的 50%，向左移动自身宽度的 50%。此时，子元素在父级盒子中达成绝对居中，效果如图 13-39 所示。

```
.son{
    position:absolute;
    left:50%;
    top:50%;
    transform: translate(-50%,-50%);
}
```

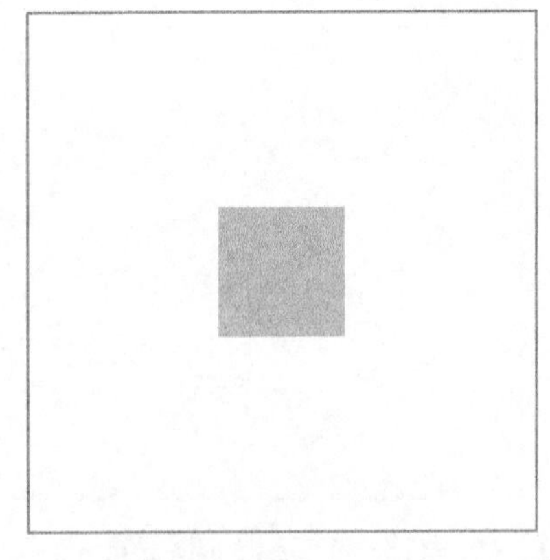

图13-39　绝对居中

13.9.2 照片墙效果

本小节讲解怎样使用 CSS3 来美化图像的排列，做出照片墙的效果。下面的案例主要应用了 box-shadow 阴影属性和 rotate() 旋转方法。

【例 13-27】

创建两个 div 元素，内部嵌套 img 图像元素。使用浮动使 div 元素并排展示，效果如图 13-40 所示。

```
<!DOCTYPE html>
<html>
    <head>
        <meta charset="UTF-8">
        <title></title>
        <style>
            .fl{
              float:left;
            }
            .clearfix::after{
                content:"";
                display:block;
                clear:both;
            }
            .page{
                padding:200px;
            }
            .box1,.box2{
                width:500px;
                background-color:#fff;
            }
            img{
                width:500px;
                display:block;
            }
        </style>
    </head>
    <body>
        <div class="clearfix page">
            <div class="fl box1"><img src="img/sea.jpg" alt=""></div>
            <div class="fl box2"><img src="img/sheep.jpg" alt=""></div>
        </div>
    </body>
</html>
```

图13-40　美观的图像

使用 box-shadow 为 div 元素增加阴影效果，如图 13-41 所示。

```
.box1,.box2{
    width:500px;
    background-color:#fff;
    box-shadow:10px 10px 10px lightgrey;
}
```

图13-41　为图像增加阴影效果

分别使用 transform:rotate(5deg) 和 transform:rotate(-10deg) 对图像进行顺时针旋转和逆时针旋转，如图 13-42 所示。

```
.box1{
    transform: rotate(5deg);
}
.box2{
    transform: rotate(-10deg);
}
```

图13-42 为图像增加旋转效果

13.10 练习题

1. 填空题

（1）div 元素的宽、高均为 100px，当设置________，div 元素显示为圆形。

（2）________属性指定了背景在哪些区域可以显示，但与背景开始绘制的位置无关，背景的绘制位置可以出现在不显示背景的区域，这时就相当于背景图像被不显示背景的区域裁剪了一部分。

（3）________属性允许长单词或 url 地址换行。

参考答案：

（1）border-radius:100px

（2）background-clip

（3）word-wrap

2. 简答题

父元素的类名为 box，子元素的类名为 son，父和子元素的宽度与高度均为未知状态。要求移动子元素，使子元素在水平和垂直方向都处于居中的位置。

参考答案：

请参照 13.9.1 节使用移动效果实现完全居中。

13.11 章节任务

制作图 13-43 所示的照片墙效果。

图13-43 美观排列图像

任务素材及源代码可在 QQ 群中获取，群号：544028317。

第 14 章

移动端网页

前面的章节介绍了网页在计算机上的实现方式。除了计算机之外，通过手机同样可以浏览网页。计算机端的网页一般被称为“PC 端网页”；手机端的网页一般被称为“移动端网页”，移动端开发同样是网页开发中重要的一环。对于简单的网页，可以通过媒体查询使 PC 端适配移动端；对于复杂的网页，一般会分别开发两套网页。

学习目标

- 掌握flex布局方法
- 掌握移动端的视口设置方法
- 学习移动端网页开发
- 掌握媒体查询方法

14.1 flex布局

传统 CSS 布局以盒状模型为基础，依赖 display 属性、position 属性和 float 属性。这种布局方式对于那些特殊布局非常不方便，比如，垂直居中的实现比较复杂。

2009 年，W3C 提出了一种新的方案——flex 布局。这种布局方式可以简便、完整、响应式地实现各种页面布局。目前，flex 布局已经得到了所有浏览器的支持。这意味着现在就能很安全地使用这项功能。

14.1.1 flex相关概念

图 14-1 中的黄色矩形表示 flex 容器 (flex-container)；蓝色子元素表示 flex 容器中的子项 (flex-item)，每个项目占据的主轴空间为 main size，占据的交叉轴空间为 cross size。通过 flex 布局可以控制蓝色子项在容器中的位置和排列。

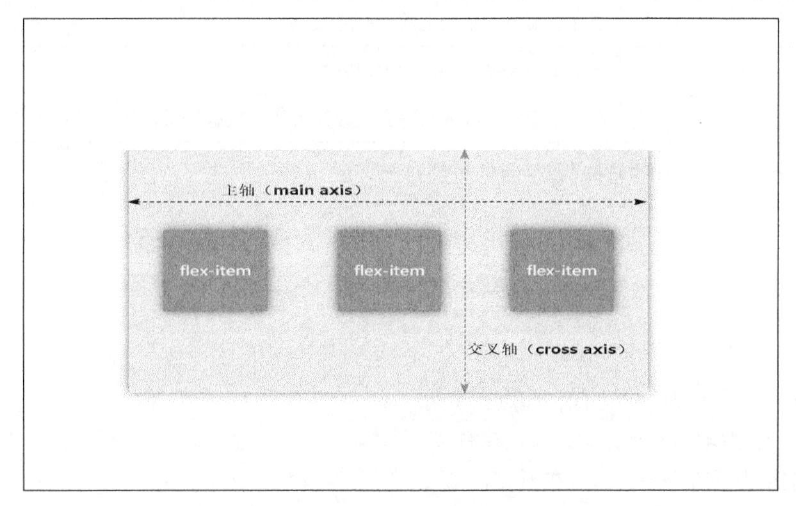

图14-1 flex布局

在 flex 容器中默认存在两条轴，水平的主轴 (main axis) 和垂直的交叉轴 (cross axis)，这是默认的设置。当然，通过修改 flex-direction 属性，可以使垂直方向变为主轴，水平方向变为交叉轴。

注意

不能先入为主地认为宽度就是 main size，高度就是 cross size，这个还要取决于 flex 容器中主轴的方向。如果设置垂直方向为主轴，那么项目的高度就是 main size。

14.1.2 flex布局

实现 flex 布局需要先指定一个容器，使用 display 属性可以指定任何一个容器为 flex 布局，这样容器内部的元素就可以使用 flex 来进行布局。

```
.container {
    display: flex | inline-flex;
}
```

注意

使用 flex 布局时，块元素设置 display 为 flex，内联元素设置 display 为 inline-flex。
在设置 flex 布局之后，子元素的 float、clear、vertical-align 属性都将失效。

flex 布局中常用的属性如表 14-1 所示。

表 14-1　flex 布局中的常用属性

属性	描述
flex-direction	决定主轴的方向，默认值为 row
flex-wrap	决定容器内的项目是否可换行
flex-flow	flex-direction 和 flex-wrap 的简写形式
justify-content	定义了项目在主轴上的对齐方式
align-items	定义了项目在交叉轴上的对齐方式
align-content	定义了多根轴线的对齐方式；如果项目只有一根轴线，那么该属性将不起作用

1. flex-direction 决定主轴的方向(即项目的排列方向)

语法：

```
.container {
    flex-direction: row | row-reverse | column | column-reverse;
}
```

说明：

默认值为：row，主轴为水平方向，起点在左端。

row-reverse：主轴为水平方向，起点在右端。

column：主轴为垂直方向，起点在上端。

column-reverse：主轴为垂直方向，起点在下端。

【例 14-1】

设置背景颜色为黄色的父元素为 flex 布局，默认状态如图 14-2 所示。

```
<!DOCTYPE html>
<html>
    <head>
        <meta charset="UTF-8">
        <title></title>
        <style>
            .container{
                display:flex;
                width:500px;
                height:500px;
                background-color:#FAE78A;
                align-items:center;
                box-shadow:0px 0px 10px rgba(0,0,0,.6);
```

```
                margin:100px;
                border-radius:4px;
            }
            .item{
                width:100px;
                height:100px;
                background-color:#6791D1;
                box-shadow:0px 0px 10px rgba(0,0,0,.6);
                line-height:100px;
                text-align:center;
                color:#fff;
                font-size:24px;
                margin:5px;
            }
        </style>
    </head>
    <body>
        <div class="container">
            <div class="item">1</div>
            <div class="item">2</div>
            <div class="item">3</div>
        </div>
    </body>
</html>
```

图14-2　默认主轴方向为横向，起点在左侧（row）

当设置主轴方向为横向，且起点在右侧时，效果如图 14-3 所示。

flex-direction:row-reverse;

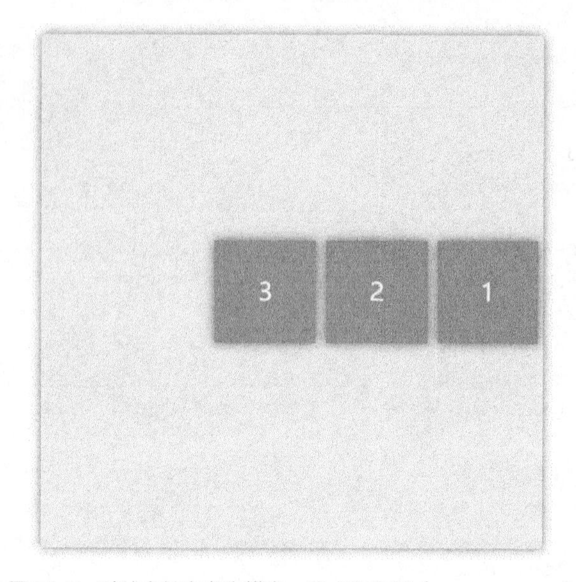

图14-3　默认主轴方向为横向，起点在右侧（row-reverse）

当设置主轴方向为纵向，且起点在上端时，效果如图 14-4 所示。

```
flex-direction:column;
```

图14-4　默认主轴方向为纵向，起点在上端（column）

2. flex-wrap决定容器内项目是否可换行

语法：

```
.container {
   flex-wrap: nowrap | wrap | wrap-reverse;
   }
```

说明：

nowrap：默认值，不换行。在主轴尺寸固定，空间不足时，项目尺寸会随之调整而并不会挤到下一行。

wrap：项目主轴总尺寸超出容器时换行，第一行在上方。

wrap-reverse：换行，第一行在下方。

3. flex-flow: flex-direction 和 flex-wrap 的简写形式

语法：

```
.container {
    flex-flow: <flex-direction> || <flex-wrap>;
}
```

4. justify-content 定义项目在主轴的对齐方式

语法：

```
.container {
   justify-content: flex-start | flex-end | center | space-between | space-around;
}
```

说明：

flex-start：左对齐。

flex-end：右对齐。

center：居中。

space-between：两端对齐，项目之间的间隔相等，即剩余空间等分成间隙。

space-around：每个项目两侧的间隔相等，所以项目之间的间隔比项目与边缘的间隔大一倍。

【例 14-2】

在主轴为水平方向的前提下，justify-content 取不同值的效果如图 14-5 ~ 图 14-9 所示。

图14-5　flex-start

图14-6　flex-end

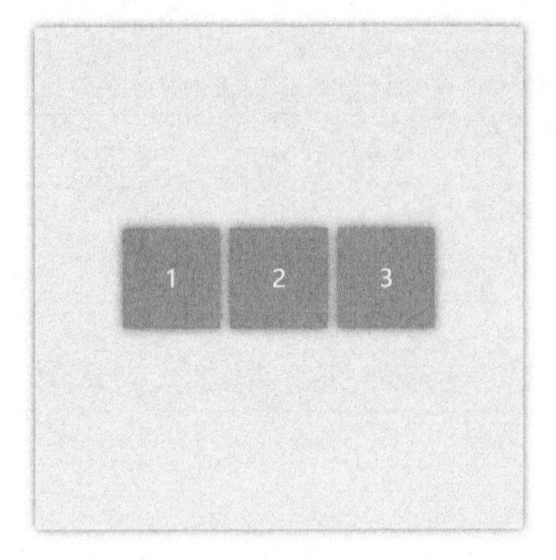

图14-7　center

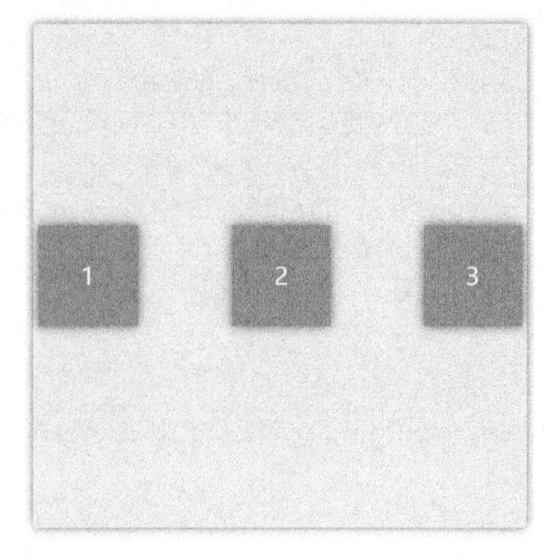

图14-8　space-between

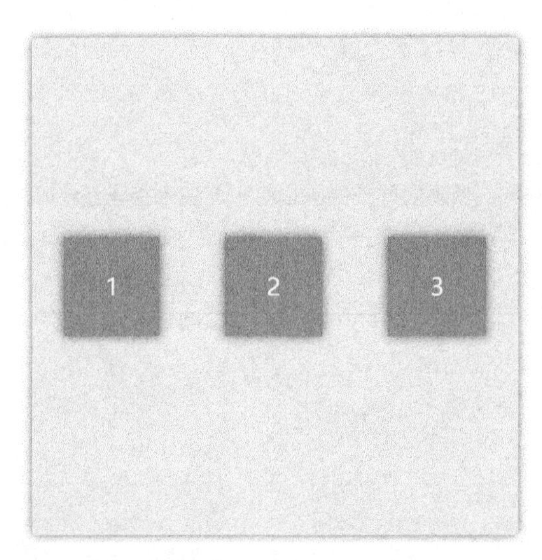

图14-9　space-around

5. align-items定义项目在交叉轴上的对齐方式

语法：

```
.container {
   align-items: flex-start | flex-end | center | baseline | stretch;
}
```

说明：

默认值为 stretch，即如果项目未设置高度或者设为 auto，将占满整个容器的高度。

flex-start：交叉轴的起点对齐。

flex-end：交叉轴的终点对齐。

center：交叉轴的中点对齐。

baseline：项目的第一行文字的基线对齐。

6. align-content定义多根轴线的对齐方式

如果项目只有一根轴线，那么该属性将不起作用。

语法：

```
.container {
    align-content: flex-start | flex-end | center | space-between | space-around |
stretch;
}
```

14.2 移动端基本概念

移动端开发跟 Web 前端开发差别不大，使用的技术都是 HTML+CSS+JavaScript。手机网页可以理解成 PC 网页的缩小版加一些手机独有的触摸特性。因为是在浏览器中进行的网页开发，所有最终代码具有跨系统平台的特性。

本节将介绍移动端开发所需要了解的一些基础概念。

14.2.1 两种像素

在 Web 前端开发领域，像素有以下两层含义。

设备像素：设备屏幕的物理像素，对于任何设备来讲物理像素是固定的。

显示屏是由一个个物理像素点组成的，通过控制每个像素点的颜色，屏幕显示出不同的图像。屏幕从工厂出来那天起，它上面的物理像素点就固定不变了。

CSS 像素：这是一个抽象的像素概念，它是为 Web 开发者创造的。

CSS 像素又称为虚拟像素、设备独立像素或逻辑像素。

在同一设备上，每一个 CSS 像素所代表的物理像素是可以变化的；在不同设备之间，每一个 CSS 像素所代表的物理像素是可以变化的。

14.2.2 移动端的3个视口

移动端有 3 个视口，分别是布局视口、视觉视口和理想视口。

1. 布局视口

移动端 CSS 布局的依据视口，即 CSS 布局会根据布局视口来计算。我们可以通过以下 JavaScript 代码获取布局视口的宽度和高度。

```
document.documentElement.clientWidth
document.documentElement.clientHeight
```

布局视口是指网页的宽度，一般移动端浏览器都默认设置了布局视口。根据设备的不同，布局视口的默认值有可能是 768px、980px 或 1024px 等，这个宽度并不适合在手机屏幕中展示。移动端浏览器之所以采用这样的默认设置，是为了解决早期的 PC 端网页在手机上显示的问题。下面通过图 14-10 展示什么是布局视口。

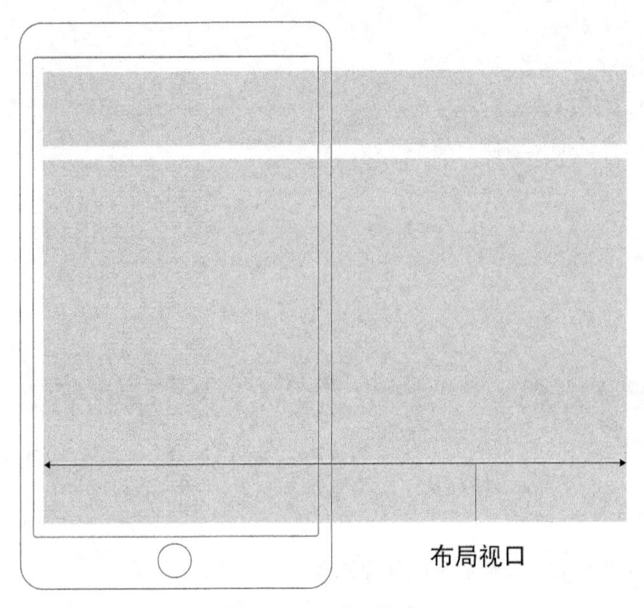

图14-10　布局视口

当移动端浏览器展示 PC 端网页内容时，由于移动端设备屏幕比较小，不能像 PC 端浏览器那样完美地展示网页，这正是布局视口存在的问题。这样的网页在手机浏览器中会出现左右滚动条，用户需要左右滑动才能查看完整的一行内容。

2．视觉视口

视觉视口是指用户正看到的网页的区域，这个区域的宽度等同于移动设备的浏览器窗口的宽度，如图 14-11 所示。

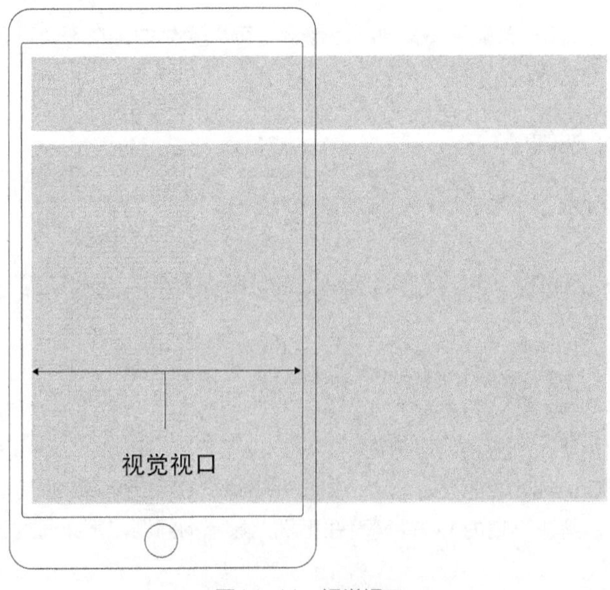

图14-11　视觉视口

> **提示**
>
> 在手机中缩放网页时，操作的是视觉视口，而布局视口仍然保持原来的宽度。

3. 理想视口

布局视口的默认宽度并不是一个理想的宽度，于是浏览器厂商引入了理想视口的概念。理想视口是指对设备来讲最理想的视口尺寸。采用理想视口的方式，可以使网页在移动端浏览器上获得最理想的浏览和阅读的宽度，用户不需要进行缩放。理想视口如图 14-12 所示。

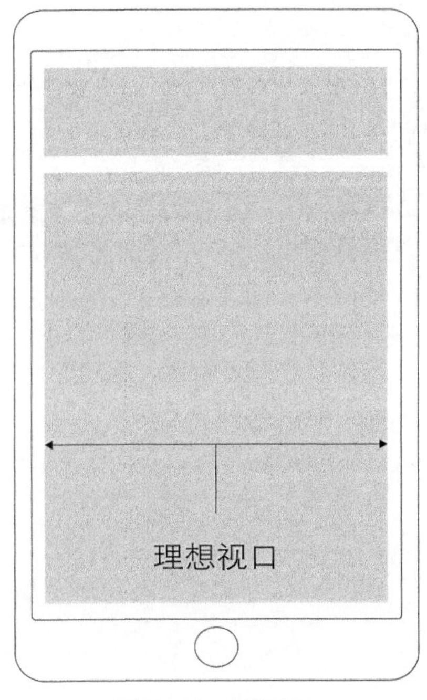

图14-12 理想视口

手机浏览器要把布局视口设为理想视口，代码如下。实际上，这就是响应式布局的基础。

```
<meta name="viewport" content="width=device-width">
```

14.2.3 设备像素比

每一款移动设备在设计时都会有一个最佳像素比，一般只需要将像素比设置为最佳像素比即可得到一个最佳效果。拥有最佳像素比的视口被称为完美视口。

设备像素比 (DPR) = 设备像素个数 / 理想视口 CSS 像素个数 (device-width)

将网页的视口设置为完美视口的代码如下。

```
<meta name="viewport" content="width=device-width, initial-scale=1.0">
```

在编写移动端网页代码的时候，需要在 <head> 标签中写入以上内容，来确保移动端网页以合适的大小展示。

另外，为了解决 IE 浏览器的兼容问题，还需要在 <head> 标签内写入如下代码。

```
<meta http-equiv="X-UA-Compatible" content="ie=edge">
```

14.3　移动端开发

本节介绍移动端开发中涉及的基本知识点，并且以案例的形式示范移动端网页的开发过程。

14.3.1　移动端单位——vw适配

1. 移动端开发无法使用px作为单位

在移动端中，不同设备的视口大小和像素比是不同的。这导致在使用 px 作为布局单位的时候，同样大小的元素在不同设备上显示效果不同。

【例 14-3】

在网页上创建一个 div 元素，宽度为 375px，高度为 100px，设置背景颜色为绿色。在 PC 端网页中显示效果如图 14-13 所示。

```
<!DOCTYPE html>
<html>
    <head>
        <meta charset="UTF-8">
        <meta name="viewport" content="width=device-width,initial-scale=1.0">
        <title></title>
        <style>
            *{
              padding:0;
              margin:0;
            }
            .box{
              width:375px;
              height:100px;
              background-color:green;
            }
        </style>
    </head>
    <body>
        <div class="box"></div>
    </body>
</html>
```

图14-13 PC端显示效果

按快捷键 F12，进入开发者模式。单击开发者工具栏中左上角的第二个图标，切换到移动端视图。当设备为 iPhone 6 的时候，元素的宽度与设备相同，如图 14-14 所示。

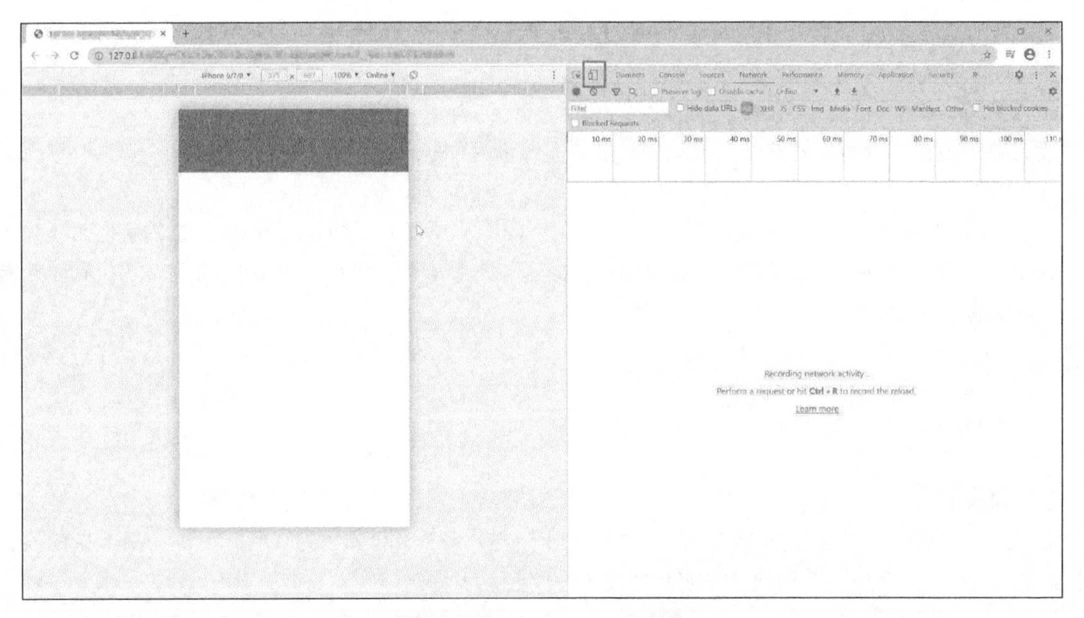

图14-14 iPhone 6显示效果

修改视图中的设备为 iPhone 6 Plus，元素的宽度小于设备的宽度，如图 14-15 所示。

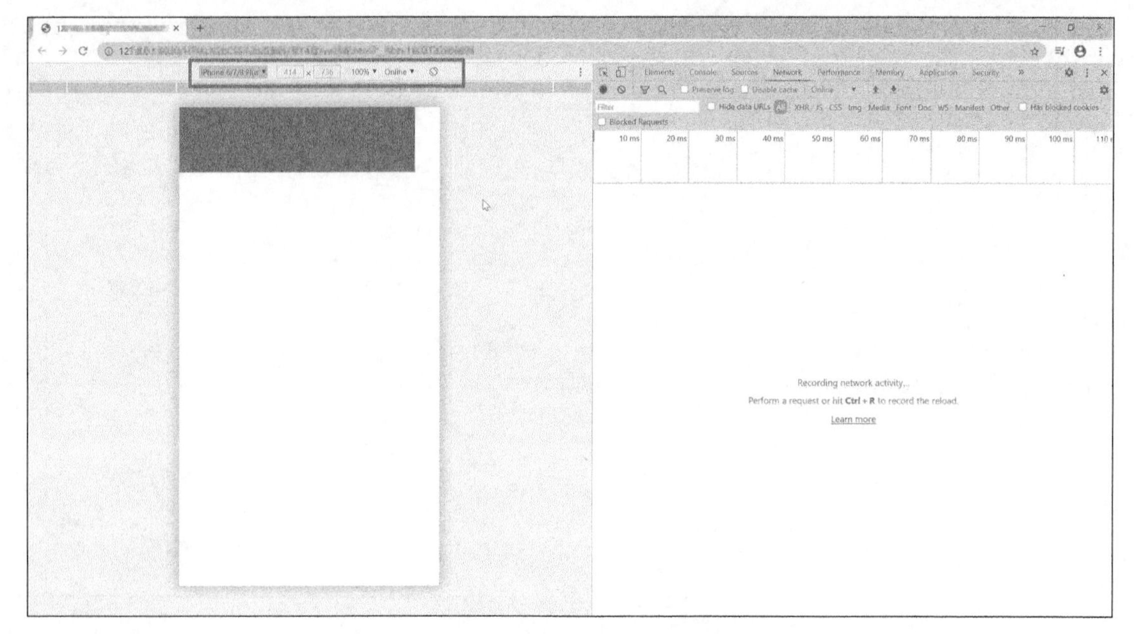

图14-15　iPhone 6 Plus显示效果

由上面的案例可得，移动端开发中不能使用 px 作为单位。

2. 移动端开发推荐使用的单位——vw

vw 表示的是视口的宽度（viewport width），相当于以视口宽度进行计算。如 100vw =1 个视口的宽度，1vw = 1% 视口宽度。

一般来说，移动端的设计图尺寸为宽度 =750px。

为了在开发的时候可以直接使用设计图尺寸，需要进行一些转换，即 100vw = 750px → 1vw=7.5px → 1px = 0.1333vw。

使用 rem 作为弹性单位，网页的最小字体大小为 12px，所以并不能设置 html 元素的字体大小为 1px（0.1333vw）。为了方便计算，取 1rem 为 100px，即 13.33vw（0.1333vm × 100），此时网页中其他元素的尺寸都应该除以 100。

```
html{
    /* 相当于 100px(CSS 像素 )*/
    font-size:13.333vw;
}
```

【例 14-4】

默认移动端设计图宽度为 750px，写一个撑满全屏的导航条，背景颜色为灰色。在 iPhone 6 中的显示如图 14-16 所示，在 iPhone 6 Plus 中的显示如图 14-17 所示。

```
<!DOCTYPE html>
<html>
    <head>
        <meta charset="UTF-8">
```

```
        <meta name="viewport" content="width=device-width,initial-scale=1.0">
        <meta http-equiv="X-UA-Compatible" content="ie=edge">
        <title></title>
            <style>
                *{
                    padding:0;
                    margin:0;
                }
                    html{
                        /* 相当于100px(CSS像素)*/
                        font-size:13.333vw;
                }
                .box{
                        width:7.5rem;
                        height:1rem;
                        background-color:darkgray;
                }
        </style>
    </head>
    <body>
        <div class="box"></div>
    </body>
</html>
```

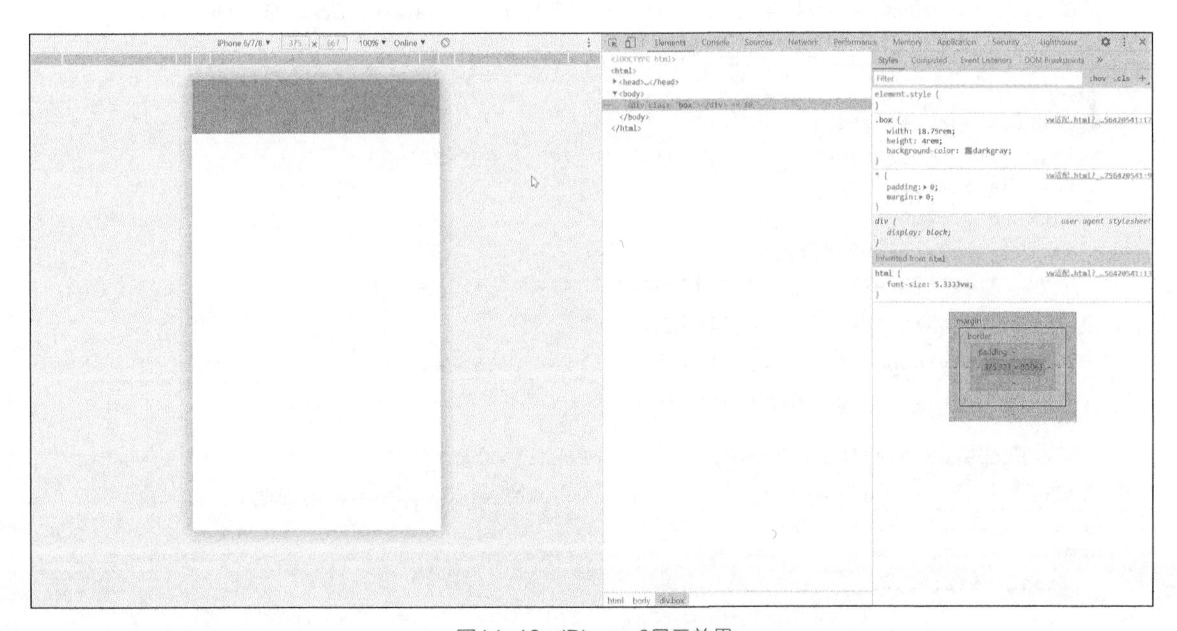

图14-16 iPhone 6显示效果

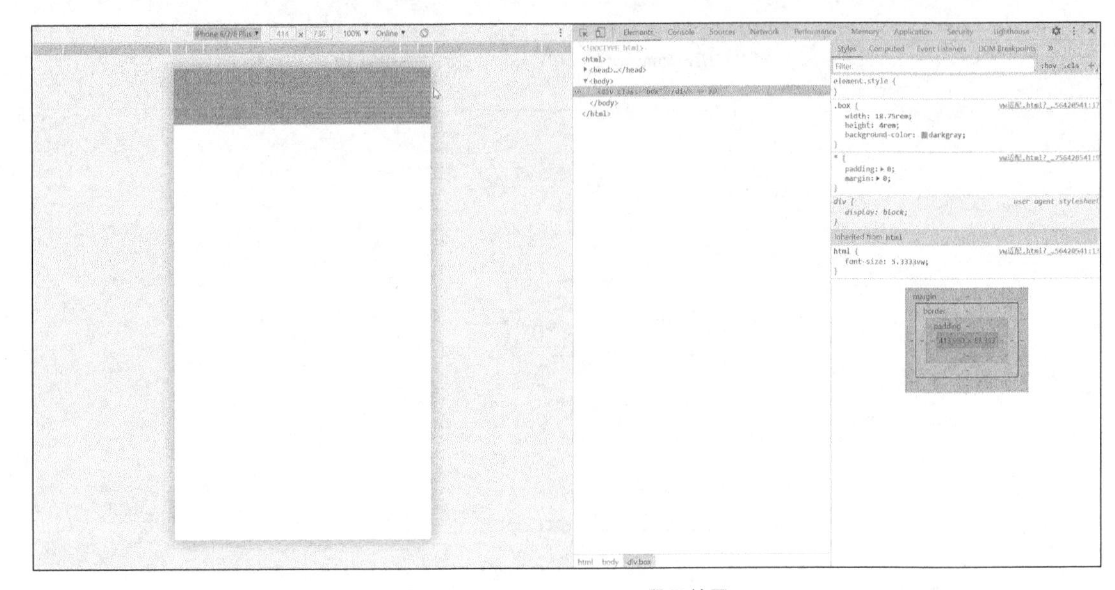

图14-17　iPhone 6 Plus显示效果

14.3.2　开发一个移动端网页

本小节将讲解开发一个移动端网页的步骤，并提供网页实例。

【例 14-5】

准备网页中所需要的图像等多媒体资源。在 HTML 文件中引入 reset.css，清除元素的初始样式。

```
body,ul,ol,li,p,h1,h2,h3,h4,h5,h6,form,fieldset,table,td,img,div{margin:0;padding:0;
border:0;}
ul,ol{list-style:none;}
select,input,img,select{vertical-align:middle; border:none;}
a{text-decoration:none;}
a:link{color:#009;}
a:visited{color:#800080;}
a:hover,a:active,a:focus{color:#c00;text-decoration:underline;}
```

设置像素比，将网页的视口设置为完美视口。

```
<meta name="viewport" content="width=device-width, initial-scale=1.0">
```

解决 IE 浏览器的兼容问题。代码如下。

```
<meta http-equiv="X-UA-Compatible" content="ie=edge">
```

设置 html 元素的字体大小为 100px（即 13.33vw），为使用 rem 作为单位做准备。

```
html{
    font-size:13.333vw;
}
```

首先，分析网页结构。移动端网页从上到下可分为 3 个部分：图像 banner、商品列表、用户导航，如图 14-18 所示。其中，用户导航应固定在屏幕下方，不随网页的滚动而变化。下面，首先完成导航部分。

图14-18　移动端网页效果

网页导航部分固定在屏幕下方，下面使用固定定位的方式来完成这一需求。导航栏中的每一个子项图标在竖直方向上居中，在水平方向上均匀分布，这一效果可使用 flex 布局简单实现。导航栏在网页中的显示效果如图 14-19 所示。

HTML 代码如下。

```
<!DOCTYPE html>
<html>
    <head>
        <meta charset="UTF-8">
        <title></title>
        <meta name="viewport" content="width=device-width, initial-scale=1.0">
        <meta http-equiv="X-UA-Compatible" content="ie=edge">
        <link rel="stylesheet" href="reset.css">
        <link rel="stylesheet" href="index.css">
    </head>
    <body>
        <div class="page">
            <div class="banner"></div>
            <div class="content"></div>
            <footer>
```

```
                <div class="foot-item">
                    <i></i>
                </div>
                <div class="foot-item">
                    <i></i>
                </div>
                <div class="foot-item">
                    <i></i>
                </div>
                <div class="foot-item">
                    <i></i>
                </div>
                <div class="foot-item">
                    <i></i>
                </div>
            </footer>
        </div>
    </body>
</html>
```

CSS 代码如下。

```
html{
    font-size:13.333vw;
}
footer{
    width:7.5rem;
    height:0.98rem;
    position:fixed;
    bottom:0;
    display:flex;
    justify-content: space-around;
    align-items: center;
    border-top: solid 1px #f0f0f0;
}
.foot-item i{
    display:block;
    width:0.51rem;
    background:url(../img/home.png) no-repeat center center/100%;
}
.foot-item:nth-of-type(1) i{
    height:0.5rem;
}

.foot-item:nth-of-type(2) i{
    height:0.44rem;
    background-image:url(../img/info.png);
    background-size:100%;
```

```
}
.foot-item:nth-of-type(3) i{
    height:0.37rem;
    background-image:url(../img/seek.png);
    background-size:100%;

}
.foot-item:nth-of-type(4) i{
    height:0.44rem;
    width:0.5rem;
    background-image:url(../img/bag.png);
    background-size:100%;
}
.foot-item:nth-of-type(5) i{
    height:0.5rem;
    width:0.47rem;
    background-image:url(../img/user.png);
    background-size:100%;
}
```

图14-19　导航栏显示效果

增加 banner 图像部分，显示效果如图 14-20 所示。

HTML 代码如下。

```
<div class="banner">
    <img src="img/banner.png" alt="">
</div>
```

CSS 代码如下。

```
.banner{
    width:7.5rem;
    height:4.8rem;
}
.banner img{
    width:100%;
}
```

图14-20　banner图像显示效果

接下来完成商品列表部分，先解决商品模块的布局问题。使用色块展现商品模块的排列方式，边框部分以 3 的倍数作为基准进行分类设置，在浏览器中的显示效果如图 14-21 所示。

HTML 代码如下。

```
<div class="content">
    <div class="content-item">
    </div>
    <div class="content-item">
    </div>
    <div class="content-item">
    </div>
    <div class="content-item">
    </div>
    <div class="content-item">
    </div>
    <div class="content-item">
    </div>
</div>
```

CSS 代码如下。

```
.content{
    display:flex;
    flex-wrap:wrap;
}
.content-item{
    width:2.48rem;
    height:3.8rem;
    background-color:lightpink;
    border:0.01rem solid #f0f0f0;
}
.content-item:nth-of-type(3n){
    border:none;
    /*width:2.5rem;*/
}
.content-item:nth-of-type(3n-1){
    border:0 0.01rem 0.01rem 0;
}
.content-item:nth-of-type(3n-2){

}
.content-item:nth-of-type(4),.content-item:nth-of-type(5){
    border:0 0.01rem 0 0;
}
```

图14-21　商品模块的色块

所有商品模块的结构基本一致，需要特殊处理商品的边框、“限时特价”的小标签以及右上角的“NEW”标记。特价标签一般不是商品模块的固定结构部分，所以使用定位的方式放在需要的位置上，不需要时删掉标签不影响其他结构。另外，图像中的“+”位置可能发生变化，所以同样使用定位的方式去确定它的位置。单个商品模块的显示效果如图 14-22 所示。

HTML 代码如下。

```
<div class="content-item">
    <div class="goods-show">
            <img src="img/f1.png" alt="">
    </div>
    <p class="name">佳沛绿奇异果</p>
    <p class="size">270-300g 3 粒 / 盒</p>
    <p class="price">¥12.9</p>
    <div class="add"></div>
    <div class="new"></div>
    <div class="sold">限时特价</div>
</div>
```

CSS 代码如下。

```
.content-item .goods-show{
```

```
    width:100%;
    height:1.98rem;
    display:flex;
    justify-content: center;
    align-items: center;
    margin-bottom:0.1rem;
}
.content-item .goods-show img{
    width:2rem;
}
.content-item .name{
    padding-left:0.28rem;
    height:0.26rem;
    font-size:0.28rem;
    line-height:0.26rem;
    color: #333333;
}
.content-item .size{
    height: 0.24rem;
    line-height:0.24rem;
    font-family: PingFangSC-Regular;
    font-size: 0.22rem;
    color: #333333;
    margin-top:0.37rem;
    padding-left:0.28rem;
}
.content-item .price{
    padding-left:0.28rem;
    color: #e60d53;
    font-size:0.3rem;
    margin-top:0.21rem;
    font-family: HelveticaNeue-Condensed;
    font-weight:bold;
}
.content-item .add{
    width:0.45rem;
    height:0.45rem;
    position:absolute;
    right:0.23rem;
    bottom:0.26rem;
    background:url(img/add.png) no-repeat center/100%;
}
.content-item .new{
    width:0.5rem;
    height:0.5rem;
    position:absolute;
    right:0.23rem;
```

```
        top:0.32rem;
        background:url(img/new.png) no-repeat center/100%;
    }
    .content-item .sold{
        position:absolute;
        width: 0.90rem;
        height: 0.24rem;
        line-height:0.24rem;
        letter-spacing: 0;
        background-color: #e60d53;
        border-radius:0.05rem;
        color:#fff;
        font-family: PingFangSC-Regular;
        text-align:center;
        font-size: 0.18rem;
        bottom:1.11rem;
        left:0.28rem;
    }
```

图14-22　完成一个商品模块

其他商品模块的制作步骤：复制第一个商品模块的内容，更改文字和图像，删掉部分模块的“特价”或“NEW”标签，最后效果如图 14-23 所示。

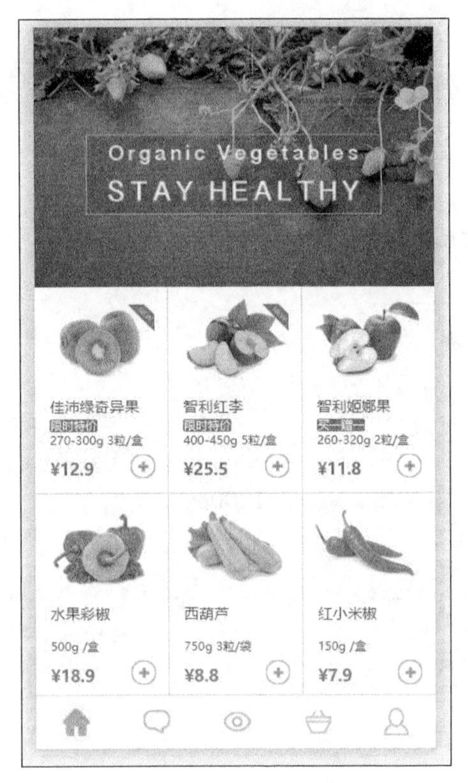

图14-23 完成所有商品模块

14.4 媒体查询

@media 规则可以针对不同的媒体类型（包括显示器、便携设备、电视机等）设置不同的样式规则。

@media 语法：

```
@media mediatype and|not|only (media feature) {
    CSS-Code;
}
```

关键字解析：

and：表示并且，必须满足所有表达式的要求才能使用 media 定义样式。

not：表示除…外，即排除掉某些特定的设备，如 @media not print（非打印设备）。

not 针对的是一整条媒体查询语句，而非其中的某一个条件。

only：用来指定某种特别的媒体类型，一般用来兼容老版的浏览器。

媒体类型（mediatype）的取值和描述：

all ：用于所有多媒体类型设备。

print ：用于打印机。

screen ：用于计算机屏幕、平板电脑、智能手机等。

speech：用于屏幕阅读器。

常用媒体功能(media feature)的取值和描述：

height：定义输出设备中的页面可见区域高度。

width：定义输出设备中的页面可见区域宽度。

max-width：定义输出设备中的页面最大可见区域宽度。

min-width：定义输出设备中的页面最小可见区域宽度。

网页的常用断点：

媒体查询中，样式切换的分界点称为断点。

超小屏幕：屏幕宽度小于 768px（max-width=768px）。

小屏幕：屏幕宽度大于 768px 且小于 992px（min-width=768px；max-width=992px）。

中型屏幕：屏幕宽度大于 992px 且小于 1200px（min-width=992px；max-width=1200px）。

大屏幕：屏幕宽度大于 1200px（min-width=1200px）。

【例 14-6】

使用媒体查询，设置 <div> 标签在屏幕宽度小于 768px 时，背景颜色为粉色；当屏幕宽度大于 768px 且小于 992px 时，背景颜色为浅黄色（palegoldenrod）；当屏幕宽度大于 992px 且小于 1200px 时，背景颜色为浅蓝色（paleturquoise）；当屏幕宽度大于 1200px 时，背景颜色为浅绿色（palegreen）。效果如图 14-24 ～图 14-27 所示。

```
<!DOCTYPE html>
<html>
    <head>
        <meta charset="utf-8">
        <title></title>
        <link rel="stylesheet" href="../css/reset.css">
        <style>
            .page{
                width:100%;
                height:300px;
            }

            @media only screen and (max-width:768px){
                .page{
                    background-color:pink;
                }
            }
            @media only screen and (min-width:768px) and (max-width:997px){
                .page{
                    background-color:palegoldenrod;
                }
            }
```

```
            @media only screen and (min-width:997px) and (max-width:1200px){
                .page{
                    background-color:paleturquoise;
                }
            }
            @media only screen and (min-width:1200px){
                .page{
                    background-color:palegreen;
                }
            }
        </style>
    </head>
    <body>
        <div class="page"></div>
    </body>
</html>
```

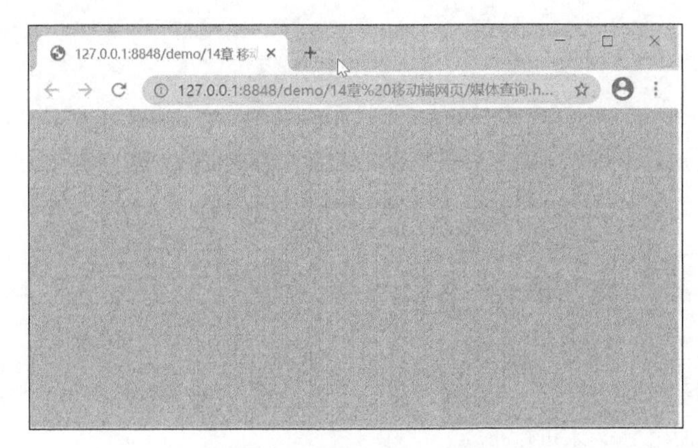

图14-24　屏幕宽度小于768px

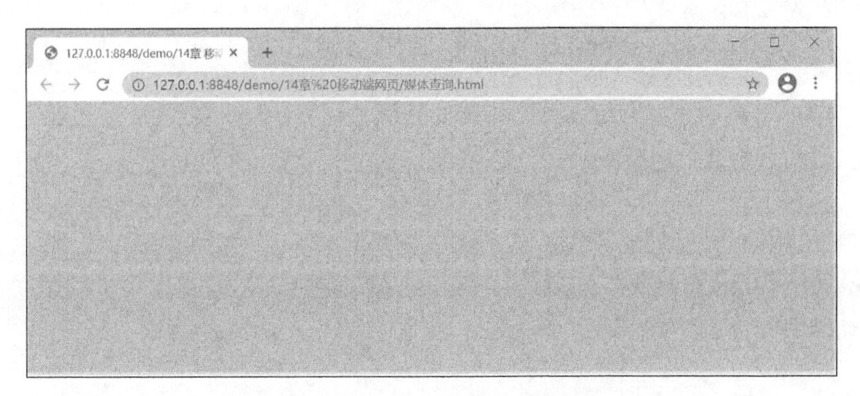

图14-25　屏幕宽度大于768px且小于992px

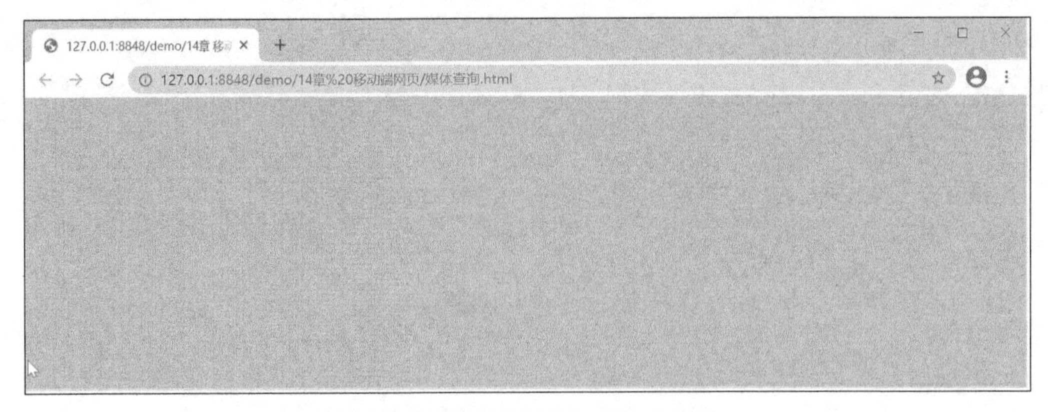

图14-26　屏幕宽度大于992px且小于1200px

图14-27　屏幕宽度大于1200px

14.5　练习题

1.填空题

（1）实现 flex 布局需要先指定一个容器，使用________语句可以指定任何一个容器为 flex 布局，这样容器内部的元素就可以使用 flex 来进行布局。

（2）在同一设备上，每一个 CSS 像素所代表的________像素是可以变化的；在不同设备之间，每一个 CSS 像素所代表的物理像素是可以变化的。

（3）________规则可以针对不同的媒体类型设置不同的样式规则。

参考答案：

（1）display：flex | inline-flex

（2）物理

（3）@media

2.简答题

将像素比设置为最佳像素比即可得到一个最佳效果。拥有最佳像素比的视口，被称为完美视口。请写出将网页的视口设置为完美视口的代码。

参考答案：

```
<meta name="viewport" content="width=device-width,initial-scale=1.0">
```

14.6　章节任务

制作本章【例 14-5】的移动端网页，效果如图 14-28 所示。

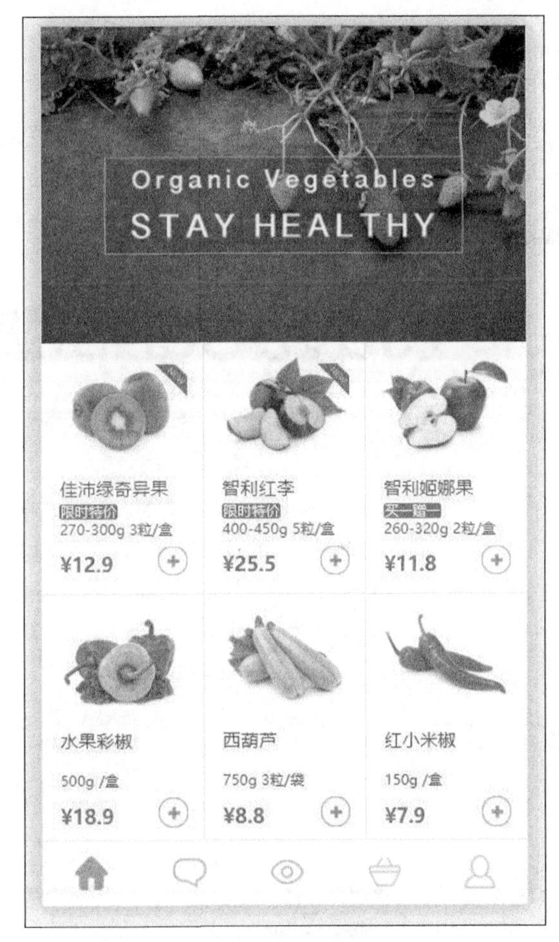

图14-28　章节任务

任务素材及源代码可在 QQ 群中获取，群号：544028317。

第 15 章

JavaScript脚本基础

JavaScript 语言是网页中广泛使用的一种脚本语言，简称 JS。使用 JavaScript 可以使网页产生动态效果。JavaScript 以其小巧简单的特性而备受用户欢迎。本章将介绍 JavaScript 的基本概念、语言特点、基本语法、常见的事件和常见内部对象的使用。

学习目标

- 了解JavaScript的概念
- 了解JavaScript的特点
- 掌握JavaScript的基本语法
- 掌握JavaScript事件的使用方法
- 使用JavaScript获取网页中的元素
- 使用JavaScript获取、更改元素的属性
- 了解浏览器的内部对象

15.1 JavaScript简介

JavaScript 是一种解释型的、基于对象的脚本语言。尽管与 C++ 这样成熟的面向对象语言相比，JavaScript 的功能要弱一些，但就预期用途而言，JavaScript 的功能已经足够强大了。JavaScript 是一种宽松类型的语言。宽松类型意味着不必显式定义变量的数据类型。事实上 JavaScript 更进一步，用户无法在 JavaScript 中明确地定义数据类型。此外，在大多数情况下，JavaScript 会根据需要自动进行转换。

下面通过一个简单的实例来熟悉 JavaScript 的基本使用方法。

【例 15-1】

通过 JavaScript 在网页中写入一个 p 元素，内容为“JavaScript 的基本使用方法！”，效果如图 15-1 所示。代码如下。

```
<!DOCTYPE html>
<html>
    <head>
        <meta charset="UTF-8">
        <title></title>
        <script language="javascript">
            document.write("<p style='color:hotpink'>JavaScript 的基本使用方法 !</p>");
        </script>
    </head>
    <body>
    </body>
</html>
```

JavaScript的基本使用方法！

图15-1　JavaScript脚本

以上代码是简单的 JavaScript 脚本，分为 3 个部分：第一部分是 <script>，它告诉浏览器“下面的是 JavaScript 脚本”；第二部分就是 JavaScript 脚本，用于创建对象、定义函数或直接执行某一功能；第三部分是 </script>，它用来告诉浏览器“JavaScript 脚本到此结束”。

JavaScript 为网页设计人员提供了极大的灵活性，它能够将网页中的文本、图形、声音和动画等各种媒体形式捆绑在一起，形成一个紧密结合的信息源。

JavaScript 具有以下特点。

- JavaScript是一种脚本编写语言，采用小程序段的方式实现编程，开发过程非常简单。
- JavaScript是一种基于对象的语言，它能运用已经创建的对象。
- JavaScript是一种基于Java基本语句和控制流之上的简单而紧凑的设计语言，比较简单；它的变量类型采用弱类型，并未使用严格的数据类型。
- JavaScript是动态的，可以直接对用户的输入做出响应，不需要经过Web服务程序。
- JavaScript是一种安全性语言，它不允许访问本地硬盘，并且不能将数据存入服务器，不允许对网络文档进行修改和删除，只能通过浏览器实现信息浏览或动态交互，从而有效地防止数据丢失。
- JavaScript具有跨平台性，它依赖于浏览器本身，与操作环境无关。

15.2 JavaScript基本语法

JavaScript 语言有自己的常量、变量、表达式、运算符，以及程序的基本框架，下面将一一介绍。

15.2.1 常量和变量

在 JavaScript 中数据可以是常量或是变量。

1. 变量

变量值在程序运行期间是可以改变的，它主要作为数据的存取容器。在使用变量的时候，最好对其进行声明。虽然在 JavaScript 中并不要求一定要对变量进行声明，但为了不至于混淆，用户还是要养成声明变量的习惯。变量的声明主要就是明确变量的名字、变量的类型以及变量的作用域。

变量的命名要求如下。

- 必须以字母、下画线“_”或美元符号“$”开头，除此之外不能有空格和其他符号。
- 变量名不能使用JavaScript中的关键字，所谓关键字就是JavaScript中已经定义好并有一定用途的字符，如int、true等。
- 在对变量命名时最好把变量的意义与其代表的意思对应起来，以免出现错误。

在 JavaScript 中声明变量使用 var 关键字，如下所示。

```
var city1;//定义了一个名为 city1 的变量
var city2;//定义了一个名为 city2 的变量
var city3;//定义了一个名为 city3 的变量
var city4;//定义了一个名为 city4 的变量
```

定义了变量就要对其赋值，也就是为变量存储一个值，这需要利用赋值符“=”。变量的声明和赋值可以同步进行，如下所示。

```
//给变量 city1 赋值为 100，100 为数值，该变量就是数值变量
var city1=100;
//给变量 city2 赋值为"北京"，"北京"为字符串，该变量就是字符串变量
var city2="北京";
//给变量 city3 赋值为 true，true 为布尔常量，该变量就是布尔型变量。
//布尔型的数据类型一般使用 true 或 false 表示。
var city3=true;
//给变量city4 赋值为 null，null 表示空值，即什么也没有。
var city4=null;
```

上面分别声明了 4 个变量，并同时赋予了它们值。变量的类型是由值的类型来确定的。

变量有一定的作用范围，在 JavaScript 中有全局变量和局部变量。全局变量定义在所有函数体之外，其作用范围是整个函数；而局部变量定义在函数体之内，只对该函数是可见的，对其他函数则是不可见的。

2. 常量

常量标识符的命名规则和变量相同：必须以字母、下画线“_”或美元符号“$”开头并可以包含有字母、数字或下画线。

常量的值是不能改变的，在 JavaScript 中声明常量使用 const 关键字，如下所示。

```
const PI = 3.14;
```

常量不可以通过重新赋值改变其值，也不可以在代码运行时重新声明。它必须被初始化为某个值。

15.2.2 数据类型

ES5（ECMAScript5）中有 6 种数据类型，其中包括 5 种基本数据类型（Number、String、Boolean、Undefined、Null）和 1 种复合型数据类型（Object）。最新的 ECMAScript 标准增加了一种基本数据类型（Symbol）。下面将详细介绍这几种数据类型。

1. Boolean（布尔值）

Boolean 有两个值，分别是 true 和 false。

其他数据类型也可以通过 Boolean() 函数转换为布尔类型。各数据类型的转换规则如表 15-1 所示。

表 15-1　　Boolean() 函数的转换规则

数据类型	转换为 true 的值	转换为 false 的值
Boolean	true	false
String	任何非空字符串	" "（空字符串）
Number	任何非零数字值（包括无穷大）	0 和 NaN
Object	任何对象	null
Undefined	——	undefined

2. Null

Null 是一个特殊关键字，Null 表示没有、空的。JavaScript 是大小写敏感的，因此 null 与 Null、NULL 或变体完全不同。

说明：

在 JavaScript 中，变量一旦被定义，就无法清除，始终存在于内存中。如果定义了一个变量，当前不需要赋值，但定义的变量可能在以后会用到，可以为它赋值为 Null。

3. Undefined

Undefined 和 Null 一样是一个特殊的关键字，Undefined 表示定义了一个变量，但未给这个变量赋值。

4. Number（数字）

Number 类型用来表示整数和浮点数，例如：22 或 3.1415926。

NaN，即非数值（Not a Number）是一个特殊的数值，JavaScript 中当对数值进行计算时没有结果返回，则返回 NaN。

有 3 个函数可以把非数值转换为数值，分别为 Number()、parseInt() 和 parseFloat()。

- Number()可以用来转换任意类型的数据，而parseInt() 和parseFloat()只能用于转换字符串类型的数据。
- parseInt()可以将字符串转换为整数， parseFloat()可以将字符串转为浮点数。

5. String（字符串）

字符串是一串表示文本值的字符序列。字符串必须被包含在引号里面，例如 "Hello"。

将其他数值转换为字符串有 3 种方式：toString()、String() 与字符串进行拼接。

6. Symbol (在ECMAScript 6中新添加的类型)

一种实例是唯一且不可改变的数据类型。

7. 对象（Object）

其中包含了 Object 类型、Data 类型、function 类型、Array 类型等。

判断数据类型的方法——typepof。使用 typeof 操作符可以检查一个变量的数据类型。

语法：

```
typeof(数值);
```

返回结果：

```
- typeof(数值); //number
- typeof(字符串); //string
- typeof(布尔型); //boolean
- typeof(undefined); //undefined
- typeof(对象值);//object
- typeof(symbol);// symbol
```

15.2.3　表达式和运算符

在定义完变量后，就可以对其进行赋值、改变、计算等一系列操作，这一过程通过表达式来完成，而表达式中的一大部分是在做运算符处理。

1. 表达式

表达式就是常量、变量、布尔和运算符的集合，因此表达式可以分为算术表达式、字符表达式、赋值表达式及布尔表达式等。在定义完变量后，就可以对其进行赋值、改变、计算等一系列操作，这一过程通常通过表达式来完成，而表达式中的一大部分是在做运算符处理。

2. 运算符

运算符是用于完成操作的一系列符号。JavaScript 中的运算符包括算术运算符、比较运算符和逻辑运算符。算术运算符可以进行加、减、乘、除和其他数学运算，如表 15-2 所示。

表 15-2　　算术运算符

算术运算符	描述
+	加
-	减
*	乘
/	除
%	取模
++	递加 1
--	递减 1

逻辑运算符用于比较两个布尔值（真或假），然后返回一个布尔值，如表 15-3 所示。

表 15-3 逻辑运算符

逻辑运算符	描述
&&	逻辑“与”，在形式 A&&B 中，只有当两个条件 A 和 B 都成立时，整个表达式的值才为 true
‖	逻辑“或”，在形式 A ‖ B 中，只要两个条件 A 和 B 中有一个成立，整个表达式的值就为 true
!	逻辑“非”，在 !A 中，当 A 成立时，表达式的值为 false；当 A 不成立时，表达式的值为 true

比较运算符用于比较表达式的值，并返回一个布尔值，如表 15-4 所示。

表 15-4 比较运算符

比较运算符	描述
<	小于
>	大于
<=	小于等于
>=	大于等于
=	等于
!=	不等于
==	等于
===	等值类型
?	三元运算符

赋值运算符用于为 JavaScript 变量赋值，如表 15-5 所示。

表 15-5 赋值运算符

赋值运算符	例子	等同于
=	x = y	x = y
+=	x += y	x = x + y
-=	x -= y	x = x - y
*=	x *= y	x = x * y
/=	x /= y	x = x / y
%=	x %= y	x = x % y

15.2.4 基本语句

在 JavaScript 中主要有两种基本语句：一种是循环语句，如 for、while；另一种是条件语句，如 if…else、switch。另外还有一些其他的程序控制语句，下面就来详细介绍基本语句的使用。

1. if…else语句

if…else 语句是 JavaScript 中最基本的条件控制语句，通过它可以改变语句的执行顺序。

语法 1：

```
if (条件)
{
  当条件为 true 时执行的代码
}
else
{
  当条件不为 true 时执行的代码
}
```

语法 2：

```
if (条件1)
{
  当条件 1 为 true 时执行的代码
}
else if (条件2)
{
  当条件 2 为 true 时执行的代码
}
else
{
  当条件 1 和 条件 2 都不为 true 时执行的代码
}
```

说明：

若 if 后的语句有多行，括在大括号 { } 内通常是一个好习惯，这样更清楚，并可以避免无意中造成错误。

【例 15-2】

本案例使用 if…else 语句和 for 语句完成两幅图像的交替显示。在浏览器中的显示效果如图 15-2 所示。

```
<!DOCTYPE html>
<html>
    <head>
        <meta charset="UTF-8">
        <title></title>
        <script language="javascript">
            for(a=10;a<=15;a++){
                if(a%2==0){  // 使用 if语句来控制图像的交叉显示
                    document.write("<img src='img/flower1.jpg' width='200px'>");
                }
                else{
                    document.write("<img src='img/flower2.jpg' width='200px'>");
                }
            }
        </script>
    </head>
    <body>
    </body>
</html>
```

在语句 if(a%2==0) 中，% 为取模运算符，该表达式的意思就是求变量 a 对常量 2 的取模；如果能除尽就显示图像 flower1.jpg，如果不能除尽就执行 else 语句（即显示图像 flower2.jpg）。同时，变量 a 的初始值为 10，每次循环递增 1，这样图像就能不断交替显示下去，直到不满足 a<=15 的条件结束。

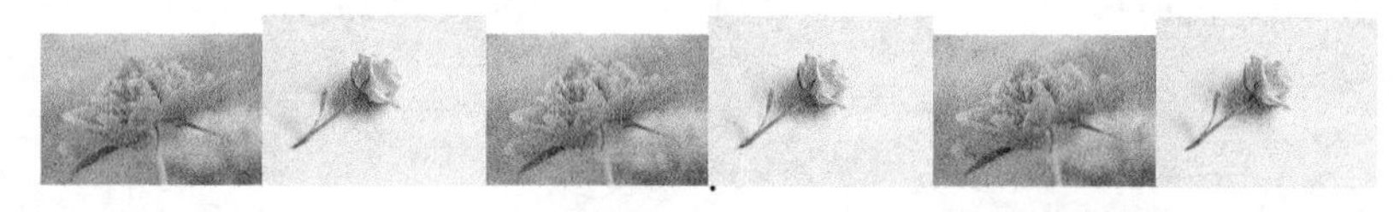

图15-2 使用if…else语句完成两幅图像的交替显示效果

2. switch语句

switch 语句是多分支选择语句。它不同于 if…else 语句，它的所有分支都是并列的。当判断条件比较多时，为了使程序更加清晰，可以使用 switch 语句。

语法：

```
switch(表达式)
{
    case n:
          代码块 1
          break;
    case n:
          代码块 2
          break;
    ......
    default:
        默认代码块；
}
```

使用 switch 语句时，表达式的值将与每个 case 语句的值进行全等比较。为了避免执行其他 case 后面的代码块，可以使用 break 关键字，使程序只执行当前 case 后面的代码块。

- 如果当前case语句的值与表达式的值全等：执行当前case语句后的代码。
- 如果当前case语句的值与表达式的值不相同：继续比较下一个case的值。
- 如果没有一个case语句的值与表达式的值相同，则执行default语句。

关键字解析：

switch 语句通常与 break 或 default 关键字一起使用。两者都是可选的。

break 关键字：跳出循环。使用 break 关键字可以在“表达式的值 ==case 的值”时跳出 switch 代码块，确保程序只执行当前 case 后面的代码块；如果不使用 break，swith 语句会执行相匹配的 case 后面所有的代码。

default 关键字（写在代码里是一条语句）：规定匹配不存在时做的事情。如果没有一个 case 语句的值与表达式的值相匹配，则执行 default 语句。default 关键字在 switch 语句中只能出现一次。如果没有相匹配的 case 语句，也没有 default 语句，则什么也不执行。

【例 15-3】

获取当前的日期，通过 switch 语句判断，最后在页面中输出当前的日期。效果如图 15-3 所示。

今天星期三

图15-3 输出当前日期

```
<!DOCTYPE html>
<html>
    <head>
        <meta charset="UTF-8">
        <title></title>
        <script>
                //获取当前是星期几
                var day=new Date().getDay();
                switch (day) {
                case 1:
                     document.write("今天星期一");
                     break;
                case 2:
                     document.write("今天星期二");
                     break;
                case 3:
                     document.write("今天星期三");
                     break;
                case 4:
                     document.write("今天星期四");
                     break;
                case 5:
                     document.write("今天星期五");
                     break;
                case 6:
                     document.write("今天星期六");
                     break;
                case 0:
                     document.write("今天星期日");
                     break;
                default:
                     document.write("出错了");
              }
           </script>
    </head>
    <body> </body>
</html>
```

3. for循环语句

for 循环语句的作用是重复执行语句，直到循环条件为 false 为止。

语法：

```
for(初始化语句; 条件语句; 更新语句){
    要执行的代码块
    ......
  }
```

说明：

“初始化语句”可以在整个循环开始之前赋予变量初始值；“条件语句”是用于判断循环停止时的条件，

若条件满足，则执行循环体，否则跳出循环；“更新语句”主要定义变量在每次循环时按什么方式变化。在3个主要语句之间，必须使用分号“;”分隔。

执行顺序：

（1）执行“初始化语句”，赋予变量初始值。初始化语句在整个循环开始之前执行，且只执行一次。

（2）执行“条件语句”，判断是否执行循环。如果条件语句的值为true，则执行循环代码块“要执行的代码”。如果条件语句的值为false，整个循环结束。

（3）执行“更新语句”，执行完毕继续重复“条件语句”进行条件判断。

【例15-4】

使用for循环语句，实现段落的字号从12px逐渐增大到20px的变化过程。效果如图15-4所示。

```
for(a=12;a<=20;a++){
    document.write("<p style='font-size:"+a+"px'>圣诞节的故事</p>");
}
```

圣诞节的故事
圣诞节的故事
圣诞节的故事
圣诞节的故事
圣诞节的故事
圣诞节的故事
圣诞节的故事
圣诞节的故事
圣诞节的故事

图15-4 for循环语句

过程解析：

整个循环开始时，定义变量a，并为a赋值12，开始第一次循环。判断a<=20成立，执行代码块（输出字号为12px的<p>标签）。代码块执行完毕之后，执行a++。第一次循环结束，a=13。

开始第二次循环，a=13。判断a<=20成立，执行代码块（输出字号为13px的<p>标签）。代码块执行完毕之后，执行a++。第二次循环结束，a=14。

开始第三次循环，a=14。判断a<=20成立，执行代码块（输出字号为14px的<p>标签）。代码块执行完毕之后，执行a++。第三次循环结束，a=15。

…………

执行第九次循环，a=20。判断a<=20成立，执行代码块（输出字号为20px的<p>标签）。代码块执行完毕之后，执行a++。第九次循环结束，a=21。

执行第十次循环，a=21。判断a<=20不成立，跳出循环。for循环结束。

4. while循环语句

While循环语句与for循环语句一样，当条件为true时，重复循环，否则退出循环。

语法1：

```
while （条件）{
      需要执行的代码；
}
```

语法2：

```
do
{
      需要执行的代码;
}
while （条件）;
```

说明：

在whil循环语句中，条件语句只有一个，当条件不符合时退出循环。

do/while 循环是 while 循环的变体。该循环会在判断条件是否为真之前执行一次代码块，如果条件为真的话，就会重复这个循环。

【例 15-5】

使用 while 循环语句，实现段落的字号从 12px 逐渐增大到 20px 的变化过程。首先声明变量 a，并设置 a 的初始值为 12。当 a<=20 时，输出字号为 a 的段落“圣诞节的故事”。每次循环，使用 a++ 将 a 的值递增 1。如此循环下去，直到 a 的值等于 21 时，这时不满足条件 a<=20，循环结束。效果如图 15-5 中所示。

```
var a=12;
while(a<=20){
    document.write("<p style='font-size:"+a+"px'>圣诞节的故事</p>");
    a++;
}
```

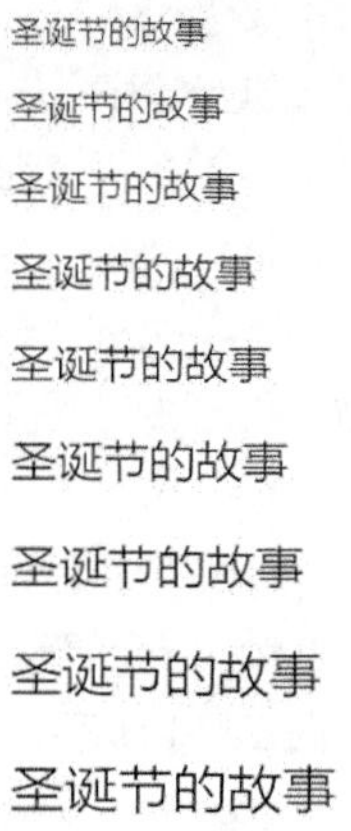

圣诞节的故事
圣诞节的故事
圣诞节的故事
圣诞节的故事
圣诞节的故事
圣诞节的故事
圣诞节的故事
圣诞节的故事
圣诞节的故事

图15-5　字号逐渐增加

5. break语句

break 语句用于终止包含它的循环语句和 switch 语句的执行，if…else 语句中不能使用 break 语句。当程序遇到 break 语句时，会立即终止离 break 语句最近的循环语句或 switch 语句。

语法：

```
break;
```

注意：

break 语句作用于离其最近的循环语句。

【例 15-6】

在 for 循环中，a 的初始值为 15，每次循环递增 1，当 a<=20 时，输出“a 的值为 ××”。当 a 的值为 18 时，使用 break 语句，终止程序，效果如图 15-6 所示。

```
<!DOCTYPE html>
<html>
    <head>
        <meta charset="utf-8">
        <title></title>
        <script>
            for(var a =15;a<=20;a++){
                    if(a == 18){
                            break;
                    }
                    document.write("<p>a 的值为 "+a+"</p>")
            }
        </script>
    </head>
    <body>
    </body>
</html>
```

a的值为15

a的值为16

a的值为17

图15-6　当a为18时终止整个循环

6. continue语句

continue 语句只能用在循环结构中。continue 语句的作用是跳过循环中的一个迭代，即跳过本次循环体中位于 continue 语句后尚未执行的语句，提前结束本次循环周期并开始下一个循环周期。

语法：

```
continue;
```

注意：

continue 语句并没有使整个循环终止。

continue 语句作用于离其最近的循环。

【例 15-7】

在 for 循环语句中，a 的初始值为 15，每次循环递增 1，当 a<=20 时，输出“a 的值为 ××”。当 a 的值为 18 时，使用 continue 语句，程序跳过本次循环的后续语句，继续进入下一个循环。效果如图 15-7 所示。

```
<!DOCTYPE html>
<html>
    <head>
        <meta charset="UTF-8">
        <title></title>
        <script>
            for(var a =15;a<=20;a++){
                if(a == 18){
                    continue;
                }
                document.write("<p>a 的值为 "+a+"</p>")
            }
        </script>
    </head>
    <body>
    </body>
</html>
```

a的值为15

a的值为16

a的值为17

a的值为19

a的值为20

图15-7 当a为18时进入下一次循环

15.2.5 JavaScript注释

1. 单行注释

单行注释以 // 开头。任何位于 // 与行末之间的文本都会被 JavaScript 忽略（不会执行）。代码如下。

```
//var a;
```

2. 多行注释

多行注释以 /* 开头，以 */ 结尾。任何位于 /* 和 */ 之间的文本都会被 JavaScript 忽略。代码如下。

```
/*var a;
a=0;
a++;*/
```

15.2.6 JavaScript代码调试

在程序代码中寻找错误叫作代码调试。当程序无法得出理想结果时，可能是代码中有语法错误，也可能是存在逻辑错误。很多时候，JavaScript 并不会给出明确的报错信息，需要使用调试工具进行调试。

本小节讲解如何使用 console.log() 方法，配合浏览器的控制台进行 JavaScript 代码调试。

console.log() 类似于 alert()，不过不会打断操作。主要是方便调试 JavaScript 用的。console.log() 需要浏览器控制台输出结果。在浏览器界面按快捷键 F12 就能打开控制台，也就是开发者工具。其中，console 即控制台，控制台中展示 console.log() 的结果，如图 15-8 所示。

```
<script>
    var a=1;
    a = a+10;
    console.log(a);//11
</script>
```

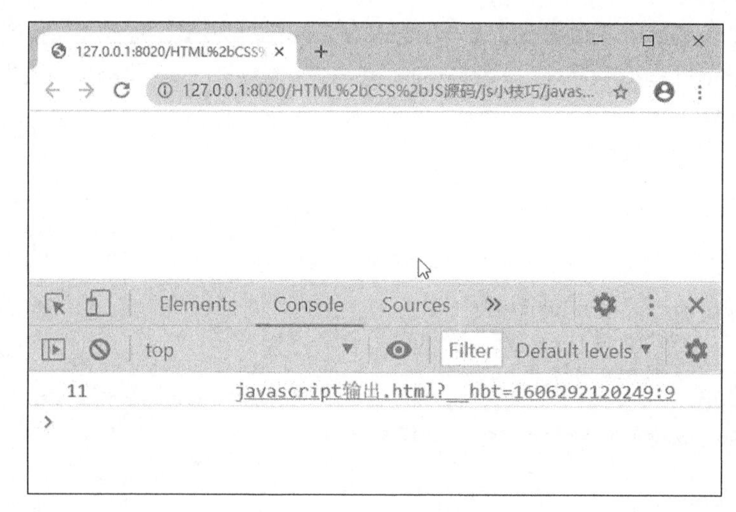

图15-8　控制台

15.3　JavaScript事件

JavaScript 是基于对象的语言，而基于对象的基本特征，就是采用事件驱动。通常鼠标或键盘的动作称为事件，由鼠标或键盘引发的一连串程序的动作称为事件驱动。而对事件进行处理的程序或函数，则称为事件处理程序。

15.3.1　onclick事件

单击 onclick 事件是最常用的事件之一，当用户单击鼠标时，产生 onclick 事件，同时 onclick 指定的事件处理程序或代码将被调用执行。

【例 15-8】

加粗的代码用于设置 onclick 事件。案例初始效果如图 15-9 所示，单击窗口中的“打开新页面”按钮，打开新的页面，如图 15-10 所示。单击“关闭当前页面”按钮，将关闭当前页面。

```
<!DOCTYPE html>
<html>
    <head>
        <meta charset="UTF-8">
        <title></title>
```

```
    </head>
    <body>
        <div align="center">
            <img src="img/flower2.jpg" width="778" height="407">
            <input
                type="button" name="fullsreen"
                value=" 打开新页面 " onclick="window.open('https://www.baidu.com','big','fullscreen=yes')">
            <input type="button" name="close" value=" 关闭当前页面 "
            onclick="window.close()">
        </div>
    </body>
</html>
```

图15-9　初始效果

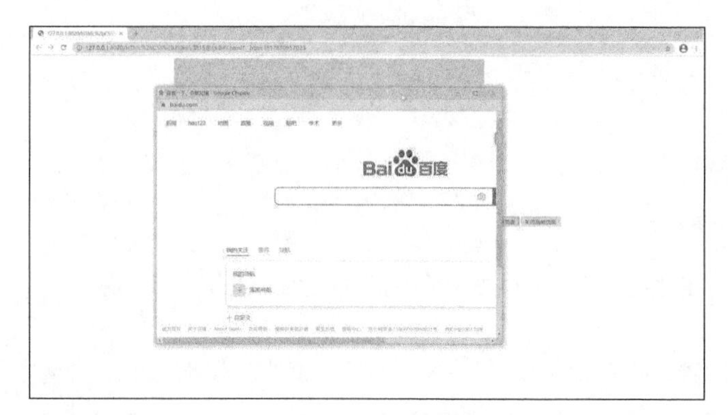

图15-10　打开新页面

15.3.2 onchange事件

它是一个与表单相关的事件，当利用 text 或 textarea 元素输入的字符值改变时发生该事件，同时当在 select 表格中的一个选项状态改变后也会引发该事件。

【例 15-9】

加粗部分的代码为设置 onchange 事件，在文本区域中可输入留言内容，在文本区域外部单击会弹出警告提示对话框，如图 15-11 所示。

```
<!DOCTYPE html>
<html>
    <head>
        <meta charset="UTF-8">
        <title></title>
    </head>
    <body>
        <form id="form1" name="form1" method="post" action="">
            <p> 您的姓名：  <input type="text" name="textfield"></p>
            <p>
                <br> 留言内容：<br>
                <br>
                <textarea name="textarea" cols="50" rows="5"
                onchange=alert(" 输入留言内容 ")></textarea>
            </p>
        </form>
    </body>
</html>
```

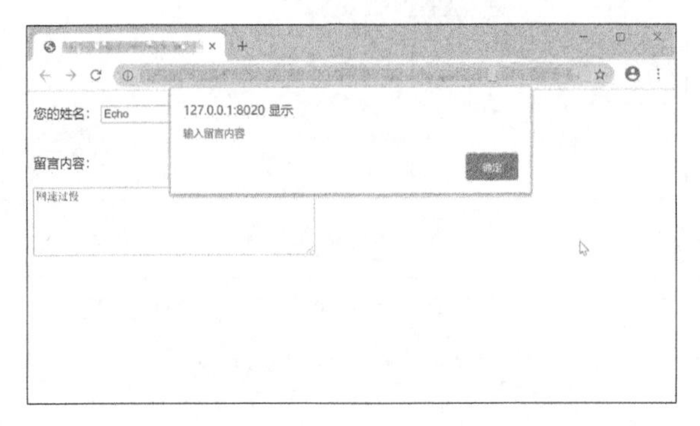

图15-11　onchange事件

15.3.3　onfocus事件

当单击表单对象时，即将鼠标指针放在文本框或选择框上时产生 onfocus 事件。

【例 15-10】

当单击文本框的时候，被单击的文本框触发 onfocus 事件，背景颜色变为粉色，如图 15-12 所示。

图15-12　onfocus事件

```
<!DOCTYPE html>
<html>
    <head>
        <meta charset="UTF-8">
        <title></title>
        <script>
            function changecolor(x){
```

```
                x.style.background="pink"
            }
        </script>
    </head>
    <body>
        <p> 请填写个人信息 </p>
        <input type="text" placeholder=" 请填写姓名 " onfocus="changecolor(this)">
        <br><br>
        <input type="text" placeholder=" 请填写性别 " onfocus="changecolor(this)">
        <br><br>
        <input type="text" placeholder=" 请填写姓名 " onfocus="changecolor(this)">
        <br><br>
    </body>
</html>
```

15.3.4 onblur事件

失去焦点 onblur 事件正好与获得焦点事件相对，当对象失去焦点时，引发该事件。

【例 15-11】

加粗部分的代码用于设置 onblur 事件。当单击文本框时，被单击的文本框触发 onfocus 事件，背景颜色变为粉色，如图 15-13 所示。当鼠标单击页面的其他位置时，该文本框失去焦点，触发 onblur 事件。文本框的背景颜色取消，如图 15-14 所示。

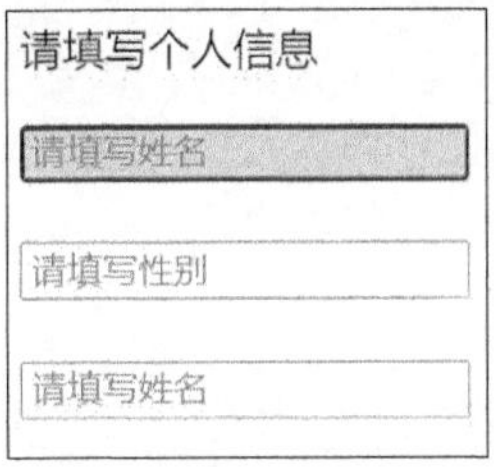

图15-13 onfocus事件

图15-14 onBlur事件

```
<!DOCTYPE html>
<html>
    <head>
        <meta charset="UTF-8">
        <title></title>
        <script>
            function changecolor(x){
                x.style.backgroundColor="pink"
            }
            function cancelcolor(x){
                x.style.backgroundColor="white"
            }
        </script>
    </head>
    <body>
        <p> 请填写个人信息 </p>
        <input type="text"  placeholder=" 请填写姓名 "
            onfocus="changecolor(this)" onblur="cancelcolor(this)">
        <br><br>
        <input type="text" placeholder=" 请填写性别 "
            onfocus="changecolor(this)" onblur="cancelcolor(this)">
        <br><br>
```

```
        <input type="text" placeholder=" 请填写姓名 "
            onfocus="changecolor(this)" onblur="cancelcolor(this)">
        <br><br>
    </body>
</html>
```

15.3.5 onmouseover事件

onmouseover 是当鼠标指针移动到某对象范围的上方时触发的事件。

【例 15-12】

加粗部分的代码用于设置 onmouseover 事件。创建图像元素，如图 15-15 所示。当鼠标移动到图像上方时，触发该图像上的 onmouseover 事件，图像尺寸变大，如图 15-16 所示。

```
<!DOCTYPE html>
<html>
    <head>
        <meta charset="UTF-8">
        <title></title>
        <style>
            img{
                width:100px;
                transition:1s;
            }
            p{
                color:#6791D1;
            }
        </style>
        <script>
            function bigImg(x){
                x.style.width="500px";
            }
        </script>
        </head>
    <body>
        <img src="img/sheep.jpg" alt="sheep"onmouseover="bigImg(this)">
        <p> 函数 bigImg() 在鼠标指针移动到图片时触发，图片尺寸变大 </p>
    </body>
</html>
```

函数 bigImg() 在鼠标指针移动到图片时触发，图片尺寸变大

图15-15　图像的原始尺寸

函数 bigImg() 在鼠标指针移动到图片时触发，图片尺寸变大

图15-16 onmouseover事件

15.3.6 onmouseout事件

onmouseout 是当鼠标指针离开某对象范围时触发的事件。

【例 15-13】

加粗部分的代码用于设置 onmouseout 事件。当鼠标指针移动到图像上方时，触发该图像上的 onmouseover 事件，图像尺寸变大，如图 15-17 所示。当鼠标指针离开图像范围的时候，触发该图像上的 onmouseout 事件，图像尺寸变为初始尺寸，如图 15-18 所示。

```
<!DOCTYPE html>
<html>
    <head>
        <meta charset="UTF-8">
        <title></title>
        <style>
            img{
                width:100px;
                transition:1s;
            }
            p{
                color:#6791D1;
            }
        </style>
        <script>
            function bigImg(x){
                x.style.width="500px";
            }
            function normalImg(x){
                x.style.width="100px";
```

```
            }
        </script>
        </head>
    <body>
        <img src="img/sheep.jpg" alt="sheep"
            onmouseover="bigImg(this)" onmouseout="normalImg(this)"
            >
        <p> 函数 bigImg() 在鼠标指针移动到图片时触发，图片尺寸变大 </p>
        <p> 函数 normalImg() 在鼠标指针移出图片时触发，图片恢复正常尺寸 </p>
    </body>
</html>
```

图15-17　onmouseover事件

图15-18　onmouseout事件

15.3.7　ondblclick事件

ondblclick 是双击鼠标左键时触发的事件。

【例 15-14】

创建按钮，样式如图 15-19 所示。双击按钮的时候，触发 ondblclick 事件，显示欢迎信息，如图 15-20 所示。

```
<!DOCTYPE html>
<html>
    <head>
        <meta charset="UTF-8">
        <title></title>
        <style>
            .btn{
                width:260px;
                height:40px;
                line-height:40px;
                border:2px solid darkgrey;
                border-radius:10px;
                color:grey;
                text-align:center;
            }
            #demo{
                color:#51A0DE;
            }
        </style>
        <script>
            function myFunction(){
                document.getElementById("demo").innerHTML="Hello World";
            }
        </script>
    </head>
    <body>
        <p ondblclick="myFunction()" class="btn">双击按钮，触发欢迎信息</p>
        <p id="demo"></p>
    </body>
</html>
```

双击按钮，触发欢迎信息

图15-19　ondblclick事件

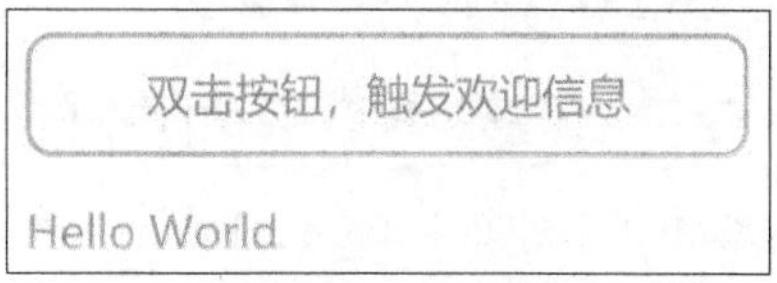

双击按钮，触发欢迎信息

Hello World

图15-20　双击按钮显示欢迎信息

15.3.8 其他常用事件

在 JavaScript 中还提供了一些其他事件，如表 15-6 所示。

表 15-6　JavaScript 常用事件

事件	当以下情况发生时，出现此事件	FF	N	IE
onabort	图像加载被中断	1	3	4
onblur	元素失去焦点	1	2	3

续表

事件	当以下情况发生时，出现此事件	FF	N	IE
onchange	用户改变域的内容	1	2	3
onclick	鼠标单击某个对象	1	2	3
ondblclick	鼠标双击某个对象	1	4	4
onerror	当加载文档或图像时发生某个错误	1	3	4
onfocus	元素获得焦点	1	2	3
onkeydown	某个键盘的键被按下	1	4	3
onkeypress	某个键盘的键被按下或按住	1	4	3
onkeyup	某个键盘的键被松开	1	4	3
onload	某个页面或图像被完成加载	1	2	3
onmousedown	某个鼠标按键被按下	1	4	4
onmousemove	鼠标指针被移动	1	6	3
onmouseout	鼠标指针从某元素移开	1	4	4
onmouseover	鼠标指针被移到某元素之上	1	2	3
onmouseup	某个鼠标按键被松开	1	4	4
onreset	重置按钮被单击	1	3	4
onresize	窗口或框架被调整尺寸	1	4	4
onselect	文本被选定	1	2	3
onsubmit	提交按钮被单击	1	2	3
onunload	用户退出页面	1	2	3

15.4　HTML DOM对象

15.4.1　DOM元素对象获取页面中的元素

使用 DOM 元素对象（即 Dom Document 对象）可以获取 DOM 对象 ，并对其进行操作。获取 DOM 元素常用方法如表 15-7 所示。

表 15-7　Dom Document 对象获取 Dom 元素

方法	描述
getElementById()	返回对拥有指定 id 的第一个对象的引用
getElementsByClassName()	返回文档中所有指定类名的元素集合，作为 NodeList 对象
getElementsByName()	返回带有指定名称的对象集合
getElementsByTagName()	返回带有指定元素名的对象集合
querySelector()	返回文档中匹配指定的 CSS 选择器的第一元素
querySelectorAll()	返回文档中匹配 CSS 选择器的所有元素节点列表

使用 console.log 可输出 JavaScript 内容。按快捷键 F12 打开开发者工具，从【Console】一栏中可以查看 console.log 输出的内容。

【例 15-15】

创建页面如图 15-21 所示。

```
<!DOCTYPE html>
<html>
    <head>
       <meta charset="UTF-8">
       <title></title>
       <style>
           .blue{
                color:#5C87CB;
           }
           #mark{
              width:200px;
              border:2px solid #F3C35D;
           }
       </style>
    </head>
    <body>
       <h1>这是一个 h1 元素 </h1>
       <h2 class="blue">这是一个 h2 元素 </h2>
       <h3 class="blue">这是一个 h3 元素 </h3>
       <h4 id="mark">这是一个 h4 元素 </h4>
       <h5>这是一个 h5 元素 </h5>
    </body>
</html>
```

图15-21　创建页面

操作 JavaScript 可获取页面中的元素，通过开发者模式中的【Console】查看。鼠标指针移入，可查看元素在页面中的位置，查看结果如图 15-22 所示。

```
//页面中的 DOM 元素加载完成之后再执行 js 语句
window.onload = function(){
var ele1 = document.getElementById("mark");
console.log(ele1);
var ele2 = document.getElementsByClassName("blue");
console.log(ele2);
var ele3 = document.getElementsByTagName("h1");
console.log(ele3);
}
```

提示

在获取 html 元素时，要确保页面已经加载完成。如果页面未加载完成，JavaScript 获取的结果为 null。因为在外层需使用 window.onload，使页面中的 DOM 元素加载完成之后执行 JavaScript 语句。

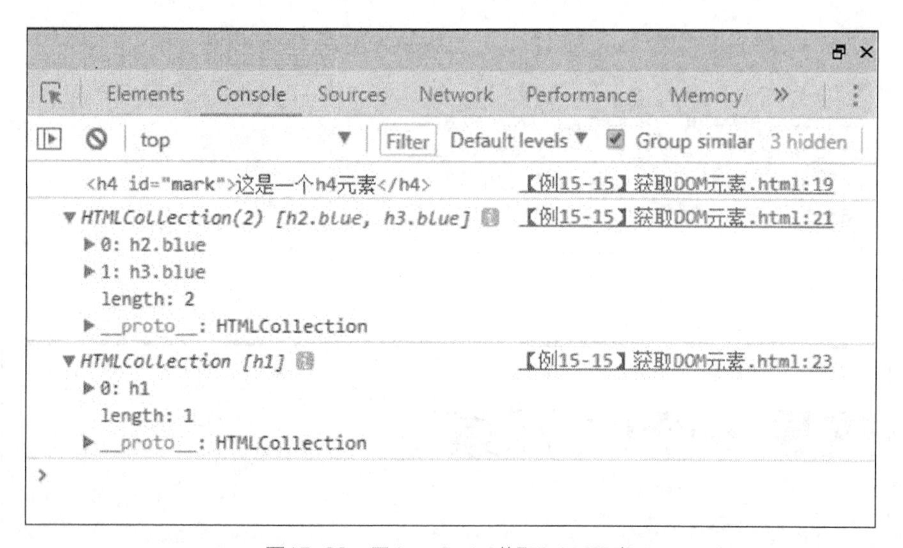

图15-22　用JavaScript获取DOM元素

15.4.2　DOM属性对象修改元素的属性

使用 JavaScript 可以获取以及修改元素的属性，本小节将讲解两种常用的方法。

1. 使用setAttribute()方法

（1）setAttribute()

描述：设置元素的属性

语法：元素名 .setAttribute(" 属性 "," 属性值 ");

例如：box.setAttribute("style","background-color:pink;height:300px");

（2）getAttribute()

描述：获取属性值

语法：元素名 .getAttribute(" 属性名 ");

例如：box.getAttribute("style");

提示：通过 style 只能获取行内样式，不能获取样式表中的样式。

（3）removeAttribute()

描述：删除一个属性

语法：元素名 .removeAttribute(" 属性名 ");

例如：box.removeAttribute("style");

提示：通过 style 只能删除行内样式，不能删除样式表中的样式。

2. 直接通过元素节点的style对象修改

（1）获取 CSS 样式

语法：元素名 .style. 样式名 ;

例如：console.log(box.style.backgroundColor);

（2）设置 CSS 样式

语法：元素名 .style. 样式名 = 样式值 ;

例如：

```
var box = document.querySelector('.box');
box.style.height=300+'px';
box.style.width=300+'px';
box.style.backgroundColor='red';
box.style.cssFloat = 'left';
```

提示

- 只能操作行内样式。
- 当设置的样式含有单位时，则必须在后面加单位。
- 如果样式是 JavaScript 中的关键字，则需要在样式前加上 css。
- 如果样式由下画线连接，需要去掉下画线并将后面的单词首字母变为大写。

（3）清除样式

语法：元素名 .style= " " | null

15.5　浏览器的其他内部对象

使用浏览器的内部对象，可实现与 HTML 文档进行交互。浏览器的内部对象主要包括以下几个。

浏览器对象（navigator）：提供有关浏览器的信息。

文档对象（document）：document 对象包含了与文档元素一起工作的对象。

窗口对象（windows）：windows 对象处于对象层次的最顶端，它提供了处理浏览器窗口的方法和属性。

位置对象（location）：location 对象提供了与当前打开的 URL 一起工作的方法和属性，它是一个静态的对象。

历史对象（history）：history 对象提供了与历史清单有关的信息。

JavaScript 提供了非常丰富的内部方法和属性，从而减轻了程序员的工作，提高了编程效率。在这些对象系统中，文档对象属性非常重要，它位于最底层，但对实现页面信息交互起着关键作用，因而它是对象系统的核心部分。下面具体介绍这些对象的常用属性和方法。

15.5.1　navigator对象

navigator 对象可用来存取浏览器的相关信息，其常用的属性如表 15-8 所示。

表 15-8　navigator 对象的常用属性

属性	描述
appCodeName	返回浏览器的代码名
appMinorVersion	返回浏览器的次级版本
appName	返回浏览器的名称
appVersion	返回浏览器的平台和版本信息
browserLanguage	返回当前浏览器的语言

【例 15-16】

使用 navigator 对象中的 appName 属性，获取浏览器的名称，在浏览器中显示的结果如图 15-23 所示。

```
<!DOCTYPE html>
<html>
    <head>
        <meta charset="UTF-8">
        <title></title>
        <script>
        document.write("浏览器名称：" + navigator.appName);
        </script>
    </head>
    <body>
    </body>
</html>
```

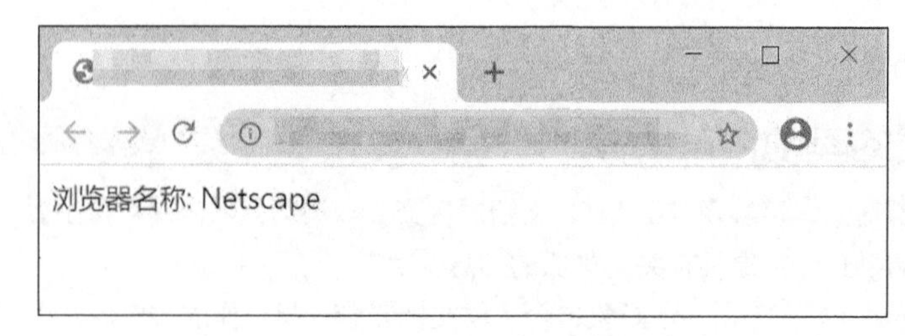

图15-23　获取浏览器名称

15.5.2　windows对象

windows 对象处于对象层次的最顶端，它提供了处理 navigator 窗口的方法和属性。JavaScript 的输入可以通过 windows 对象来实现。windows 对象常用的方法如表 15-9 所示。

表 15-9　　windows 对象常用的方法

方法	描述
alert()	显示带有一段消息和一个确认按钮的警告框
blur()	把键盘焦点从顶层窗口移开
clearInterval()	取消由 setInterval() 设置的 timeout
clearTimeout()	取消由 setTimeout() 方法设置的 timeout
close()	关闭浏览器窗口
confirm()	显示带有一段消息以及确认按钮和取消按钮的对话框
createPopup()	创建一个 pop-up 窗口
focus()	把键盘焦点给予一个窗口
moveBy()	可相对窗口的当前坐标把它移动指定的像素
moveTo()	把窗口的左上角移动到一个指定的坐标
open()	打开一个新的浏览器窗口或查找一个已命名的窗口
print()	打印当前窗口的内容
prompt()	显示可提示用户输入的对话框
resizeBy()	按照指定的像素调整窗口的大小
resizeTo()	把窗口的大小调整到指定的宽度和高度
scrollBy()	按照指定的像素值来滚动内容
scrollTo()	把内容滚动到指定的坐标
setInterval()	按照指定的周期（以毫秒计）来调用函数或计算表达式
setTimeout()	在指定的毫秒数后调用函数或计算表达式

【例 15-17】

创建按钮，效果如图 15-24 所示。单击按钮时，触发 onclick 事件，执行 alarm() 函数。页面上显示一个警告框，如图 15-25 所示。

```
<!DOCTYPE html>
<html>
    <head>
        <meta charset="UTF-8">
        <title></title>
        <script>
            function alarm(){
                alert(" 你好，这是一个警告框！ ");
            }
```

```
        </script>
        </head>
        <body>
            <input type="button" onclick="alarm()" value="显示警告框">
        </body>
</html>
```

图15-24　创建按钮

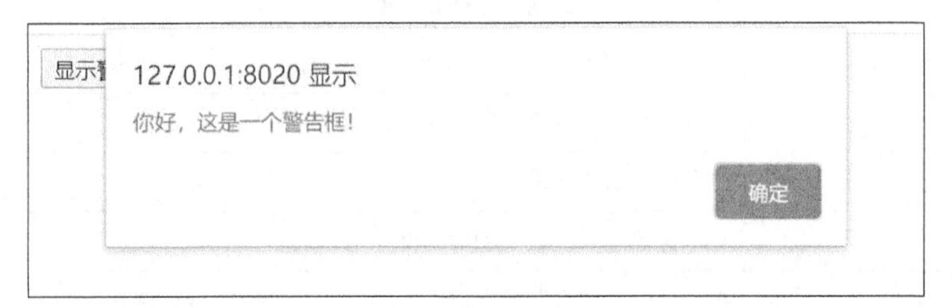

图15-25　打开浏览器窗口网页

15.5.3　location对象

location 对象是一个静态的对象，它描述的是某一个窗口对象所打开的地址。location 对象常用的属性如表 15-10 所示，location 对象的方法如表 15-11 所示。

表 15-10　　location 对象常用的属性

属性	描述
hash	设置或返回从井号 "#" 开始的 URL（锚）
host	设置或返回主机名和当前 URL 的端口号
hostname	设置或返回当前 URL 的主机名
href	设置或返回完整的 URL
pathname	设置或返回当前 URL 的路径部分
port	设置或返回当前 URL 的端口号
protocol	设置或返回当前 URL 的协议
search	设置或返回从问号 "?" 开始的 URL（查询部分）

表 15-11 location 对象的方法

方法	描述
assign()	加载新的文档
reload()	重新加载当前文档
replace()	用新的文档替换当前文档。用这个方法打开一个 URL 后，单击浏览器的回退按钮将不能返回到之前的页面

15.5.4 history对象

history 对象是浏览器的浏览历史，history 对象常用的方法如表 15-12 所示。

表 15-12 history 对象常用的方法

方法	描述
back()	后退，加载 history 列表中的前一个 URL
forward()	前进，加载 history 列表中的下一个 URL
go()	该方法用来进入指定的页面，加载 history 列表中的某个具体页面

【例 15-18】

在页面中，使用超链接 a 元素建立 history.html 页面到 for.html 页面的跳转链接。在浏览器中的预览效果如图 15-26 所示。

```
<!DOCTYPE html>
<html>
    <head>
        <meta charset="UTF-8">
        <title></title>
        <script>
            function goForward(){
                window.history.forward()
            }
        </script>
        </head>
        <body>
            <a href="for.html">for 教程 </a><br>
            <input type="button" value=" 返回 " onclick="goForward()">
    </body>
</html>
```

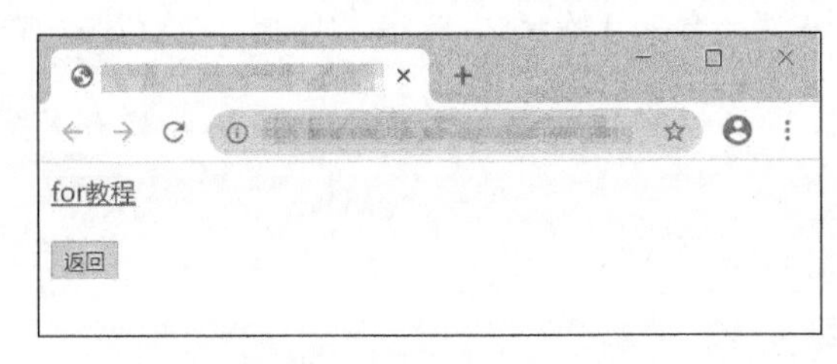

图15-26 history.html页面

单击页面中的超链接，跳转到 for.html 页面，效果如图 15-27 所示。

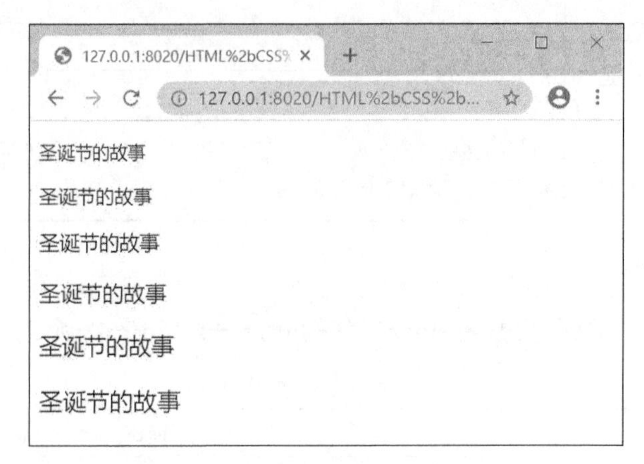

图15-27　跳转到for.html

单击 for.html 页面左上角的回退按钮，可返回 history.html 页面，如图 15-28 所示。此时，单击页面中的返回按钮，即可返回 for.html 页面。

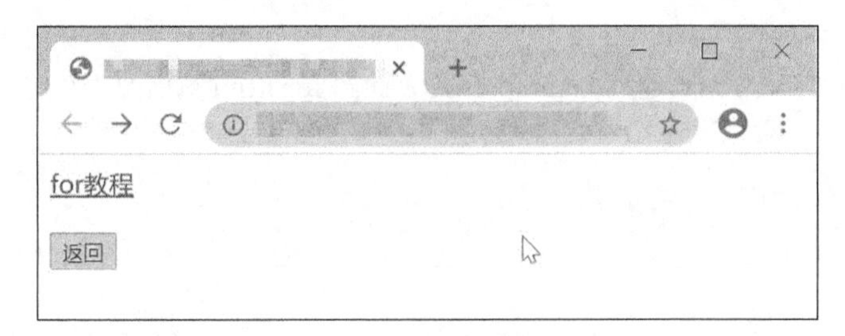

图15-28　从for.html页面回退至history.html页面

15.6　练习题

1. 填空题

（1）________在程序运行期间是可以改变的，它主要作为数据的存取容器。在 JavaScript 中有________和_____。

（2）变量必须以_________、_________或_________开头，除此之外不能有空格和其他符号。

（3）在 JavaScript 中主要有两种基本语句：一种是________，如 for、while；一种是________，如 if 等。

（4）_________语句是多分支选择语句，到底执行哪一个语句块，取决于表达式的值与常量表达式相匹配的那一路。程序执行时，由第一分支开始查找，如果相匹配，执行其后的块，接着执行第二分支、第三分支。如果不匹配，则查找下一个分支是否匹配。

参考答案：

（1）变量、变量、常量

（2）字母、下画线、美元符号

（3）循环语句、条件语句

（4）switch

2. 简答题

（1）请使用 JavaScript 中的方法（3 种以上）获取页面元素。

（2）请使用 JavaScript 修改页面中 box 元素的 src 属性为 img/flower1.jpg。

参考答案：

（1）返回对拥有指定 id 的第一个对象的引用：document.getElementById()

返回带有指定名称的对象集合：document.getElementsByName()

返回带有指定元素名的对象集合：document. getElementsByTagName()

通过选择器获取一个元素：document. querySelectorAll()

通过选择器获取一组元素：document.querySelector()

（2）box.setAttribute('src','img/flower1.jpg');

15.7 章节任务

完成图 15-29 所示页面。单击页面左侧的小图像，右侧的大图像应切换为单击的图像，效果如图 15-30 所示。

图15-29 页面的初始状态

图15-30 单击左侧的缩略图，右侧大图相应切换

任务素材及源代码可在 QQ 群中获取，群号：544028317。

第16章

JavaScript网页特效

利用 JavaScript 可以轻松制作网页特效，比如可以制作显示当前时间、跟随鼠标指针的文字。本章就来介绍利用 JavaScript 制作时间特效、图像特效、窗口特效、鼠标指针特效和其他一些常见特效的方法。

学习目标

- 掌握时间特效的应用
- 掌握图像特效的应用
- 掌握窗口特效的应用
- 掌握鼠标指针特效的应用

16.1 时间特效

在网页中经常可以看到各种各样的动态时间显示，在网页中合理地使用时间可以增加网页的时效感。下面通过实例讲述时间特效的制作方法。

使用 Data 对象方法可以获取各类时间信息，具体如表 16-1 所示。

表 16-1　　Data 对象方法

方法	描述
Date()	返回当前的日期和时间
getDate()	从 Date 对象返回一个月中的某一天 (值为 1 ~ 31)
getDay()	从 Date 对象返回一周中的某一天 (值为 0 ~ 6)
getMonth()	从 Date 对象返回月份 (值为 0 ~ 11)
getFullYear()	从 Date 对象以 4 位数字返回年份
getHours()	返回 Date 对象的小时 (值为 0 ~ 23)
getMinutes()	返回 Date 对象的分钟 (值为 0 ~ 59)
getSeconds()	返回 Date 对象的秒数 (值为 0 ~ 59)
getMilliseconds()	返回 Date 对象的毫秒数 (值为 0 ~ 999)
getTime()	返回 1970 年 1 月 1 日至今的毫秒数

如果希望页面中总是显示当前时间，就需要每隔一秒调用一次获取时间的方法。要实现周期性调用函数，需要调用 window 对象方法 setInterval()，相关方法如表 16-2 所示。

表 16-2　　window 对象方法

方法	描述
clearInterval()	取消由 setInterval() 设置的 timeout
clearTimeout()	取消由 setTimeout() 方法设置的 timeout
setInterval()	按照指定的周期（以毫秒计）来调用函数或计算表达式
setTimeout()	在指定的毫秒数后调用函数或计算表达式

16.1.1 显示当前时间

很多网页上都会显示当前的时间。使用 Data 对象方法可以获取当前时间，使用 window 对象方法可以实现定时刷新当前时间。

【例 16-1】

本实例将获取当前时间，并每秒更新一次。获取的时间在调整为常用格式后显示在页面上，效果如图 16-1 所示。

当前时间　16:35:25 PM

图16-1　获取当前时间并时时刷新

使用方法 getHours()、getMinutes()、getSeconds() 分别获得当前小时数、当前分钟数、当前秒数，然后给时间变量 timer 赋值，得到想要的格式。获取元素，并将 timer 的值设置为元素之间的内容，每秒更新一次。

```
<!DOCTYPE html>
<html>
    <head>
        <meta charset="UTF-8">
        <title></title>
        <style>
            .box{
                width:500px;
                text-align:center;
                font:18px/3 "微软雅黑";
                background:linear-gradient(to top, #48c6ef 0%, #6f86d6 100%);
                color:#fff;
                padding:20px;
            }
            .box span{
                font-family: "times new roman";
                font-size:40px;
                padding-left:30px
            }
        </style>
        <script>
            function showtime()  //创建函数
            {
                //创建时间对象的实例
                var now_time = new Date();
                //获得当前小时数
                var hours = now_time.getHours();
                //获得当前分钟数
                var minutes = now_time.getMinutes();
                //获得当前秒数
                var seconds = now_time.getSeconds();
                //将小时数值赋予变量 timer
                var timer = hours;
                //将分钟数值赋予变量 timer
                timer  += ((minutes < 10) ? ":0" : ":") + minutes;
                //将秒数值赋予变量 timer
```

```
                timer  += ((seconds < 10) ? ":0" : ":") + seconds;
                //将字符 AM或PM赋予变量 timer
                timer  +=" " + ((hours > 12) ? "PM" : "AM");
                //获取id名为'timer'的元素，并将变量名设为box
                var box = document.getElementById('timer');
                //设置获取元素的内容为当前时间
                box.innerHTML = timer;
                //设置每隔一秒自动调用一次 showtime()
                setTimeout("showtime()",1000);
            }
            window.onload = showtime
        </script>
    </head>
    <body>
        <p class="box">当前时间<span id="timer"></span></p>
    </body>
</html>
```

说明：

timer += ((minutes < 10) ? “:0” : “:”) + minutes 等同于：

```
if(minutes < 10){
    timer = timer + ":0"+ minutes
}else{
    timer = timer + ":"+ minutes
}
```

```
x += y 等同于 x = x+y
```

var box = document.getElementById('timer')

```
box.innerHTML = timer;
```

上述代码中，先获取 id 名为“timer”的元素，即 <span id="timer"></span>。然后将 <span> 标签与 </span> 标签之间的内容设置为变量 timer，timer 为拼接好的字符串“18:28:05 PM”。

setTimeout() 方法是由 windows 对象所提供的，用来实现经过一定时间后自动进行指定处理。该语句的意思就是 1s 后调用 showtime()。由于 setTimeout() 方法中的时间是以毫秒为单位进行计算的，因此 1000ms 就等于 1s。

使用 clearTimeout() 方法可以阻止 setTimeout() 方法的执行。

```
var a = setTimeout("showtime()",1000);
clearInterval(a);
```

16.1.2 显示当前日期

很多网页上都会显示当前日期。使用 Data 对象方法可以获取当前日期，使用 window 对象方法可以实现定时刷新当前日期。

【例 16-2】

本案例将获取当前日期，并每秒更新一次。获取的日期在调整为常用格式之后显示在页面上。

使用方法 getYear()、getMonth()、getDate()、getDay() 分别获取当前年份、当前月份、当前日数、当前星期。使用 switch 语句获得星期的理想格式。效果如图 16-2 所示。

```
<!DOCTYPE html>
<html>
    <head>
        <meta charset="UTF-8">
        <title></title>
        <style>
            .box{
                width:500px;
                text-align:center;
                background:linear-gradient(to top, #48c6ef 0%, #6f86d6 100%);
                color:#fff;
                padding:20px;
            }
            .box p{
                font-family: "times new roman";
                font:18px/1 " 微软雅黑 ";
                padding-right:30px;
                text-align:right;
            }
            #day{
                font:34px/1.5 " 微软雅黑 ";
            }
        </style>
        <script>
            function getData(){
                var today=new Date();
                var data = today.getFullYear()+" 年 "+(today.getMonth()+1)+" 月 "+today.
getDate()+" 日 ";
                document.getElementById("data").innerHTML = data;
                var day = today.getDay();
                switch (day) {
                case 1:
                day = " 星期一 ";
                break;
                case 2:
                  day = " 星期二 ";
                break;
                case 3:
                  day = " 星期三 ";
                break;
                case 4:
                  day = " 星期四 ";
                break;
                case 5:
```

```
            day = " 星期五 ";
          break;
           case 6:
            day = " 星期六 ";
          break;
           case 0:
            day = " 星期日 ";
          break;
          default:
           document.write(' 日期错误 ');
        }
           document.getElementById("day").innerHTML = day;
        }
        window.onload = getData
      </script>
    </head>
    <body>
        <div class="box">
            <p id="day">12121</p>
            <p id="data">121212</p>
        </div>
    </body>
</html>
```

图16-2 获取当前日期

> **提示**
>
> 在显示月份的时候，要将所得的月份加 1，因为月份的值是 0 ~ 11。
> 利用 getDay() 方法获得的值中没有 7，0 代表星期日。

16.1.3 制作倒计时特效

倒计时特效可以让用户明确知道到某个日期剩余的时间，在一些特殊的时间和日期之前，网站常常显示距离该日期的倒计时。本小节将呈现当前距离双十一的倒计时。

【例 16-3】

本案例将获取当前日期，使用目标日期减去当前日期，将结果转化为以“天”为单位的倒计时，效果如图 16-3 所示。

```
<!DOCTYPE html>
<html>
   <head>
         <meta charset="UTF-8">
```

```
        <title></title>
        <style>
         .box{
                width:500px;
                text-align:center;
                font:18px/3 "微软雅黑";
                background:linear-gradient(to top, #48c6ef 0%, #6f86d6 100%);
                color:#fff;
                padding:20px;
          }
          .box span{
                  font-family: "times new roman";
                  font-size:40px;
                  padding-left:30px
          }
        </style>
        <script>
          function showTime(){
                  // 设置倒计时时间为 2020 年 11 月 11 日
                  var timedate= new Date("November 11,2020");
                  // 设置 time 变量
                  var times="";
                  // 获得当前时间
                  var now = new Date();
                  // 获得剩余时间
                  var date = timedate.getTime() - now.getTime();
                  // 将剩余时间转为剩余天数
                  var times = Math.floor(date / (1000 * 60 * 60 * 24));
                  console.log(times);
                  // 显示倒计时时间信息
                  var timeEle = document.getElementById("timebox");
                  timeEle.innerHTML = times;
          }
          window.onload = showTime;
      </script>
   </head>
   <body>
        <p class="box">距离双十一还有 <span id="timebox"></span> 天 </p>
   </body>
</html>
```

距离双十一还有 21天

图16-3　倒计时效果

提示

利用 var date = timedate.getTime() - now.getTime() 可以获得剩余时间。

由于时间是以毫秒（ms）为单位计算的，因此时间换算公式如下。

1 d =24 h

1 h =60 min

1 min =60 s

1 s =1000 ms

Math.ceil() 方法执行的是向上取整计算，它返回的是大于或等于方法参数且与之最接近的整数。例如：Math.ceil(5.7) 值为 6。

Math.floor() 方法执行的是向下取整计算，它返回的是小于或等于方法参数且与之最接近的整数。例如：Math.floor(5.7) 值为 5。

利用 Math.floor(date / (1000 * 60 * 60 * 24)); 将剩余时间转为剩余天数。

16.2 图像特效

图像是文本的解释和说明，在网页中的适当位置放置一些图像，不仅可以使文本更加容易阅读，而且可以使网页更加具有吸引力。利用 JavaScript 可以制作各种各样的图像特效。

16.2.1 图像闪烁效果

制作图像闪烁效果主要是利用 style.visibility 属性来表示元素的可见性，本小节讲解怎样制作图像闪烁效果。

【例 16-4】

在网页中创建一个图像元素，id 为 blickImg。使用 JavaScript 获取图像，通过改变图像的 visibility 属性来控制图像的显示和隐藏，从而达到闪烁的效果。在浏览器中的显示效果如图 16-4 所示。

```
<!DOCTYPE html>
<html>
     <head>
          <meta charset="UTF-8">
          <title></title>
          <script>
               function blink() {
                    var img = document.getElementById('blickImg');
                    // 定义图像的显示和隐藏属性
                    img.style.visibility =
                    (img.style.visibility == "hidden") ? "visible" : "hidden";
                    // 0.5s 后执行函数
                    setTimeout(blink, 500);
               }
               window.onload = blink;
          </script>
     </head>
     <body>
```

```
        <img id="blickImg" src="img/flower1.jpg" width="200px"></img>
    </body>
</html>
```

图16-4　图像闪烁效果

window.onload = blink; 表示当打开网页文档时加载闪烁函数 blink()。

img.style.visibility = (img.style.visibility == "hidden") ? "visible" : "hidden";

等同于：

```
//获取图像元素的visibility属性，如果图像为隐藏状态
if(img.style.visibility == "hidden"){
//  设置图像状态为显示
    img.style.visibility = "visible"
}else{
//  否则，设置图像状态为隐藏
    img.style.visibility = "visible"
}
```

setTimeout(blink, 500); 表示 0.5s 之后，重新调用一次 blink()，它的效果是让图像不停地切换 visibility 属性，达到闪烁的效果。

16.2.2 图像轮播

制作图像轮播效果主要是利用 Interval() 属性，间隔固定时间去修改图像元素的 src 属性（图像地址）。本小节讲解如何制作图像轮播效果。

【例 16-5】

在网页中创建一个图像元素，id 为 imgEle。将所有的图像名称保存在一个数组中，通过变量 i 的递增逐个调用图像。在浏览器中的显示效果如图 16-5 所示。

```
<!DOCTYPE html>
<html>
     <head>
     <meta charset="UTF-8">
     <title></title>
     <script>
          window.onload = function(){
                         //创建数组，储存图像的名称
```

```
                    var imgList = ['flower1.jpg','flower2.jpg','sheep.jpg','sunset2.jpg'];
                    //用 id 获取图像
                    var box = document.getElementById('imgEle');
                    //设置变量 i，初始值为 0
                       var i =0;
                       function slide(){
                    //设置图像的地址
                        box.setAttribute('src',"img/"+imgList[i]);
                    //i 递增
                       i++;
                    //因为只有 4 张图像，所以当 i>3 时，重新循环
                             if(i>3){
                              i = 0;
                                   }
                     }
                     //每隔 1.5s 都调用一次 slide，达成图像轮播效果
                     setInterval(slide,1500);
            }
        </script>
    </head>
    <body>
            <img src=" " alt=" 轮播 " id="imgEle" width="300px;">
    </body>
</html>
```

图16-5　图像轮播效果

16.3　窗口特效

在 JavaScript 中还提供了窗口对象的方法和属性，通过这些方法和属性可以制作出各种各样的窗口特效。下面以实例来看看窗口特效的具体应用。

16.3.1　打开新窗口

window 接口的 open() 方法用于打开一个新的浏览器窗口或查找一个已命名的窗口。表 16-3 和表 16-4

中详细说明了 open() 方法的参数及其取值。

表 16-3　　open() 方法的参数

参数	描述
URL	一个可选的字符串，声明了要在新窗口中显示的文档的 URL
name	一个可选的字符串，表示新窗口的名称
features	一个可选的字符串，声明了新窗口要显示的标准浏览器的特征（包括大小、位置、滚动条等）
replace	一个可选的布尔值，规定了装载到窗口的 URL 是在窗口的浏览历史中创建一个新条目，还是替换浏览历史中的当前条目。它支持下面的值。 • true：URL 替换浏览历史中的当前条目 • false：URL 在浏览历史中创建新的条目

语法：

```
window.open(URL,name,features,replace);
```

表 16-4　　open() 方法的取值

取值	描述
channelmode=yes|no|1|0	是否使用剧院模式显示窗口，默认为 no
directories=yes|no|1|0	是否添加目录按钮，默认为 yes
fullscreen=yes|no|1|0	是否使用全屏模式显示浏览器，默认是 no，处于全屏模式的窗口必须同时处于剧院模式
height=pixels	窗口文档显示区的高度，以像素计
left=pixels	窗口的横坐标，以像素计
location=yes|no|1|0	是否显示地址字段，默认是 yes
menubar=yes|no|1|0	是否显示菜单栏，默认是 yes
resizable=yes|no|1|0	窗口是否可调节尺寸，默认是 yes
scrollbars=yes|no|1|0	是否显示滚动条，默认是 yes
status=yes|no|1|0	是否添加状态栏，默认是 yes
titlebar=yes|no|1|0	是否显示标题栏，默认是 yes
toolbar=yes|no|1|0	是否显示浏览器的工具栏，默认是 yes
top=pixels	窗口的纵坐标
width=pixels	窗口的文档显示区的宽度，以像素（px）计

【例 16-6】

在页面上创建一个按钮，如图 16-6 所示。单击按钮打开新页面【例 16-1】，并且设置新页面的宽度为 600px，设置新页面的高度为 200px。在浏览器中的显示效果如图 16-7 所示。

```
<!DOCTYPE html>
<html>
    <head>
        <meta charset="UTF-8">
```

```
        <title></title>
        <style>
            .btn{
                width:240px;
                height:60px;
                line-height:60px;
                background-image: linear-gradient(to top, #accbee 0%, #e7f0fd 100%);
                border-radius:20px;
                text-align:center;
            }
        </style>
        <script>
            function myfun(){
                window.open('【例16-1】.html','','width=600,height=200');
            }
        </script>
    </head>
    <body>
        <div class="btn" onclick="myfun()">在新页面中查看当前时间</div>
    </body>
</html>
```

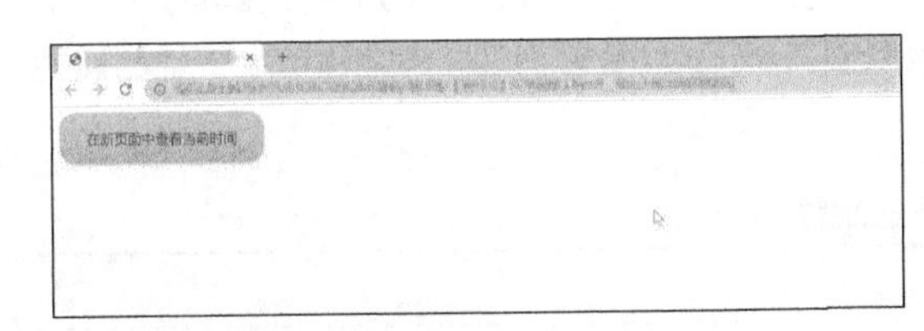

图16-6 创建按钮

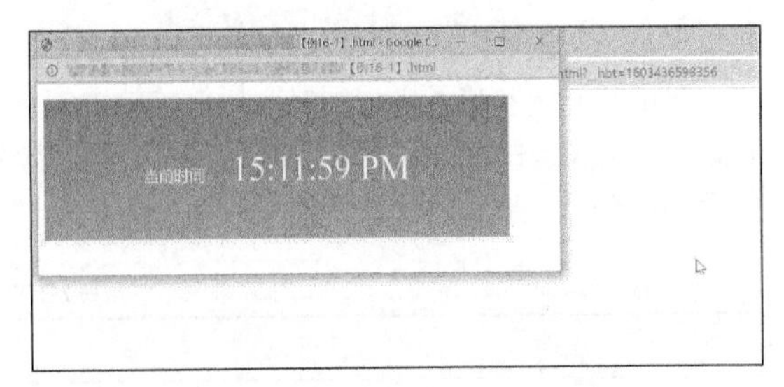

图16-7 打开新页面

16.3.2 定时关闭窗口

window 接口的 close() 方法用于关闭浏览器窗口。

【例 16-7】

创建按钮，如图 16-8 所示。为按钮增加单击事件，单击按钮关闭当前窗口。

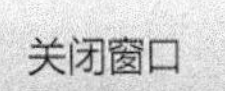

图16-8 定时关闭窗口效果

```
<!DOCTYPE html>
<html>
    <head>
        <meta charset="UTF-8">
        <title></title>
        <style>
            .btn{
                width:240px;
                height:60px;
                line-height:60px;
```

```
                background-image: linear-gradient(to top, #accbee 0%, #e7f0fd 100%);
                border-radius:20px;
                text-align:center;
            }
        </style>
        <script>
            function myfun(){
                window.close();
            }
            </script>
    </head>
    <body>
        <div class="btn" onclick="myfun()">关闭窗口</div>
    </body>
</html>
```

16.4 鼠标指针特效

利用 JavaScript 还可以制作出各种各样的鼠标指针特效，下面就通过两个实例讲述使用 event 对象获取鼠标指针的位置，从而使图像随着鼠标指针移动的特效。

16.4.1 返回鼠标指针的位置信息

使用 event 对象可以返回鼠标指针的位置信息。event 对象代表事件的状态，比如事件在其中发生的元素、键盘按键的状态、鼠标指针的位置、鼠标按钮的状态。event 对象关于鼠标指针和键盘按键的属性如表 16-5 所示。

表 16-5　event 对象的属性

属性	描述
altKey	返回当事件被触发时，Alt 键是否被按下
button	返回当事件被触发时，哪个鼠标按钮被单击
clientX	返回当事件被触发时，鼠标指针在浏览器页面中的横坐标
clientY	返回当事件被触发时，鼠标指针在浏览器页面中的纵坐标
ctrlKey	返回当事件被触发时，Ctrl 键是否被按下
relatedTarget	返回与事件的目标节点相关的节点
screenX	返回当某个事件被触发时，鼠标指针在屏幕中的横坐标
screenY	返回当某个事件被触发时，鼠标指针在屏幕中的纵坐标
shiftKey	返回当事件被触发时，Shift 键是否被按下

【例 16-8】

将 body 元素的高度设置为全屏，给 body 元素增加鼠标单击事件。当在浏览器中单击，弹出消息框展示鼠标指针此时在浏览器页面中的水平和垂直位置。在浏览器中的显示效果如图 16-9 所示。

```
<!DOCTYPE html>
```

```
<html>
    <head>
        <meta charset="UTF-8">
        <title></title>
        <style>
            html,body{
                height:100%;
                margin:0;
                padding:0;
            }
        </style>
        <script>
        function coordinates(event){
        alert(event.clientX+","+event.clientY);
            }
        </script>
    </head>
    <body onmousedown="coordinates(event)">
    </body>
</html>
```

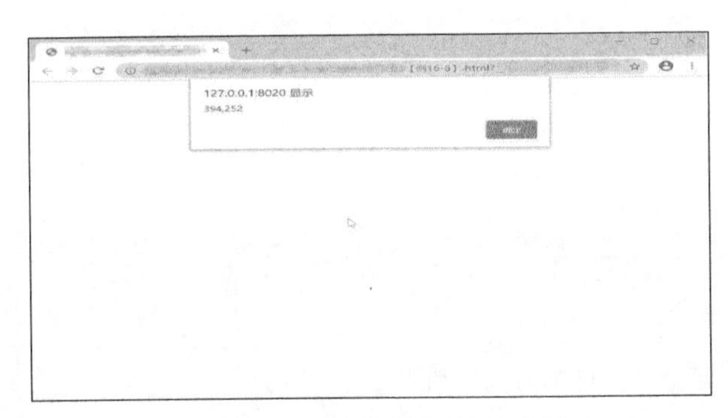

图16-9　显示鼠标指针在页面中的位置

16.4.2 跟随鼠标指针移动的图像

跟随鼠标指针移动的图像是一种特殊的鼠标效果，实现跟随鼠标指针移动的图像的具体操作步骤如下。

【例 16-9】

创建一个图像元素，设置图像元素为固定定位。当鼠标指针在网页中划过时，获取鼠标指针在网页中的位置。将图像元素的 top 值设为鼠标指针的垂直距离，将图像元素的 left 值设为鼠标指针的水平距离，即可得到图像随着鼠标指针移动的效果，如图 16-10 所示。

图16-10　图片随鼠标指针移动

```
<!DOCTYPE html>
<html>
    <head>
        <meta charset="UTF-8">
        <title></title>
```

```
        <style>
            html,body{
                height:100%;
            }
            img{
                width:100px;
                position:fixed;
            }
        </style>
        <script>
            function coordinates(event){
                console.log(event.screenX)
                console.log(event.screenY)
                x = event.clientX;
                y = event.clientY;
                var heart = document.getElementById('heart');
                heart.style.left = x + "px";
                heart.style.top = y + "px";
            }
        </script>
    </head>
    <body onmousemove="coordinates(event)">
        <img id="heart" src="img/redheart.gif" alt="">
    </body>
</html>
```

16.5　练习题

1. 填空题

（1）在很多的网页上都显示当前的时间，利用________、________、________分别获得当前小时数、当前分钟数、当前秒数。

（2）使用方法________、________、________、________能够分别获取当前年份、当前月份、当前日数、当前星期。

参考答案：

（1）getHours()、getMinutes()、getSeconds()

（2）getYear()、getMonth()、getDate()、getDay()

2. 简答题

使用 JavaScript，计算现在距离 2040 年还有多少小时（不满 1h 按照 1h 计算）。

参考答案：

```
// 设置倒计时时间为 2040 年 1 月 1 日
var timedate= new Date( "January 1,2040" );
// 设置 time 变量
var times=" ";
```

```
// 获得当前时间
var now = new Date();
// 获得剩余时间
var date = timedate.getTime() - now.getTime();
// 将剩余时间转为剩余天数
var times = Math.ceil(date / (1000 * 60 * 60));
console.log(times);
// 显示倒计时时间信息
var timeEle = document.getElementById( "timebox" );
console.log(timeEle);
```

16.6 章节任务

利用 JavaScript 制作图像轮播效果。

任务素材及源代码可在 QQ 群中获取，群号：544028317。

第17章 PC端实战——制作购物网页

对于学习编程来说，最重要的就是多敲代码、多写案例。没有一种语言是不动手编程，仅仅看书就可以学会的。对于网页编程来说，浏览器就是天然的素材库。除了书中的练习，也建议读者在学习的过程中去多看、多模仿优秀网页。

学习目标

→ 完成购物网页的制作

本章以一个设计时尚的购物网页为例，讲解网页制作过程中会遇到的一些问题并提出相应的解决办法。希望读者可以通过这次实战训练检验自己的学习成果。购物网页最终效果如图 17-1 所示。

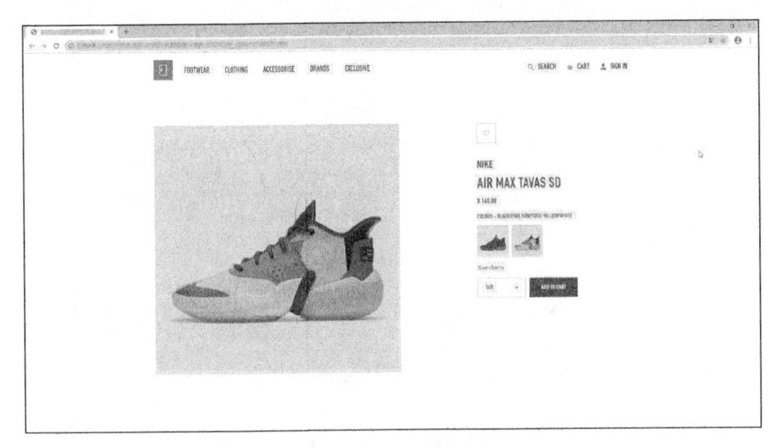

图17-1　购物网页

本章将通过 JavaScript 实现商品图像的切换、收藏和取消这两个功能，效果如图 17-2 所示。

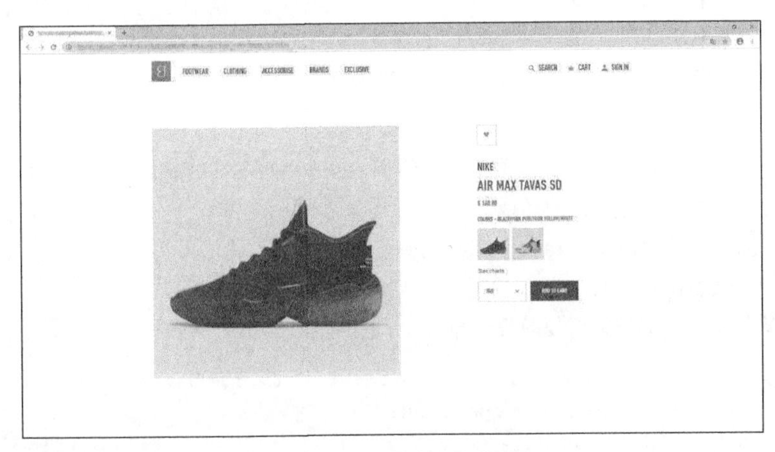

图17-2　切换图像和收藏效果

17.1 项目结构

复杂的网页会涉及多个文件，一个合理的文件结构对于网页项目来说是非常重要的。本节将介绍怎样安排一个复杂网页的文件结构。

新建一个文件夹，命名为“第 17 章 PC 端实战”，将所有文件都放在这个文件夹中，如图 17-3 所示。项目需要的内容分为 5 个部分，分别是 css 文件夹、font 文件夹、img 文件夹、js 文件夹以及 html 文件。

css 文件夹用来承载所有的 CSS 文件，一般包括 reset.css、tool.css 和 index.css。其中，reset.css 表示页面初始化样式，作用是去掉元素的默认样式，使网页中的样式不受默认样式的影响；tool.css 包含网页中的工具样式，一般包括浮动样式、清除浮动样式，tool.css 可以提取工具样式、多次调取，是简化 CSS 代码的方法之一；index.css 包含网页的所有样式。对于同一元素，后引入的样式会覆盖前面的样式。因此，将

CSS 文件引入 HTML 文件时，CSS 文件的引入顺序为 reset.css → tool.css → index.css。

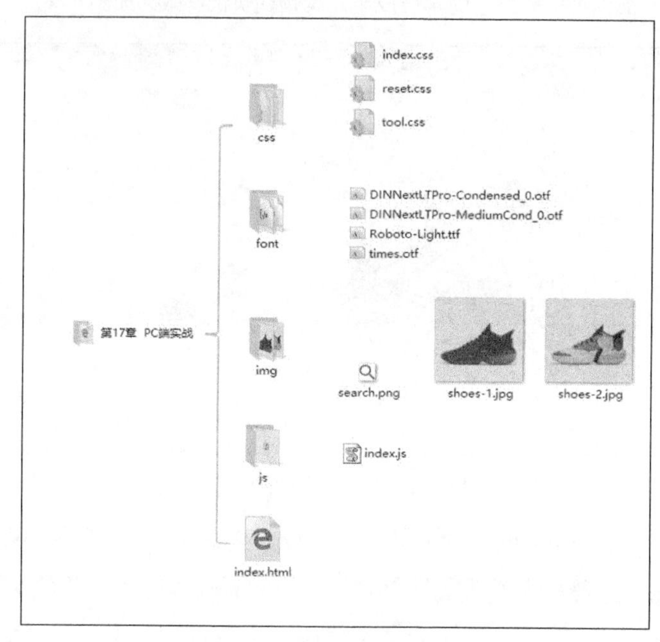

图17-3　文件结构

- font文件夹包含所有的字体文件，本网页涉及的字体都采用CSS3中的@font-face方法将字体引入网页。
- img文件夹包含项目所有用到的图像。
- js文件夹中包含项目中用到的JavaScript代码。
- index.html是项目的HTML文件，直接放在项目的根目录下即可。

reset.css 代码如下。详细讲解请复习第 9 章 9.8 节的内容。

```
html, body, div, ul, li, h1, h2, h3, h4, h5, h6, p, dl, dt, dd, ol, form, input, textarea, th, td, select {margin: 0;padding: 0}
html, body {min-height: 100%;}
h1, h2, h3, h4, h5, h6{font-weight:normal;}
ul,ol {list-style: none;}
input,img,select{vertical-align:middle;border:none}
a {text-decoration: none;color: #232323;}
a:hover,a:active,a:focus{color:#c00;text-decoration:underline;}
input, textarea {outline: none;border: none;}
textarea {resize: none;overflow: auto;}
```

tools.css 代码如下。

```
/* 浮动相关的样式 */
.fl{
    float:left;
}
.fr{
```

```
    float:right;
}
.clearfix::after{
    display:block;
    content:"";
    clear:both;
}
/* 引入自定义字体 */
@font-face
{
    font-family: DinNext;
    src: url('../font/DINNextLTPro-Condensed_0.otf')
}
@font-face
{
    font-family: Roboto-Light;
    src: url('../font/Roboto-Light.ttf')
}
@font-face
{
    font-family: DinNext-MediumCond;
    src: url('../font/DINNextLTPro-MediumCond_0.otf')
}
@font-face
{
    font-family: TimesNewRoman;
    src: url('../font/times.otf')
}
```

17.2 制作网页前的准备

制作网页之前，需要思考怎样让网页在不同分辨率的显示器上都能有良好的显示效果，并做好相应准备。

17.2.1 分辨率

分辨率是指显示器能显示的像素有多少。屏幕上的点、线、面都是由像素组成的，显示器可显示的像素越多，画面就越清晰。同一尺寸的屏幕，分辨率越高，画面就越清晰。

不同品牌和型号的计算机有不同的分辨率，浏览器显示出来的网页效果会有所差异。为了让使用不同计算机的网页浏览者都有良好的体验，对于固定尺寸的网页来说，布局时要将主要内容在网页上居中显示。下面以购物网页为例进行说明。

17.2.2 内容居中

购物网页在 1280px×768px、1920px×1080px 分辨率下呈现的效果分别如图 17-4 和图 17-5 所示。可以清楚地看到，无论分辨率是多少，网页的内容尺寸不变，并且始终水平居中显示。这是通过将内容部分放在一个 div 元素中，并且设置 CSS 样式 margin:0 auto 实现的。

图17-4　网页在1280px×768px分辨率下呈现的效果

图17-5　网页在1920px×1080px分辨率下呈现的效果

17.3　项目布局

制作网页时，应遵循从整体到细节的制作原则。因此，在实现细节效果之前，首先要完成整个网页的布局。

通过测量可以得到网页内容的宽度为 1280px。为了让网页在不同分辨率下都能居中显示，创建一个 div 元素，表示整个网页，设置宽度为 1280px，并且水平居中。制作网页时，一般不限制最外层容器的高度，而是选择让内容把高度撑起来的方式。在填入内容之前，为了方便查看效果，先设置高度为 1000px，整个网页为浅蓝色，内容主体部分为白色，在浏览器中的显示效果如图 17-6 所示。填充内容之后，删除高度的 CSS 样式，让元素的内容撑开高度。

HTML 代码如下。

```
<body>
    <div class="page">
    </div>
</body>
```

CSS 代码如下。

```
body{
    background-color:#cbcfdc;
```

```
}
.page{
    width:1280px;
    height:1000px;
    margin:0 auto;
    background-color:#ffffff;
}
```

图17-6 整体居中

进一步分析网页结构，将整个网页分为头部、主要内容两大部分，如图 17-7 所示，分别使用 HTML5 中新的结构元素 header、main 表示。

HTML 代码如下。

```
<body>
    <div class="page">
        <header></header>
        <main></main>
    </div>
</body>
```

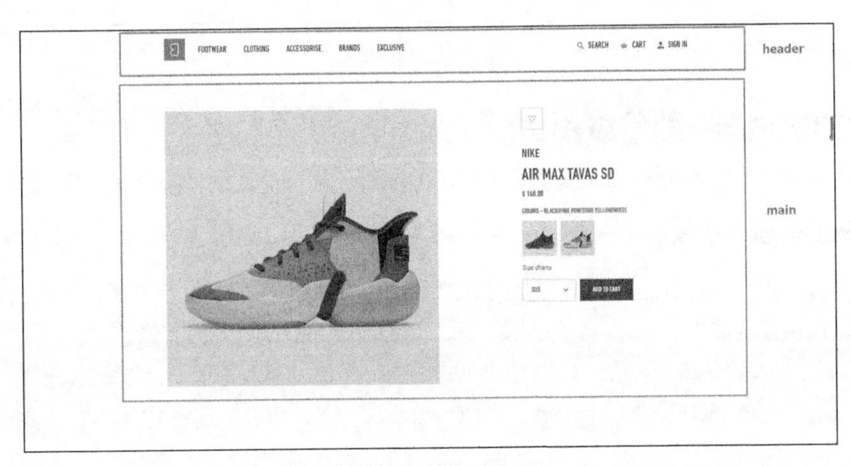

图17-7 分析网页结构

测量网页各部分的尺寸，设置 CSS 样式。为了能直观地从浏览器中看到网页的布局，为网页中的每一部分设置不同的颜色，在浏览器中的显示效果如图 17-8 所示。

CSS 代码如下。

```
.page{
    width:1280px;
    height:1000px;
    margin:0 auto;
    background-color:#ffffff;
}
header{
    height:90px;
    background-color:#fac60e;
}
main{
    background-color:#cad972;
    /* 高度为暂时设置，当内容撑起高度时可去掉该样式 */
    height:600px;
}
```

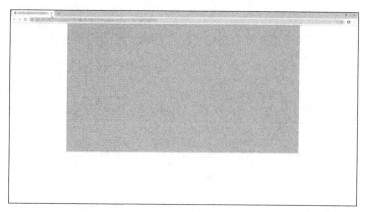

图17-8　网页结构

17.4　<header>部分难点讲解

在完成整体布局之后，按顺序完成每一部分的细节内容。本节讲解 <header> 部分的实现。

17.4.1　<header>布局

<header> 部分由 3 个部分组成，分别是网页的 Logo、纯文字导航、文字与图标组成的用户导航。如图 17-9 所示，前两部分位于 <header> 的左侧，第三部分位于 <header> 的右侧。

图17-9　<header>结构

将前两部分向左浮动，第三部分向右浮动实现这样的布局效果，用色块表示，如图 17-10 所示。

HTML 代码如下。

```
<header>
    <div class="logo fl">
        <img src="img/header-logo.png" alt="">
    </div>
    <nav class="fl"></nav>
    <ul class="menu fr"></ul>
</header>
```

CSS 代码如下。

```
header .logo{
    width:50px;
    height:50px;
    margin:20px 0 0 20px;
}
header nav{
    height:100%;
    width:400px;
    margin-left:30px;
    background-color:dodgerblue;
}
header .menu{
    height:100%;
    width:300px;
    background-color:#fac60e;
}
```

图17-10　浮动布局效果

17.4.2 图文对齐

本小节重点讲解右侧的用户导航。这部分的难点在于怎样使文字与对应的图标对齐，以实现图 17-11 所示的效果。

图17-11　用户导航

用户导航由文字和图标组成。经过测量，已知 <header> 部分高度为 90px，图标的高度为 18px、宽度为 16px，字体大小为 12px。

首先完成导航的结构部分。对于多个相同结构的内容，一般选用 ul 元素完成布局，设置浮动和高度。

下面的描述中将使用元素的类名来代指元素。

HTML 代码如下。

```
<ul class="menu fr">
    <li class="fl"></li>
    <li class="fl"></li>
    <li class="fl"></li>
</ul>
```

因为导航中的文字和图标都不超过 18px，所以将 .menu 的高度设置为 18px，使用外边距调节它在网页中的位置。

CSS 代码如下。

```
header{
    height:90px;
    background-color:#fac60e;
    width:1280px;
    height:90px;
    margin:0 auto;
    font-family:DinNext
}
header .menu{
    margin:38px 27px 0 0;
}
header .menu li{
    height:18px;
    margin-left:30px;
    letter-spacing:1px;
}
```

li 元素中，分别使用 i 元素和 span 元素表示图标和文字，在浏览器中的显示效果如图 17-12 所示。

HTML 代码如下。

```
<ul class="menu fr">
    <li class="fl">
        <i class="icon fl"></i>
        <span class="fl">SEARCH</span>
    </li>
    <li class="fl">
        <i class="icon fl"></i>
        <span class="fl">
            CART
        </span>
    </li>
    <li class="fl">
        <i class="icon fl"></i>
        <span class="fl">SIGN IN</span>
    </li>
</ul>
```

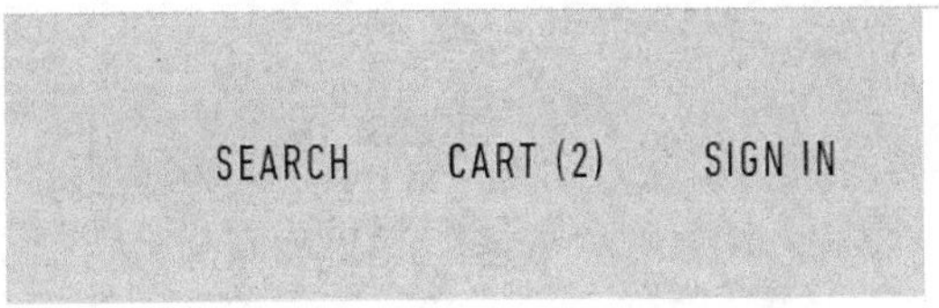

SEARCH CART (2) SIGN IN

图17-12 文字与图标

提示

网页中的图标，一般使用内联元素 i 表示。用 CSS 样式 display:block 将其转化为块元素，以便于可以设置元素的宽度和高度，并使用背景图的方式引入图像。这种写法符合元素语义化的要求，有利于构建清晰的网页结构以及优化 SEO（利用搜索引擎的规则提高网站在有关搜索引擎内的自然排名）。

测量并设置文字与图标的样式，设置字体大小，给文字设置“行高”与“高度”相等，使其纵向居中，在浏览器中的显示效果如图 17-13 所示。

```
header .menu li i{
    width:16px;
    height:18px;
    margin-right:10px;
}
header .menu li span{
    height:18px;
    line-height:18px;
    font-size:12px;
}
```

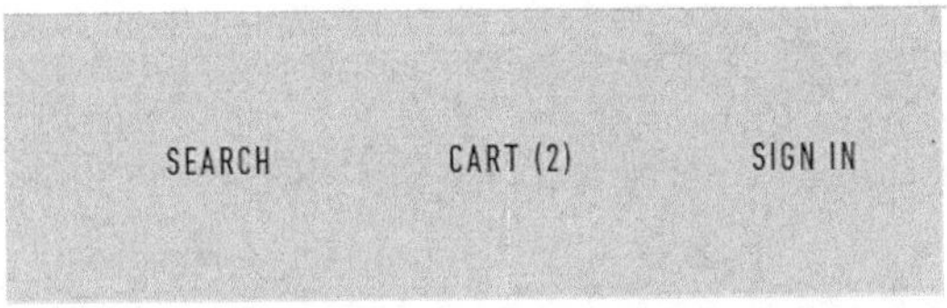

SEARCH CART (2) SIGN IN

图17-13 使文字纵向居中

给图标添加背景图像。nth-of-type(n) 可以分别匹配同类型的第 n 个同级元素，这种写法可以极大地减少 class 名的使用率。在浏览器中的显示效果如图 17-14 所示。

CSS 代码如下。

```
header .menu li:nth-of-type(1) i{
    background-image:url(../img/search.png);
}
header .menu li:nth-of-type(2) i{
    background-image:url(../img/shopbag.png);
}
header .menu li:nth-of-type(3) i{
    background-image:url(../img/user.png);
}
```

图17-14　用背景图像的方式添加图标

提示

使用 nth-of-type(n) 时，需要特别注意“第 n 个同级元素”的概念，这里的“同级元素”是指相同父元素下的子元素。例如，在上面的实例中，需要选择的是每一个 i 元素。那么，i 元素之间是同级的关系吗？如下面的代码中（黄框部分），每一个 i 元素的父元素是不同的 li 元素，所以不符合“同级元素”的概念；而每一个 li 元素（绿框部分）的父元素为同一个 ul 元素，它们符合使用 nth-of-type(n) 的标准。

所以，在选择 i 元素的时候，先使用 header .menu li:nth-of-type(n) 选择每一个 li 元素，再使用 header .menu li:nth-of-type(3) i 选中其子级 i 元素。

```
<ul class="menu fr">
  <li class="fl">
        <i class="icon fl"></i>
        <span class="fl">SEARCH</span>
  </li>
  <li class="fl">
        <i class="icon fl"></i>
        <span class="fl">
            CART
        </span>
  </li>
  <li class="fl">
        <i class="icon fl"></i>
        <span class="fl">SIGN IN</span>
  </li>
</ul>
```

17.5　<main>部分难点讲解

本节讲解 <main> 部分的实现。

17.5.1　<main>布局

<main> 是一个留白比较多的网页，可能在测量时无从下手。这种情况依然遵循由整体到细节的布局规则，按照网页各部分的位置和含义，将 .page1 分为左右两个部分，如图 17-15 所示。

图17-15 确定各部分内容的范围

确定这两部分的尺寸时，可以选择两部分中内容的最大宽度作为外层结构的宽度，高度由内容撑开，再使用外边距 margin 来确定它们的位置。用色块表示的显示效果如图 17-16 所示。

HTML 代码如下。

```
<main class="page1 clearfix">
    <img src="img/shoes-2.jpg" alt="" class="show-img fl" id="bigpic">
    <div class="introduce fl"></div>
</main>
```

CSS 代码如下。

```
main .show-img{
    margin:58px 0 0 20px;
    width:638px;
    background-color:plum;
    /*
    margin-top\margin-left 影响元素自身的位置；
    margin-right\margin-bottom 影响的是其他元素的位置
    在比较复杂的网页中，每个元素只设置 margin-top 和 margin-left，避免外边距的重复设置。
    */
}
.page1 .introduce{
    width:260px;
    height:400px;
    margin:58px 0 0 200px;
    background-color:plum;
}
```

图17-16　用色块表示

17.5.2　复杂网页的选择器使用

在复杂网页中设定样式时，最容易出错的就是选择器的使用。结构复杂的网页中，元素很多，使用选择器时容易选到多余的元素。想要避免这种情况，请遵循以下两个规则。

第一个规则是，在外层结构中尽量不要使用元素选择器的写法，如 main div。main 中含有多个 div 元素，这种写法会选到多余的元素，尽量使用类选择器以作区别。

例如，在下面的代码中，使用 main div 会选到 main 下面所有的 div 元素。

```
<main class="clearfix">
    <img src="img/showShoes.jpg" alt="" class="fl bigpic">
    <div class="fl right">
         <div class="color">
              <span>COLORS - </span>
              <span>BLACK/PINK POW/TOUR YELLOW/WHITE </span>
         </div>
         <div class="shorten clearfix">
              <div class="img fl">
                   <img src="img/shorten1.jpg" alt="">
              </div>
              <div class="img fl">
                   <img src="img/shorten2.jpg" alt="">
              </div>
        </div>
    </div>
</main>
```

第二个规则是，在复杂网页中使用选择器时，要将父级结构写清楚，相当于提前给元素划定选择的范围。层级最好不超过 3 层。参考写法如下。

```
main{
}
main .color{
}
main .color span:nth-of-type(2){
}
main .shorten{
}
main .shorten .img{
}
main .shorten .img img{
}
main .shorten .size-name{
}
main .btns{
}
main .btns .btn-size{
}
main .btns .btn-add{
}
```

17.6 实现图像的 JavaScript 动效

本节讲解网页中的 JavaScript 动态效果，包括图像的切换以及收藏效果。网页中的 JavaScript 代码写在 js 文件中的 index.js 文件中，通过 script 元素引入 html 文件中。代码如下。

```
<script src="js/index.js"></script>
```

17.6.1 图像的切换

为网页中的商品缩略图添加单击事件。单击小图像的时候，将当前图像的 src 地址作为参数传给单击事件 changePic。在单击事件中获取网页中表示商品图的元素，将其 src 属性值替换为参数，即可实现图像切换的效果，如图 17-17 和图 17-18 所示。HTML 代码如下。

```
<div class="img clearfix">
    <div class="img1 fl" onclick="changePic('img/shoes-1.jpg')">
         <img src="img/shoes-1.jpg" alt="">
    </div>
    <div class="img2 fl" onclick="changePic('img/shoes-2.jpg')">
        <img src="img/shoes-2.jpg" alt="">
    </div>
</div>
```

JavaScript 代码如下。

```
function changePic(imgName){
    var boxImg = document.getElementById('bigpic');
    boxImg.setAttribute("src",imgName);
}
```

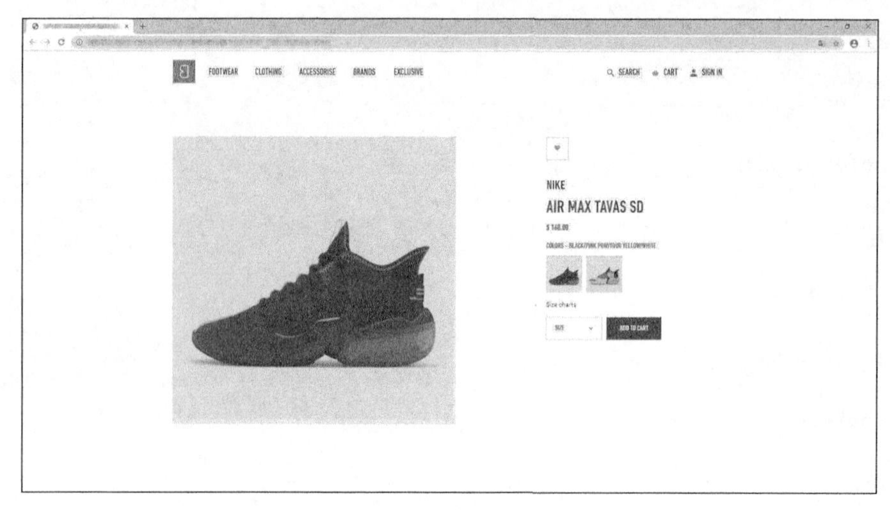

图17-17　显示缩略图1

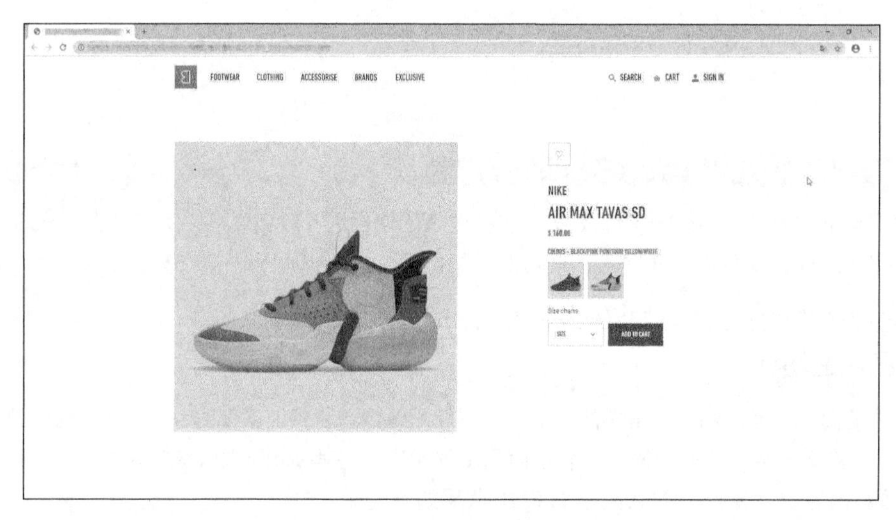

图17-18　显示缩略图2

17.6.2　收藏和取消

收藏效果指的是小爱心的颜色变化。小爱心的初始颜色为白色，如图 17-19 所示。当单击小爱心时，小爱心的颜色变为灰色，表示收藏状态，如图 17-20 所示。再次单击小爱心时，表示取消收藏，小爱心再次变为白色。

图17-19　初始状态

图17-20　收藏状态

小爱心的变色本质上是图像的改变。首先给爱心元素设置单击事件。在 JavaScript 文件中创建变量 likeValue，表示收藏状态，初始状态为 false。每次触发单击事件的时候，修改状态为相反的值。HTML 代码如下。

```
<div class="like" onclick="like()">
    <i id="like"></i>
</div>
```

JavaScript 代码如下。

```
var likeValue = false;
function like(){
    var islike = document.getElementById('like');
    if(likeValue){
        islike.style.backgroundImage="url('img/heart.jpg')";
    }else{
        islike.style.backgroundImage="url('img/heart.png')";
    }
    likeValue = !likeValue

}
```

17.7 总结

本章任务涉及本书的大部分内容，如各类元素的使用、文本样式、盒模型布局、浮动、定位以及 HTML5 新增的语义化元素。在分析拆解之后，可以发现本章的练习正是由之前所练习过的一个个小案例拼接而成的。经过本书 17 章的学习和训练，相信读者已经具备了网页编程的基本能力。希望各位读者迎难而上，秉承从整体到细节的制作理念，一步步完成本章的实战训练，从而检验自己的学习成果。